为什么狗是宠物
猪是食物？

〔美〕哈尔·赫尔佐格（Hal Herzog）著

李奥森 译

海南出版社

·海口·

SOME WE LOVE, SOME WE HATE, SOME WE EAT: Why It Is So
Hard To Think Straight About Animals
Copyright ©2010 by Hal Herzog, Published by arrangement with
HarperCollins Publishers.
本简体中文版翻译由台湾远足文化事业股份有限公司授权

版权所有　不得翻印
版权合同登记号：图字：30-2018-037 号
图书在版编目（CIP）数据

　　为什么狗是宠物猪是食物？ /（美）哈尔·赫尔佐格
(Hal Herzog) 著；李奥森译 . -- 海口：海南出版社，
2019.6
　　书名原文：SOME WE LOVE, SOME WE HATE, SOME WE
EAT: Why It Is So Hard To Think Straight About
Animals
　　ISBN 978-7-5443-8687-6

　　Ⅰ.①为… Ⅱ.①哈… ②李… Ⅲ.①人类 – 关系 –
动物 – 研究 Ⅳ.① Q958.12

　　中国版本图书馆 CIP 数据核字 (2019) 第 083409 号

为什么狗是宠物猪是食物？

作　　者：〔美〕哈尔·赫尔佐格（Hal Herzog）
译　　者：李奥森
监　　制：冉子健
责任编辑：张　雪
策划编辑：李继勇
责任印制：杨　程
印刷装订：河北盛世彩捷印刷有限公司
读者服务：武　铠
出版发行：海南出版社
总社地址：海口市金盘开发区建设三横路 2 号 邮编：570216
北京地址：北京市朝阳区黄厂路 3 号院 7 号楼 102 室
电　　话：0898-66830929　010-87336670
电子邮箱：hnbook@263.net
经　　销：全国新华书店经销
出版日期：2019 年 6 月第 1 版　2019 年 6 月第 1 次印刷
开　　本：787mm × 1092mm　1/16
印　　张：17.25
字　　数：246 千
书　　号：ISBN 978-7-5443-8687-6
定　　价：48.00 元

目 录
COTNETS

原序 | 人类与动物之间的道德难题

01 | 人类与动物的互动
人性的本质是什么？

02 | **因为可爱**
为什么你喜欢这个讨厌那个？

03 | **狂爱宠物症**
为什么（只有）人类爱宠物？

04 | 朋友、敌人还是时尚宣言
人与狗的关系

05 | 谁更爱动物
性别和人类与动物关系的关联

06 | 旁观者所见
斗鸡和大餐，何者较为残酷?

07 | 美味、危险、恶心与死亡
人类与肉品的关系

08 | 老鼠的道德地位
动物在科学里的功用

09 | 家中的小猫，盘子上的牛
我们全都是伪善者?

10 | 潜伏在我们体内的兽性欲望
如何在道德的非一致性之中生活

本书献给

亚当（Adam）、贝特西（Betsy）、凯蒂（Katie）

以及最重要的玛莉·珍（Mary Jean）

我心怀感谢

推荐序　上阵之前，先读本书

田松

　　为什么狗是宠物，猪是食物？书名就很有刺激性，很能吸引中国读者的眼球。每年某地狗肉节前后，都会在网上激起各种争论，网下发生各种冲突。作为一个坚决反对以狗为肉的人，我也遇到过这个问题。为什么猪可以吃，狗就不能吃？猪和狗有什么区别吗？如果不能回答这个问题，要反对吃狗，就必须反对吃一切肉，就必须主张素食，难度便上升了好几个数量级。

　　网上网下，我们常常能看到双方各执一个极端，一面是天使，一面是魔鬼，似乎没有中间地带，没有过渡地带。这使得对阵双方几乎没有协商的可能性。于是各说各话，语言暴力迅速升级。对此，我建议对阵双方，在论战的间歇，读一读这本书。

　　当然，猪狗问题只占本书很小篇幅。这本书讨论了更广泛的人与动物的关系问题，尤其是本书副题所说的道德难题。这些问题涉及所有人与动物发生关系的场合，在家庭，在社区，在动物园，在实验室，在荒野……也是人们非常关心，经常讨论的问题。比如，人为什么会养宠物？儿童是否天然地喜欢动物？为什么人们喜欢考拉而害怕蛇？在与动物的关系上人类存在性别差异吗？同样是狗，对待宠物犬和猎犬的态度为什么不一样？喜欢折磨小动物的孩子长大后是否更容易具有暴力倾向？是斗鸡更残酷，还是吃鸡更残酷？为什么美国有很多吃肉的素食者？为什么很多素食者变成了前素食者？为了人类的利益，是否可以拿动物做实验？观察、电击、注射药品、活体解剖……什么程度的实验是你可以接受的？同样是杀害动物，为什么杀死蚂蚁、蚂蚱、青蛙、小鼠、兔子、猴子，人的心理承受能力会不一样？比人智力更高、科技更发达的外星人是否有权利用人来做实验？……

这是一本有趣的书，也是一本有深度的书。书中对上述问题的讨论是通过各种案例进行的，其中有作者的亲身经历，也有各种现实事件。任何一种极端的主张都应该面对这些案例，正视案例所提出的问题。即使不愿意介入观点之争，这些案例本身都是特别好的故事。

作为一位动物行为学家，本书作者哈尔·赫尔佐格（Hal Herzog）的观点非常之中庸。他以平和平视的态度描述案例、叙述各方面的观点，并加入自己的评论。素食者、前素食者、吃某些肉的素食者、肉食者；对动物保护主义者、打猎爱好者、动物权利主张者，乃至攻击大学生物实验室的动物权利实践者……都是他讨论问题的对象，也是他观察、分析的对象。他自己则持一种相对宽容的态度。他在自序中提到，一位哲学家唐纳利（Strachan Donnelley）把处于灰色模糊地带的群众称为"头脑混乱的中间分子"，他自己就处在这个混乱地带。有人认为他是骑墙派，是道德侏儒；但是他觉得，中间分子更符合人类的逻辑。所以他"反对使用动物进行眼影和清洁剂测试，但是认同牺牲实验老鼠以进行癌症研究"。我想，他的这种态度可能会两面不讨好，处在两个极端观点的人都会对他爱恨交加，无可奈何。

书中对很多问题给出了令人惊异的答案。比如，狼是怎样变成狗的？我们通常的理解是，人驯化了狼。不过这本书告诉我们，狼是不可能被人驯化的，更大的可能是，狼主动把自己演化成了与人共生的狗。

书中还给出了很多令人惊异的数据。比如，在我的感觉中，美国人普遍接受狗作为家庭成员，但是书中说，"每10个美国成年人就有一个惧怕狗"，而且"美国平均每年有450万人被狗咬伤，24人被狗攻击致死，其中多数死者为小孩"。

再如，在我的印象中，美国处处可见素食者，但是书中说，很多素食者又恢复吃肉了，前素食者的人数是现任素食者的三倍。

自 20 世纪 70 年代起，美国人均牛肉消费量一直在下降。从 1975 年到 2009 年，美国每年屠宰牛的数量下降了 20%。但是，鸡肉的消费量增长了 200%。在 1990 这一年，美国人吃下的鸡肉消费量超过了牛肉消费量。1975 年，美国的年人均食肉量为 80 公斤，而今天则是 109 公斤。出于健康和道德的原因，2003—2007 年，有机鸡肉的销量比以往增长了 4 倍。

……

在读到此书之前，我不知道还有这么一个学术领域：人类－动物互动学（anthrozoology）。这个英文词的前半截是人的意思，后半截是动物学。合起来就是与人相关的动物学。也有人不愿意称"学"，称为人类－动物研究（human-animal studies）。从这个说法可以看出，这是一个跨学科领域。参与其中的有心理学家、兽医、动物行为学家、历史学者、社会学家和人类学家。这两个名词及其译法还是有人类中心主义的味道，把人从动物中剥离出去，仿佛人不是动物似的。现在，很多动物保护主义者和动物权利主张者为了强调人也是动物，更愿意用"非人类动物"这样的说法来指称"动物"。于是，中文"人类动物"这个词指的就是"人"。不过，作为本书的推荐序，我姑且沿用本书的用词方式。

在自然界中，没有任何一个物种可以脱离其他物种而独立存在，人也不例外。人类自身在漫长的演化过程中，与各种动物保持了共生和伴生的关系。在农业社会，中国人把五谷丰登、六畜兴旺作为美好生活的标志。牛马羊猪狗鸡，曾经是人类社会的一个有机成分。在人类社会周围，还有一些野生的动物，比如燕子、麻雀、老鼠、兔子、鹿或者狼，他们与人也构成了或远或近的关系。人与动物之间的互动，可以推到人类的史前。

史前的事儿，是由神话来解释的。神话对于先民来说，是历史，是哲学，也是律法，而不是想象的、虚构的、无足轻重的故事。人与动物的关系最早也是由神话规定的。比如在拉祜族神话中，小米雀和老鼠都在人类重新繁衍的过程中做出了贡献。所以，小米雀可以在大田里吃粮食，功劳更大的老鼠则可以在粮仓里吃粮食。所以，拉祜人不会轰赶大田里的麻雀，也不会杀害粮仓里的老鼠。纳西族神话中专门有一则讲马的来历，神话中说，不是人驯服了野马，而是马主动来找人，与人达成了协议，才与人共同生活的。所以纳西族认为，他们与马之间有契约关系，而不是居高临下的征服与被征服的关系。从这个角度看，狼自己演化成了狗，主动来与人合作，在神话中是能够得到确认的。不同民族有不同的神话，这导致在人与动物的关系上，表现了非常充分的多样性。美洲人以牛为食物，印度教以牛为神物。

进入工业社会，神话失去了在社会生活中的结构性位置。人与动物的关系失去了神话的指引，开始由科学、哲学、政治、经济、宗教等因素来规定。之所以把宗教放到最后，也是由于在工业社会中，宗教的作用逐渐隐藏起来。关于动物伦理为什么产生如此巨大的争论，也恰恰在于，在全方位趋同的全球化、现代化的工业社会中，人们对所有问题都希望获得一个统一的、单一的标准答案，而神话时代遗留下来的多样性依然存在于人类的意识和潜意识深处。

作者不是人类学家，书中几乎没有涉及神话。不过，作为人类－动物互动学家，作者与这个领域的其他学者有大量的接触，也大量引入了其他学科的资源。比如，他非常专业地讨论了伦理学著名的电车难题，并给出了一个动物版；也讨论了更加极端的思想实验：用有感知的老鼠做实验，与用先天脑残没有知觉的人类婴儿做实验，哪一个更道德？再比如，在大学实验室中，动物实验都使用哪些动物？都有哪些奇葩的、残忍的动物实验？他还介绍了人类－动物互动研究中的一些故事，比如，针对同一个动物实验方案，不同大学不同机构的伦理委员会，会给出差异巨大乃至相反的结论。

这些案例和讨论让这本书的内容非常丰富，有趣，有深度。我建议宠物饲养者、动物保护主义者、动物权利的主张者和反对者、素食者，以及一切对动物感兴趣的人，都来读一读这本书。了解对手，丰富自己。

尤其是，上阵之前。

2019 年 2 月 25 日

北京 向阳小院

原序

人类与动物之间的道德难题

我总是喜欢探究人类与动物之间的秘密，

因为从动物的身上往往可以映照我们是怎样的人。

马克·贝科夫（Marc Bekoff）

人类往往用非常没有逻辑的方式，思考其他物种，例如茱蒂丝·布莱克（Judith Black）自12岁开始，就认为因为动物美味而加以杀害是不对的事情。不过，到底什么是"动物"呢？对茱蒂丝来说，狗狗、猫猫和猪、牛很明显属于动物一类，而鱼则非动物。因为鱼对她而言，动物感等于零。因此接下来的15年内，这名未来的人类学博士虽然偶尔享用阿拉斯加铜河熏鲑鱼和柠檬煎旗鱼的美味，却打从骨子里深信自己是个素食主义者。

到茱蒂丝在生物学课堂遇见研究生约瑟夫·韦尔登（Joseph Weldon）以前，她自创的生物分类法都还挺管用的。两人相遇时，身为肉食者的韦尔登试图说服茱蒂丝，吃康沃尔烤鸡和吃智利鲈鱼在道德上并没有什么不同。韦尔登认为，两者都是有脑的脊椎动物，也都过着群体生活。尽管韦尔登滔滔不绝，但他仍旧没有说服茱蒂丝相信就饮食道德观点来看，鳕鱼就等于鸡也等于牛。

好险，虽然两人对食用鬼头刀鱼的道德看法存在分歧，但两人仍然陷入了爱河。茱蒂丝和韦尔登结了婚，而韦尔登则是继续在餐桌上辩论鱼鸡同荤的问题。经过整整三年的辩论后，某天茱蒂丝终于松口说："好吧，你的观点没错，鱼也是动物吧。"

在此，茱蒂丝面临新的难题：她要么就开始吃肉，要么就大方承认自己不是素食主义者，二选一。约莫一周后，朋友邀约韦尔登去猎松鸡。虽然韦尔登根本没用过猎枪，却成功地打到了一只松鸡，并以猎人的姿态单手提着动物尸体出现在家门口。韦尔登在厨房里辛勤地拔毛、烹煮，最后为心爱的太太殷勤地献上风味晚餐：烤松鸡佐美味的覆盆子酱和红酒。

就在这一瞬间，茱蒂丝15年来苦心维持的道德高墙可说是直接溃堤瓦解了（茱蒂丝是说自己真的很爱覆盆子果酱啦）。烤松鸡成功地打开了茱蒂丝的味觉想象，她已经回不了头了。接下来的一周里，她还吃了不少汉堡，茱蒂丝成了前素食主义者。全美国前素食主义者与素食主义者的比例至少为三比一。

接着是 25 岁的医学系博士吉姆·汤普森（Jim Thompson），当我认识他时，他正在准备毕业论文。在到研究所之前，汤普森在堪萨斯州莱辛顿的家禽研究实验室工作。每当实验结束时，他负责把鸡"处理"掉。原本这工作对汤普森来说毫无困难。不过，某天当他找要带上飞机阅读的杂志，他的妈妈塞了一本动物权杂志《动物议程》（*Animal's Agenda*）给他后，他就像是被巨雷劈到头一样，瞬间变成素食主义者。

不过这还只是开始。接下来的几个月以内，汤普森开始拒穿皮鞋甚至逼自己的女友吃素。他也开始质疑养宠物的道德性，特别是他心爱的白色小冠鹦鹉。某天下午，白色小冠鹦鹉在笼子内拍翅走动，突然有个声音细碎地出现在耳际，"这是不对的"。他温柔地提着鹦鹉笼来到后院，向它告别，看着它飞向北卡罗来纳罗利市灰扑扑的天际。他和我说，那感觉让他通体舒畅，"简直不可思议！"不过他也怯懦地坦承，"我知道它根本活不下去，很可能会饿到皮包骨。我想我的放生之举完全是为了自己，而不是为了它"。

有时候，我们和动物的关系还具有高度的情感复杂性。20 年前，卡洛琳（Carolyn）迷上了一只体重足有 1100 磅（约 499 公斤）的海牛。当时她申请了所有可以和海牛接触的工作，包括佛罗里达中部的一家小型自然历史博物馆的馆员。当时馆方正在寻觅能够照护 31 岁海牛史努堤（Snooty）的馆员，即便卡洛琳并不具备任何照顾海生动物的经验，馆方仍旧将她录取。当时卡洛琳完全不知道自己的人生将有重大改变。

我想以物种学的观点来看，史努堤是介于暗礁动物与尤达（Yoda）之间的生物。当卡洛琳把我本人介绍给史努堤时，它将鳍状前肢搭在水池边，并将头嘟噜噜伸出水面至少 2 英尺（约 61 厘米）高，和我四目相接，目光如炬的它很明显地在打量我。虽然史努堤的脑只有垒球一般大，不过它看起来异常聪明。这让我很不自在，没想到卡洛琳却觉得它很萌。

在接下来的近20年里，卡洛琳和史努堤朝夕相处。她几乎每天都得看到史努堤，甚至连放假时，还会特地来探班。两人的关系可说是围绕着"喂食"一事打转。海牛为素食动物，卡洛琳总是亲手喂史努堤绿色蔬菜，史努堤每天至少得吃下120磅（约54公斤）的蔬菜，它超爱吃莴苣的。

不过和年老的海牛一起生活也挺麻烦。卡洛琳溺爱史努堤，而史努堤也非常依赖她。当卡洛琳和先生偷偷摸摸地跑去度假一两个星期时，史努堤就会发飙，它会立刻进行绝食，卡洛琳就会接到馆方的绝命催返令，她会立刻飞奔回自然史博物馆，亲手喂它吃巨量的冰山莴苣。

后来，卡洛琳不再休假，并因此引发了先生的埋怨。他认为卡洛琳对这只半吨重的鲸油与肌肉的有机组合体的爱，远远超过了自己。

用小猫喂食蟒蛇有错吗

作为心理学研究者，我思考人类与动物的关系达20年之久。我在茉蒂丝、汤普森与卡洛琳身上发现，我们对动物的观点迥异，不一而足，他们正好展现了人类面对动物时的矛盾态度。在某个晴朗的早晨，当我接到好友桑迪（Sandy）的来电后，开始仔细思索人类与不同物种的动物之间，为何拥有如此迥异的关系。当时，我为动物行为学家，而桑迪则是与我同校的动物权行动主义者。

"哈尔，我听说你从杰克森郡的流浪动物收容所捡小猫去喂蛇，这是真的吗？"

我吓得目瞪口呆。

"呃，你在说什么啊？我们是有条宠物蛇，但它还小，它根本不可能吃得下猫。而且我也爱猫啊。就算蛇长大了，我也不可能喂它猫吃吧。"

桑迪向我连连致歉。她说她没有真的相信对方的说辞，只是想稍微确认一下而已。我说我知道，但还是希望能通过她向动保界的朋友保证，我绝对不会跑去社区蓄水池抓流浪猫喂我儿子养的蛇。

不过接下来我开始思考，将掠食性动物当作宠物是否违背道德。我们会养那条小蟒蛇完全是个意外。某个夏天，我在田纳西大学担任客座教授，当时正在研究爬虫类的自卫行为之发展。当我在研究室里进行动物实验时，电话响了。一位听起来情绪快崩溃的男子说，他半夜醒来时，发现自己养的红尾蟒蛇突然生了42条不停蠕动的小蛇。我可以理解为什么他和他的太太听起来魂不附体，毕竟过去8年来，这条母红尾蟒蛇从来没有对一同关在客厅笼子里的公蛇表现出任何兴趣啊。

男子听说我是蛇类研究专家，因此想询问我要如何照料幼蛇，以及该如何安置它们。我建议他联络另一位在大学兽医系任教的蟒蛇专家好友，取得更清楚的幼蛇照顾资讯，我也表示自己愿意领养一条小蛇宝宝。当天傍晚，我和11岁的儿子亚当一同开车到那对夫妻的家，他们让亚当从一窝小蛇中挑选心仪的。亚当选了里面最可爱的一条小蛇，并将它命名为塞米。

照顾塞米比照顾其他宠物来得简单。它不会抓坏沙发，也不会打扰邻居安宁，更不需要每天出去溜达。塞米很温柔，除了有次它企图咬亚当的拇指以外，不过那根本是亚当自己的问题，他在摸了朋友的小仓鼠以后，立刻去碰塞米。塞米的大脑大约和阿司匹林差不多大小，根本不能分辨啮齿类动物和人类手指的区别，它只分辨得出肉香。

当我和家人回到位于北卡罗来纳州山区的家中后数周时，众人开始谣传"哈尔一家人拿小猫喂蛇"，我真不知道是谁开始散播这谣言的，不过这项指控当然是无稽之谈。若蟒蛇和小型哺乳类动物对决，胜算大概也只有50%，更何况塞米当时仅有1.8英尺（约55厘米）长，连老鼠都会噎死它吧。

不过，接下来的几天里我一直烦恼这件事。无可避免地，谣言制造者让我必须面对之前从未深思过的问题：人类因饲养宠物而产生的道德责任。蟒蛇是不吃胡萝卜或芦笋的。因为塞米需要吃肉，这样会让我儿子陷入道德陷阱吗？难道喂它吃罐头或猫饲料，会比较符合道德原则？在什么样的状况下喂蟒蛇吃小猫，是会被接受的呢？

　　散播我谣言的女人养了许多只猫，并让它们自由地在房子周边的森林走动。和许多猫奴一样，她彻底忽略了一个事实：不管是狮子或虎斑猫，都属于猫科肉食性动物。美国人所养的猫，每日不知吃下多少种肉。我家附近超市里的宠物食品架上堆满了6盎司（约170克）重的牛、羊、鸡、马、火鸡和鱼肉罐头。即便是干式猫饲料也注明成分中含有"生肉"。全美境内约饲有9400万只猫，因此消耗的肉量远超于此。如果每只猫咪每日消费2盎司（约57克）的肉，那么全美的喵星人每日将可以吃掉将近1200万磅（约544万公斤）的肉类制品，这相当于300万只鸡，我说的还仅仅是一日三餐而已。

　　此外，猫和蛇不同，它们把猎捕动物当作自娱娱人的活动。每年约有数百万的小动物死于宠物猫爪下。诡异的是，很多猫主人对猫科宠物所造成的野生动物伤亡毫不在乎。当研究者警告堪萨斯州的猫主人，猫对该地鸣禽造成了无谓伤害，并询问是否愿意将猫的活动缩限于室内时，至少有四分之三的猫主人斩钉截铁地拒绝。奇妙的是，也有很多猫主人喜欢在后院喂鸟，让倒霉的北美红雀和斑点唧鹀不幸成为猫爪下的幽魂。事实上，生物医疗实验所使用的动物数量还不及死于猫爪下的毛绒小动物与飞禽数量的十分之一。

　　好，如果说宠物猫造成了人间浩劫，那么宠物蛇呢？首先，宠物蛇数量远不及猫。再来，蛇吞食的肉量远不及猫的食量。根据康奈尔大学热带蛇类摄食生态研究者亨利·格林（Henry Greene）的报告，哥斯达黎加雨林的成年蟒蛇一年仅吃6只老鼠而已。这意味着，中型的宠物蟒蛇每年仅约消耗5磅（约2.3公斤）的生肉就可以维持良好的健康状态。家猫则须进食更多的肉类。家猫平均每天吃掉2盎司的肉，一年等于吃进将近50磅（约23公斤）的生肉。客观来讲，饲养宠物猫的道德责任应比宠物蛇高上十倍。

　　此外，每年美国流浪动物收容所对总计约两百万只无人认养或遭遗弃的猫咪施行安乐死，绝大多数为幼猫。目前，安乐死的动物尸体多以火化处理。那么为何不把猫尸提供给蛇主人呢？反正流浪猫难逃一死，如此一来还可以减少活老鼠为美国家饲蟒蛇或国王蛇牺牲的数量。这听起来应该是双赢策略吧?

天啊!若以逻辑推演,我开始觉得把小猫丢去喂蟒蛇似乎是个很不错的想法,好像还比喂它们吃小白老鼠来得合理,不过即便我的大脑认定以幼猫或老鼠喂食蟒蛇在理论上没有太大的差别,但是情感上我仍旧不能接受如此说法。基本上喂蛇吃往生的幼猫尸体实在太令人作呕,我可不是会在半夜跑到动物收容所偷取幼猫尸体的人哪。

饲养宠物的难题

塞米幼蟒的谣言事件让我开始思考其他人和动物互动时所牵连出的道德问题。举例来说,我的研究所同学罗恩·奈伯(Ron Neibor)专注于大脑如何于外伤后进行重组的研究。很不幸的,就罗恩的研究主题而言,猫正是最好的神经机制实验对象。他采用最普遍的神经科学实验法:以手术破坏猫咪大脑的特定部位,并以数个星期或数个月的时间观察其恢复状态。问题是,罗恩很喜欢这些猫咪。他的研究持续了整整一年,而对这24只住在实验室的猫咪的爱更是与日增进。他会在周末特地把车开到实验室,把猫放出笼子,并趴在实验动物中心地板上和它们玩耍。这24只猫咪已经变成了他的宠物。

依照实验协议,罗恩必须检查实验动物的大脑组织,以确认神经受损部位。他必须进行令人不安的"灌注"程序。首先,受术动物会被注射致命剂量的麻醉药,接着,再把福尔马林注射进血管内,以硬化大脑,罗恩必须将猫头从身体上切割下来,以镊子剥除头盖骨,取出完整的猫脑后进行切片和显微镜分析。

罗恩花了好几个星期的时间为所有的猫进行了"灌注"程序。他的个性突然转变了,研究室的同学发现他的情况不太好,热心提议代他进行"灌注"手术;但罗恩拒绝了,他不想回避自己的道德责任。在他"处理"猫咪的那段时间里,他变得郁郁寡欢,杀猫给他带来莫大的影响,他常常满眼通红，每当我们在走廊遇见时，他总是低头快步走过。

　　同样的道德难题也发生在人类最好的朋友——狗的身上。我在北卡罗来纳州巴纳尔德镇塘湾街尾的邻居塞米·亨斯利（Sammy Hensley）就是个例子。塞米以前务农，生平最大的爱好就是养狗和猎浣熊。对塞米来说，猎浣熊不是户外运动，而是一种生活情趣。他不吃浣熊肉，但会将浣熊外皮剥除、熊掌切下，钉挂在谷仓旁，好让邻居们好好鉴赏他在猎熊祭获得的成果（我在帮他剥浣熊皮时才知道大多数哺乳动物的阴茎里都有短骨，人类是少数的例外）。有次我调侃他狂剥浣熊皮为的只是要吓唬我的太太玛莉·珍，因为她很爱以前养过的浣熊，但塞米赶忙否认，他认为这是北卡罗来纳州自有的山居文化。

　　对塞米来说，狗有两种——宠物狗和浣熊猎犬，两者过着截然不同的生活。他通常手边总养着四五只猎犬，除了几只是熟门熟路的老犬外，另外一两只则是正在接受训练的幼犬。我很爱这些猎犬的品种名称：森林行者、普洛特猎犬、蓝钩、红骨。它们多半瘦瘦长长、声音低沉、眼神百无聊赖、皮毛油腻腻的，身上带着猎犬惯有的腥重体味，看起来一副无精打采的样子——那是因为多数时间它们都被 8 英尺（约 2.4 米）长的狗链拴在狗屋旁，唯一能做的事就是趴在泥土地上喘气。不过每到狩猎季，它们就全都活了过来，黑夜里暗巡在杜鹃花丛间，鼻子紧贴着地面狂吠。即便隔着海湾，我都可以听见它们的吠叫声。

　　塞米很爱他的帮手们，甚至可以听声辨犬。他分辨得出来当猎犬把浣熊逼上树时（好事）所发出的高音鸣叫，以及跟随在负鼠身后（坏事）所发出的吼声。如果猎犬们隔天没回家，塞米会忧心忡忡。不过对他而言，猎犬不是宠物，而是工作伙伴。如果有哪只猎犬表现差劲，他就会毫不犹豫地卖出或拿去以狗易狗，再带一只新猎犬回家。

　　不过塞米和太太贝蒂·苏（Betty Sue）也养过宠物狗。猎犬们从没进过家门，而宠物犬如小型波士顿梗犬则可以在屋内自由地奔跑。宠物犬和猎犬不同，它们更像是家庭成员，它们会被抚摸、跟家人玩耍，还会在餐桌旁边讨点吃的。某日下午，当塞米在牧场较为陡峭的地方除草时，被翻了的拖拉机压死了。塞米过世后，太太贝蒂·苏没有留下任何一只猎犬，但是家中饲养的宠物犬却陪伴她走过了人生中最艰难的时期。对塞米一家人来说，猎犬和宠物犬可能是完全不同种类的生物。

对大部分的美国家庭来说，狗就是同伴，不过我们对狗的态度如同塞米对待猎犬和宠物犬的态度一样，不完全一致。半数以上的狗主人认为狗是家中的一分子。美国动物医院协会报告指出，40%的受访女性表示，她们从宠物犬身上得到的关爱远多过先生或小孩。不过狗并非全然是正面影响。每10个美国成年人就有一个惧怕狗，而且狗会在夜半扰人安宁，因而造成邻里的情感冲突。我的好友罗斯（Ross）因为前邻居的狗老在夜半悲鸣吹狗雷，让他难以入睡，因此将房子卖掉搬离原址。美国平均每年约有450万人被狗咬伤，24人被狗攻击致死，其中多数死者为小孩。

从狗的角度来看，人与宠物的关系也并非纯然美好。每年约有200万至300万只狗遭饲主遗弃，并于收容所中进行安乐死处置。当人类希望繁殖出最完美的狗品种时，更造成了骇人的基因问题。举例来说，狗类行为专家詹姆士·史尔贝尔（James Serpell）认为英国斗牛犬的出现堪称犬类世界的历史悲剧。由于斗牛犬的头过大，因此约有90%的斗牛幼犬都必须以剖腹接生。它们的口鼻和鼻管严重变形，造成呼吸困难，即便在熟睡状态时亦然。此外，它们还得忍受关节疾患、慢性牙齿问题以及耳聋之苦；斗牛犬皮肤多皱，容易成为寄生虫宿主。除了病症繁多以外，斗牛犬还容易体温过高，并有流口水、打鼾、放屁和因心搏骤停而猝死的倾向。

韩国的狗的命运也相当多舛，它们或有可能成为宠物，也可能成为围炉火锅。多数的食用狗为短毛大型犬，外貌近似迪士尼老卡通里面那只外表丑陋的"老黄狗"（Old Yeller）；它们被饲养在极端恶劣的环境中，最终被电击屠宰。

上述种种，都是我们时常会忽略的动物问题，但身为心理学家，我开始对此矛盾深感迷惑。

从动物行为到爱好动物者的行为

就在拿猫喂蟒流言纷纷扰扰后的数周内，我开始思考人类与动物之间的矛盾冲突，反而搁置了动物行为研究。以普通标准而言，我的学术发展可说是一帆风顺。我在知名期刊上接连发表论文，获得国家级科学补助金，并于学术会议发表成果。不过，尽管有许多年轻优秀的学者进行如棉鼠的发音方式、乌鸦的工具使用习性和斑纹土狼奇特的繁殖行为（母土狼以假性阴茎生产）研究，我发现，试着了解人类与动物之间的奇妙社会关系的科学家仅有寥寥数人。由于人类与动物关系学为完全崭新的领域，研究者可以从最基础的问题探究，并贡献己力。于是，我在一年内关闭了原有的动物实验室，并开始全心全意地投入人类与动物的互动心理学领域。

我的研究主题从动物行为转变成动物爱好者如何面对自己与动物之间关系的道德矛盾，研究对象也变成为小狗进行安乐死并强忍住泪水的兽医系学生；常常"只是出去吃顿饭都会变成意外的磨难"而很难找到交往对象的动物权行动主义者；以巨熊为生活重心并以拖车共行，进行全国巡演的魁梧马戏团动物训练师；有着灰色鬓发却因为我要拍摄那七连胜满身是伤痕的斗鸡而露出鲜明微笑的斗鸡师傅。

我参加了动物权游行、教会伏蛇仪式（serpent-handling church service）、秘密斗鸡聚会；我访问了动物实验室研究员、出名的犬选秀训练师以及名不见经传的马戏团驯兽师。我亲眼看见高中生进行生平第一次的猪胎解剖，甚至协助农场工人屠宰牛只。我分析了网络上数千则往返于动物权行动主义者与生物医疗研究成员的信息，他们试图互相了解，但最后仍旧功败垂成，我希望在此之中找到人类行为的共通点。我的学生们研究了女性狩猎者、搜救犬、前素食主义者以及悉心照料宠物鼠的主人们。我们调查了数千位民众对牛仔竞技赛、动物养殖工厂与动物实验的看法。我们甚至翻阅了数百份八卦小报寻找当代社会对动物的种种迷思（我们研究八卦小报结集而成的论文集取名为《一女怀胎九兔》，可惜当初的编辑不识货，认为标题没什么科学感，要求我们删改）。

我和大多数人一样，为人类所担负的动物道德责任感到困惑矛盾。哲学家斯特罗恩·唐纳利（Strachan Donnelley）称处于灰色模糊地带的群众为"头脑混乱的中间分子"。生活在混乱中间地带的我们，就像身处复杂浩瀚的道德星际。我个人食肉——但分量远不若以往。我反对使用动物进行眼影和清洁剂测试，但是认同牺牲实验老鼠以进行癌症研究。虽然有许多动物解放哲学家的言论令人信服，不过我终究认为人类在象征性语言、文化与道德判断上，与其他物种有所区别。所谓的中间分子和非黑即白的动物权行动主义者或其反对者不同，我们采纳了较为广博的角度。许多人认为我们是骑墙派或道德侏儒。不过，我认为，所谓的中间分子其实相当符合人类逻辑，毕竟我们就是同时拥有超强脑容量与爱心的物种啊！对我们而言，陷入道德沼泽而不可自拔是无可避免的事。困惑，如影随形。

我将此书献给所有对人类与动物关系感到迷惑的人。身为科学研究者，我其实较擅长撰写能够使读者闭上双眼潜入梦境的专业书籍。但是我相信，科学家负有与普罗大众沟通的责任，我将此书献给不了解变异数分析和因素分析的差异，但却对最新科学研究充满熊熊好奇心的读者群。我希望以有趣的方式让读者了解最新的研究结果，但是同时坦承此议题非常复杂，我只能将所有已知与未知的事物诚实以告。

本书的许多议题具有高度争议性。举例来说，学者们仍旧无法确定当狗在客厅大便时，是否会有罪恶感；我们不知道，虐待动物的小孩，成年后是否仍具有暴力倾向；以及肉食在人类演化史中所扮演的角色为何。对普通大众而言，热门的动物议题则是：是否应该禁止斗牛犬饲养？因研究癌症新药每年牺牲数百万只白老鼠是否合宜？此类动物议题辩论早已进入白热化阶段，双方对立的程度直逼宗教狂热者的癫狂。（因此，依据人种学研究传统，某些出现在书内的研究者姓名已进行修改。）

最主要的是，我试着以客观的角度描述这个议题。当然，这表示我的书写内容不时会悖斥议题双方拥护者的信念，尽管他们胸有成竹并且绝对知识渊博。我对冲突保持着开放的态度。如果你想要深入了解宠物对人类的健康影响或动物权行动主义者的理论，你可以参考我推荐的论文报告。此书目的不在于改变任何人的道德立场或对待动物的方式，而是引导读者更深入思考人类与动物关系背后的心理逻辑与道德暗示。毕竟，人类与非人类动物的关系乃为人类所拥有的社会关系中，相当重要的一环。

1986 年的某个傍晚，我在波士顿的豪华旅馆内和安德鲁·罗文（Andrew Rowen）深谈，他为塔夫斯大学（Tufts University）动物与公共政策中心的主任。我们曾经共同参与第一场人类与动物关系的国际研讨会，会议主题为"人类利用动物时所产生的道德矛盾"。60% 的美国人相信动物有生存权，却又同时认为人类也拥有吃掉动物的权利。这到底是什么跟什么啊！

安德鲁抬头看我，"当人类想到动物时，唯一不变的，就是永远变动的价值观"。

本书为人类的矛盾而致献。

01

人类与动物的互动

人性的本质是什么?

人类无法理解与动物之间关系的根本原因,
在于人类最丑陋的两项特质:自大与无知。

克利夫顿·弗林(Clifton Flynn)

从堪萨斯机场坐车到研讨会会场的 30 分钟，比从北卡罗来纳枯坐三小时的飞机到堪萨斯来得有收获多了。路上我与社会学者莱拉·埃斯波希托（Layla Esposito）同行，前往年度国际人类－动物互动学研讨会。她表示最近刚完成博士论文，主题与中学生霸凌有关。我心生迷惑，问她为何要参加人类－动物互动学研讨会。她告诉我，她的另一个身份为孩童健康与人类发展国际协会的计划专案经理，将于研讨会公布新的联邦计划：美国国家健康研究院（National Institutes of Health）与商业巨擘玛氏公司（Mars）将联合赞助动物对人类健康与身心状态影响之研究，后者正是为我生产士力架巧克力并为我的猫猫堤莉生产美味鲔鱼罐头的公司。美国国家健康研究院主要关注宠物对孩童的心理影响：宠物对自闭症儿童而言是否具有医疗作用？催产素（oxytocin）会让我们更爱小宠物吗？家中养了宠物的小孩是否比较不容易罹患气喘？

"你们的赞助金额大约多少？"我问。她回答，每年 250 万美元。"天啊！太棒了，人类－动物互动学科正需要这样的资金。"同时我心想，接下来的几天里，应该会有不少人千方百计吸引莱拉小姐的目光。

人类与动物的关系重要吗

对比每年研究癌症的 60 亿美元，250 万美元仅弥牙缝，不过这对乏人闻问的人类－动物互动学科来说，不啻为振奋人心的消息。此学科范畴包山包海，涵盖人类与其他物种的所有互动层面。举例来说，堪萨斯研讨会主题包含了关于照顾罹患慢性疾病宠物对饲主的生活品质影响，因为宠物而治愈心脏病的实例，幼童如何分辨友善的狗与凶恶的猛犬，猫咪的性别所造成的行为差异（结扎后的公猫比割除卵巢的母猫更温柔），以及动物之间的道德关系。

尽管人类与动物的关系非常重要，但是科学家长久以来对此领域的漠视，直到最近才有了转机。以我个人的专业领域心理学言之，数百年来，科学家致力于研究行为决策过程背后的逻辑，包括动机、感知、记忆等，但却对日常生活的其他面向抱持着漠视的态度，如食物、宗教以及生活休闲活动等。而人类与宠物的关系，也是每个人都关心但却长期被科学家忽视的主题之一。

行为科学家对人类与宠物关系兴趣缺乏的原因之一是，他们认为这仅仅是日常琐事。此态度实属荒谬。了解我们对待其他生物的态度与行为相当重要，主要原因如下：约有三分之二的美国人饲养宠物，而且许多饲主与宠物拥有极其深厚的感情。此外，我们对待其他物种的态度正历经转变期，不管是医疗实验动物或人类仅因口腹之欲而杀生等议题，都引起了日趋极端的争辩；究竟动物是否该拥有与人类同等的道德地位的争议越演越烈，以至于联邦调查局官方发言人就曾表示，极端的动物权行动主义者已经成为美国本土最危险的恐怖分子。最终，人们开始对人类－动物互动学开始产生兴趣，当我和认识的人提起自己正在进行人类－动物互动研究时，许多人立刻会开始热络地与我谈论自己的狗的古怪故事、拒绝吃肉的伟大理念或者安堤姑妈喜欢带着猎犬外出狩猎黑熊的故事。

以人类－动物互动学家的观点看世界

人类－动物互动学已超越了普通的学术界限，参与学者包括心理学家、兽医、动物行为学家、历史学者、社会学家与人类学家。如同其他科学领域一样，人类－动物互动学者不时会意见相歧。在面对较为棘手的人类动物道德关系时，学者们亦各有立场。事实上，我们连对此学科的命名都谈不拢，有些学者偏好称此领域为人类－动物研究（human-animal studies）。不过，尽管歧见横生，我们仍旧有着相同的初衷，我们认为人类与其他物种的互动对人类生活而言别有意涵，而且我们多少都希望让动物拥有更好的生命状态。

以学科规模来说，人类－动物互动学仅具雏形，不过在过去的 20 年内，我们确实有所进展。目前我们已有数本期刊以此学科为主题，国际人类－动物互动学研讨会每年都盛大召开，并让学者发表最新研究成果，学者们针对遛狗是否会让饲主减重或猫究竟被人类驯养了多久之类的主题进行讨论。美国本地已有 150 所大学与学院开始教授人类－动物互动学科，此外，宾夕法尼亚大学（University of Pennsylvania）、普渡大学（Purdue University）以及密苏里大学（University of Missouri）皆设有人类－动物互动学研究中心。

若想了解这门新颖学科的发展动向，不妨从以下几个最热门的议题开始，如海豚是否有极强的情感疗愈功能，人类如何选择自己的宠物，虐待动物的小孩长大后是否会成为暴力狂。

海豚可以胜任治疗师的角色吗

人类－动物互动学学者相当好奇与动物互动是否可以减缓人类的忧伤。动物辅助疗法（Animal-assisted therapy）早已行之有年，而"宠物疗法"（Pet therapy）的历史更可回溯至 1964 年，当时小儿科医师鲍里斯·莱文森（Boris Levinson）发现，许多很难沟通的小孩在和他太太的狗叮当玩过以后，就会卸下心防。每隔几周，狗医师会到我 92 岁的外婆住的疗养中心探访，并且让现场气氛变得轻松愉悦。我自己则喜欢和家里的猫堤莉谈心，这让我能更容易地面对生活中的大小事。（堤莉是个铁石心肠的医师，每当我开始愁眉苦脸抱怨病情时，它就会吸吸鼻子掉头就走。或许我应该找个性格稳重、有水汪汪眼睛的黄金猎犬——狗版的梅菲医师、黑手党教父唐·柯里昂的心理医师，或许更具疗效。）

不过，骑马、和小狗玩耍或是抚摸猫咪真的可以让忧郁症痊愈或是减轻自闭症儿童的病症吗？犹他大学（University of Utah）研究者杰奈尔·迈纳（Janell Miner）与布拉德·伦达尔（Brad Lundahl）分析了 49 份已发表的动物辅助疗法对孩童、青少年、成人与老人疗效的科学研究，其研究环境包含医师诊疗室、长期照护安养机构等。他们发现，狗为最常见的治疗师，而动物辅助疗法最常应用于精神疾病患者而非身体残疾患者身上。多数（并非全部）研究发现，患者确实从动物治疗师身上获得足以量化的情感疗愈；平均来讲，患者改善的程度与忧郁症患者服用百忧解（prozac）的效果相差不远。然而，动物辅助疗法中最受争议的对象应为海豚。海豚的情况与马或狗不同，毕竟将海豚的活动范围缩限于人为环境中，等同于违反野生动物的天性。此外，对于海豚具有神奇疗愈的说法尘嚣甚上，目前可见说法包括减轻唐氏综合征、艾滋病、慢性背部疼痛、癫痫、脑性麻痹、自闭症、学习障碍、失聪的症状，甚至还能缩小癌症肿瘤。除了上述学界推测的治疗作用以外，更有"生物力场"（bioenergy force）一说，认为海豚彼此沟通时所发出的高频脉冲声与低沉咕哝声可以改变人类脑波。

海豚疗法听起来振奋人心：只要去和海豚游个两圈，身体就会变得更勇健。不过在你签署"与海豚在大浴缸里游泳"的合约以前，最好先深思广告背后的科学依据。多数的海豚疗法机构所依据的仅是个人体验、报告或由既得利益者所设计的粗糙实验。通常，海豚疗法对濒临崩溃边缘的唐氏综合征与自闭症儿童的父母特别有吸引力，这些父母往往愿意倾家荡产，只为了让小孩的健康状况转好。他们争相参与全世界超过 100 个声称具治疗性质的"海豚共游"课程，并远赴英国、俄罗斯、巴哈马共和国、澳大利亚、以色列以及佛罗里达群岛、塔里岛、迪拜等国家和地区。所有的父母急迫地希望有着蒙娜丽莎式微笑的海豚确实具有神奇的力量，能疗愈重症孩童。海豚疗法所费不赀。荷属安的列斯群岛库拉索海豚疗法与研究中心（Curacao Dolphin Therapy and Research Center）的两周式水中疗程，以每小时 700 美元的高价进行收费。这些钱花得值吗？父母们是否得到了令人满意的结果呢？

大自然的奥秘不会轻易地就被看穿。科学家必须绞尽脑汁才能穿透重重迷雾，但如同其他人一样，科学家也会被骗，尤其当他们自身的利益也牵扯在内时。也因此，所有的研究所学生都会修一门"研究方法论与统计学"课程，俾使运用客观的实验技巧。科学家老是把"内外在效度""代设剂效应""随机分配""单双盲实验"与"相关性反悖因果性"等华丽辞藻挂在嘴边，而本人并不打算继续叨念任何科学术语。不过我必须说明的是，概念性研究工具确实可以避免科学家在无意之间陷入主观意识。即便研究成果冲击到我们对宠物的既有概念，科学家仍旧苦心寻求替代性解释。1924年，芝加哥郊区霍桑工厂经理雇用了心理学家团队研究改善工作环境会如何提升员工产能。心理学家们有计划地进行了一系列的小型改善计划，首先他们增加地板的照明度，接着微调薪资系统，后来，他们调整了工作进度与休息时间长度。研究团队发现，几乎每项小改变，甚至只是取消前一项改变，都会带来暂时性的产能提升。研究者的结论则是，员工产能的增加与较好的照明系统、薪资或更长的休息时间无关，上述改变仅仅为调整固定作息时间所带来的涟漪效应。

那么，海豚治疗以及患者所呈现的短暂改善现象，是否与霍桑效应，也就是新体验所带来的短暂喜悦感有关呢？这值得我们深思。当患者旅行至遥远的美好国度并与全世界最可亲的生物一起在热带海洋里共游，身边围绕着充满爱心并且怀抱着无限希望的人们……

我们该如何实际检验海豚疗法的效益，并排除上述种种美好体验的附加价值呢？还好，有些方法能将我们无意识的偏好排除在疗程真正的效益之外，让我们不受实验之中的潜意识因素影响。

为了以客观且严肃的方式证明海豚对孩童带来的好处确实远超过"感觉良好"的状态，我们必须使用近似"消费者报告"的检验方法。举例来说，超高频率的海豚音对有身心障碍的儿童究竟有何效用？一个德国研究团队于佛罗里达群岛仔细观察海豚夏令营里海豚与有身心障碍的儿童的互动状况。研究团队发现，多数时间海豚都把重症孩童晾在一旁，彼此间也鲜少使用超声波进行沟通。事实上，身障孩童们在疗程中仅仅接触了约10秒的海豚超声波，这实在称不上有任何疗效。此研究团队最后的结论认为，让小孩参加海豚疗程不如在家和狗打滚。

可是传说中那些海豚的共鸣、温暖的微笑以及神秘的气场所带来的疗效，究竟是否属实？许多科学家包括埃默里大学（Emory University）的洛丽·马里诺（Lori Marino）与斯科特·利伦菲尔德（Scott Lilenfeld）都投入了相关主题的研究。洛丽热爱动物，她会利用周六空当帮收容所的猫咪寻找新主人，不过，她最爱的还是海豚。她在神经科学研究所读书时，就开始对海豚大脑解剖构造的特殊性着迷，至今已投入海豚研究工作近 20 年，也是第一个证明海豚能够辨识出镜子中的自己的科学家（同时具备此能力的有人类、猩猩、大象和喜鹊）。斯科特则是执业的心理学家，专门接手其他科学家避之唯恐不及的主题，好比罗夏墨迹测验（Rorschach inkbolts）是否会揭露受测者的性格（正确答案为否）。

擅长海豚研究的洛丽搭配可以大刀阔斧解除心理学迷思的斯科特，两人组成了绝佳团队，验证海豚究竟是否对身心障碍者有着确实的疗效。洛丽和斯科特检验了所有宣称对忧郁症、皮肤炎、心智发育迟缓、自闭症和焦虑症有显著效用的海豚疗法，经过仔细评鉴，她们发现，几乎所有的实验都有设计瑕疵：取样规模太小、缺乏客观的疗效评鉴方法、控制组操作缺陷、无法区隔海豚疗效与外在环境的美好以及新体验所带来的正面影响，还有研究者本身所涉及的利益等。

两位研究者主张，目前没有任何的科学证据可以证明海豚疗效有助于上述的所有病症。海豚治疗根本就是门伪科学。洛丽与斯科特不满海豚疗法成为医疗神话，决心将该产业驱逐出科学界。她们称海豚疗法为"危险的潮流"。我知道海豚疗法很潮，但是危险何在？如果父母们财力许可，那么为何不让这些不幸的孩子和海豚在海里嬉游数周呢？这看起来并没有任何害处呀。

洛丽不这么认为。她认为此疗程对海豚或儿童而言，都具有危险性。海豚具有攻击性，更无法分辨眼前孩童是自己的疗愈客户。近年一项调查发现，在 400 名专业海洋哺乳类动物工作者中，至少有半数的人曾受过重大伤害，而海豚疗程的参与者也曾经被鳍击伤、受到咬伤或撞击（造成肋骨断裂与肺部破洞等伤害），甚至还有海豚治疗师将皮肤病传染给儿童们。

海豚治疗也牵涉了相当复杂的道德议题。执业中的心理学者选择了咨商师的道路，但海豚没有。虽然美国海豚疗法选用封闭环境中培育出来的海豚，但多数国家的海豚治疗师经由大规模猎捕而得。洛丽认为，我们不能仅仅为了人类的医疗利益，就让海豚们过着如同关塔那摩监狱囚犯一样的生活，在水泥池里转着圈圈，直到死去的那一日到来为止。

人类是否有权利捕捉具有高度社交能力与精良沟通系统的智慧生物，并将它们培养成可以治愈自闭症孩童的治疗师？如果海豚确实具有特殊能力，那么海豚疗程似乎还稍微具有合理性，然而，我需要更强而有力的证据来说服自己：只要和海豚一起游个 15 分钟，就可以让自闭儿开朗、让唐氏综合征宝宝智商提高 15 分，又或者海豚电场可以改变中年危机带来的沮丧不安感。但是，我们缺乏此类证据。

目前未见相关法律、法规对海豚疗法进行规范，也没有相关的心理或医学组织认证。2007 年，英国鲸豚保育协会与慈善组织自闭症研究学会呼吁应彻底禁止所有的海豚疗法。连海豚疗法的初期先锋者都加入了呼吁的行列：贝特西·史密斯（Betsy Smith）为佛罗里达国际大学（Florida International University）人类学家，她在 20 世纪 70 年代开始建立海豚和心理障碍孩童之间的桥梁。起初，成效颇丰，她也很快地成为海豚疗法的忠实支持者。不过，后来她改变想法了。在一封阿鲁巴海洋哺乳类动物基金会（Aruba Marine Mammal Foundation）的公开信件里，贝特西·史密斯博士写道："所有的圈禁计划背后的目的都是利润。"天啊！

根据一位曾与海豚同游的好友的说法，那过程确实很好玩。不过海洋哺乳类动物并非万灵丹，一个星期的海豚疗法无法让脊椎抽长，也无法治愈心理疾病，或者防止癫痫再度发生。所以，省省钱吧，救救海豚好吗？

狗主人长得和狗像吗

当人们知道我研究的是人类与动物的关系时，他们经常会说："那你应该要和我朋友某某某谈谈，她真的爱死她的某某某了。"连我姐姐也犯了同样的毛病，硬是要我和保莱特·雅各布森（Paulette Jacobson）聊聊。保莱特和一只叫作贝特·戴维特（Miss Bette Davis）、简称小妞的西施犬一起住在西雅图附近的斑桥岛。以前小妞受到前饲主的忽视，现在却改头换面，过着贵族天后般的生活。它每天享用新鲜烹饪的三餐，在游艇尽享吉特海湾的风光，还有梦幻的狗衣柜。小妞有一件雨衣和好几件毛衣、太阳眼镜和蛙镜。有时候，保莱特会和小妞打扮相似并骑着机车在斑桥岛绕行，一人一狗出双入对，所到之处往往引起游客注目，甚至拍照留念。最近有间宠物商店要在斑桥岛开业，保莱特早已等不及要为宠爱的小妞添购行头，她说，"小妞就是我心目中的梦幻狗"。不过，小妞不只是她的朋友，"她根本就是我的化身，我把她当作我身上最夺目的时尚配件"。

妮可·里奇（Nicole Richie）更是进一步将一只叫甜心小子（Honey Child）的狗当作自己的代言人，她选择了符合自己发色和甜心小子毛色的多彩发辫进行接发。究竟"狗主人和狗狗是否都会长得很像"，绝对是一门值得大众心理学者好好探索的主题，也是窥探集体智慧的一面镜子。我们心里都有许多关于此话题的刻板印象——手臂刺满硬汉风格刺青的魁梧男人牵着斗牛犬、身材高挑的名流模特牵着两只阿富汗猎犬。不过，狗主人真的和自己的狗狗长得很像吗？

英属哥伦比亚大学（University of British Columbia）心理学者与犬研究专家斯坦利·柯伦（Stanley Coren）认为道理很简单。基本上来讲，所有的社会心理学者都认为人们倾向于选择和自己具有相同程度吸引力的伴侣，那么选择一同生活的宠物自然也会使用类似的逻辑：短发女性偏好竖耳犬种，例如贝生吉犬（basenji）或哈士奇，而长发女性则多半选择长耳的米格鲁或是史宾格猎犬（Springer Spaniel）。

为证明自己的假设无误，柯伦让不同发型的女性对四种拥有不同耳型的犬种进行评分。问卷问题包括，你如何评价此犬的外形？此犬看起来是否友善？此犬看起来是否聪颖？柯伦证实了，果然短发女性偏好贝生吉和哈士奇，而长发女性则喜好米格鲁或史宾格。此外，短发女性认为竖耳狗类看起来更为聪明、友善而且忠实。柯伦认为，人们各有偏好的造型，他们除了把自己打扮成某种模样以外，也会挑选具有类似风格的宠物。

这论点还挺有意思的。然而，柯伦并没有直接证实宠物主人和宠物是否长得很相似。最近，心理学家迈克尔·洛伊（Michael Roy）与尼古拉斯·克里斯坦菲尔德（Nicholas Christenfeld）继续对此疑问追根究底。克里斯坦菲尔德在夜晚的亲子阅读时发现故事书里的主人总是牵着和自己模样相似的狗。他想知道现实生活是否也是如此，如果是的话，背后原因又是什么。

研究者对"狗主人或许和狗狗长相相似"一说，提出了两种可能的解释，一种说法为聚合，另一种说法为选择。聚合理论认为，主人与宠物经过多年相处，慢慢变得更为相似。这听起来或许有点可笑。不过，实验证实伴侣在多年相处后确实长相会趋于相似。此外，通常肥胖的人往往也会过度喂食宠物。假使聚合一说为实，研究者认为，主人与宠物相处时间之长短，应会影响两者外貌相似的程度。相反，选择理论则认为，主人在一开始就选择了与自己外貌相似的宠物。洛伊和克里斯坦菲尔德认为，若此说为真，那么饲养纯种犬的狗主人与宠物的近似度，应该会高于饲养混种犬的主人与其宠物的相似度。毕竟，要推估混种小狗未来的长相较为困难。

为了验证上述说法，洛伊和克里斯坦菲尔德开始在公园进行调查，他们为狗主人与其宠物拍摄一组照片，每组照片都会再另外搭配拍摄一张没有任何关系的狗的照片。接着，他们要求大学生从每组的三张照片中，试着将狗主人与其宠物配对。假使宠物与主人不具有任何外貌上的关联性，那么猜测准确率应趋近 50%。反之，若宠物与主人确实具备某种外形上的相似性，那么准确率应该会高于 50%。研究者猜测，选择理论应该是较为合理的解释，而非聚合概念。此外，他们更认为，主人与宠物相当相似的情况多半会发生在纯种犬身上，至于狗主人会在多年相处后长得和宠物更为相似的说法，则被研究者彻底否定。

结果，研究者的猜测全数准确。学生正确配对宠物与主人的比例高达三分之二，这绝对超出乱数猜测的最佳可能性。而且学生的猜测结果确实符合选择理论的逻辑，那就是混种犬与主人的辨识度确实较低，而两者也不会在相处日久后变得更为相似。

我和大部分科学家一样多疑，也因此，刚读到洛伊和克里斯坦菲尔德的论文时，相当怀疑此说法。不过，现在早已被彻底说服。不管是在委内瑞拉、日本还是英国的研究团队，都陆陆续续地得到了相同的研究成果，证实多数宠物主人长得与宠物极其相似。当然，这并不意味着所有的宠物都会长得和主人很像，只是说明科学证据证实了宠物主人与所拥有的宠物，确实有在外形上相似的倾向。谁知道为什么啊！

爱狗人士和爱猫人士的性格不太一样吗

我的好友菲丽斯与比尔这对夫妻有个非常大的不同点，菲丽斯是猫奴，而比尔不是。菲丽斯从大学时代开始就养猫，同时会养个两三只。我曾经为她当猫保姆长达一整个月，并答应每天都会给其中一只坏脾气的猫克里斯两颗药丸：一颗抗癫痫、一颗抗忧郁症。这是每日必经的折磨，最后，克里斯往往会击败我获得压倒性的胜利。最近这几年，菲丽斯还在兽医院花了上千美元，医治她那只喜欢和发情流浪公猫与浣熊格斗的灰色虎斑猫奇波。

为什么菲丽斯那么爱猫？她说自己喜欢猫的独立和它所流露出的情感，这和她欣赏先生比尔的说法恰巧相同。至于狗狗，她觉得实在太累人了。

至于比尔，他向来都对动物没有太多感觉。其实即便现在他也说不上喜欢猫。比尔童年时家中没有任何动物，也从来都没有起过要养宠物的念头。

不过两人结婚后，养猫的日子就这么突然到来。经过多年的相处，比尔对猫的态度缓慢地转变了，从一开始的漠视转而变为包容。他承认偶尔晚上看新闻时，猫会躺在他的肚皮上，这会让人心情愉悦。不过，他从来不会插手喂猫一事或是在远行时问菲丽斯猫过得好不好。比尔仍旧认为，如果他自己独居，绝对不会饲养宠物。

菲丽斯是个相当优秀的心理治疗师。由于她拥有专业的临床经验，因此我问她是否能在爱猫人和爱狗人身上看到不同的特质。令我讶异的是，她否决了我的猜测。她说爱狗或是爱猫，往往出于巧合，而非人格特质。有时候，人们刚好就在自家后院发现走失的小猫，或者刚好在养狗的家庭长大，也说不定，是需要有猫咪驱逐地下室的老鼠。

我猜，正在阅读此书的你应该不是爱狗人士就是爱猫人士；我想你更有可能是爱狗一族。因为每当人们被问到类似问题时，多半会很快地给出一个精确的答案。此外，近年盖洛普调查（Gallup poll）显示，近70%的美国人都自称为爱狗人士，这还挺吊诡的，因为根据宠物人口统计学，美国饲养猫的家庭远多于养狗的家庭（就拿我和玛莉·珍来说好了，我们都比较爱狗，但家里却有堤莉老大）。

不过，究竟爱狗人士和爱猫人士有没有什么性格倾向上的差异呢？还是这又是另一个错误的刻板印象？

专攻人类与动物个别差异性的得克萨斯大学（University of Texas）心理学家塞米·戈斯林（Sam Gosling），尝试回答上述问题。他在精彩著作《窥探术：身边物品说明了你是谁》（Snoop: What Your Stuff Says About You）中指出，某些个人选择可以透露出我们人格的蛛丝马迹，也有些不会。举例来说，戈斯林可以透过你iPod所下载的音乐、房间凌乱程度与墙上所挂的海报类型，描述出你的部分人格特质。至于冰箱里的食物，则和你是什么样的人一点关系也没有。

不过在我们开始讨论爱狗人士与爱猫人士的性格是否有差异以前，我们必须先简单了解人格心理学。心理学者对人类天性早已争执了数百年，其中一个最有分歧的问题就是：所谓的人格特质究竟有几种？虽然并非所有心理学家都同意，但多数心理学者都认同以五项基本特质来形容一个人的个性。严格来讲，我们称此为"五元素模型"，心理学界往往简称为"五大性格"。

五大性格特质为：

· 对新奇事物的开放性 vs 对新奇事物的封闭性

· 尽责 vs 冲动

· 外向 vs 内向

· 合群 vs 对立

· 情感纤细 vs 情绪稳定

剑桥大学人类 – 动物互动学者安东尼·波德贝斯（Anthony Podberscek）与塞米相当好奇养宠物的人和不养宠物的人在个性上是否有差异。他们翻遍科学文献找出数十篇将两种类型的人做比较的实验，结果却是一团混乱。有文献认为养宠物的人比较外向、情绪较稳定或情感上较不独立，另一篇研究的结论则完全与之相悖。两人的调查结果表明，养宠物的人和没养宠物的人基本上没有任何人格上的差异。

那么究竟爱狗人与爱猫人有何差异呢？过去十年来，塞米通过网络测验为上千位受测者进行五大性格测验（你可以至 www.outofservice.com/bigfive 网站接受测验）。2009 年塞米暂时性地置入一项问题：你是否为爱狗者或爱猫者，或者都不是？在短短一周内有近 2088 位爱狗者与 527 位爱猫者做了性格测验。

测验结果如下：

· 爱狗者比较外向

· 爱狗者比较合群

· 爱狗者比较勤劳

· 爱猫者比较纤细

· 爱猫者比较勇于尝试新事物

　　结果证明菜市场心理学者的看法是正确的，爱狗人和爱猫人真的有性格上的差异，而此间差异点，和你料想的差不多。当然，科学总是比我们知道得更多。在此案例之中，爱狗人与爱猫人的性格差异其实并不显著（除了居中范围内的内向性以外）。总之，不管你是爱猫还是爱狗，这确实多少透露了一点关于你性格的小事，不过，这远低于 iPod 所透露的信息，但又比冰箱内的食物包含更多资讯。

虐待动物的小孩长大后会有暴力倾向吗

　　最近一次造访曼哈顿时，我特别花了一个下午的时间去逛大都会美术馆，想找找有关人类与动物关系的画作。这类作品为数不少，但其中最醒目的是 16 世纪意大利画家阿尼巴尔·卡拉齐（Annibale Carracci）所绘名为《两个戏弄小猫的孩童》的画作。该幅油画描绘两个相貌天真的小男孩和小女孩以及一只猫。画中小男孩用左手按住猫，右手拿着小龙虾，看起来他想刺激小龙虾用螯夹住猫耳。两名小童都露出了天使般的微笑，沉浸在孩子气的"游戏"喜悦之中。我们该如何看待小孩子的暴力行为呢？这算是孩子气的恶作剧，还是具有导向未来暴力行为的深度心理学暗示行为？

　　将暴力行为施加在动物身上，说明了人类与动物的互动关系牵涉了更大层面的心理学问题。举例来说，虐待动物是先天行为，还是后天环境所造成的后果？有些科学家深信残忍的天性与人类进化史有关，毕竟我们的祖先和肉食性人猿相仿，都喜欢让猎物四分五裂的感觉。然而，其他科学家则认为人类孩童具有善良的天性，而孩童对动物所施以的暴力行为则源自人类社会对狩猎行为与嗜吃生肉的赞扬。当然，面对动物的残酷行径又再一次说明了人类对动物不一致的道德态度，究竟猎人射击野鹿和坏孩子在狗尾巴上绑上空罐头有何差别呢？

　　人类学者玛格丽特·米德（Margaret Mead）曾经写道："对孩子而言，最危险的莫过于他人在孩子面前残酷地杀害动物，并轻松脱身。"她所反映的正是数百年来被无尽探讨的议题。约翰·洛克（John Locke）与伊曼努尔·康德（Immanuel Kant）曾经直接将虐待动物与人类所主导的暴力活动相联系。事实上，康德认为人类应当仁慈地对待动物的主要原因就是虐待动物将导致人类更剧烈的残暴行为。部分人类－动物互动学者深信，孩童时期虐待动物的经验往往导致未来成年时进行犯罪行为。当然，也有其他学者保持着怀疑的观点。

心理医师艾伦·费瑟斯（Alan Felthous）与人类－动物互动学领域的权威学者斯蒂芬·凯勒特（Stephen Kellert）进行了史上第一次针对动物虐待与犯罪行为关联的实验。他们针对三个类别的对象进行了访谈，包括：攻击性罪犯、无攻击性罪犯与非罪犯。结果显示，攻击性罪犯持续虐待动物的频率确实远较其他组别来得高。此外，高攻击性罪犯的暴力程度也与其他组别不同。他们会用微波炉煮猫，虐待青蛙，或是将狗活活淹死。

我从此实验与其他相关研究得到灵感，开始询问周边朋友孩提时是否曾经有虐待动物的经验。结果让我瞠目结舌。举例来说，我的老友佛烈德，一个建筑工人，承认小时候和死党一起用鞭炮炸死青蛙。亨利5岁时妈妈买了只有着大耳朵的棕色小狗给他。有天他和朋友突发奇想站在围篱的两边把狗当躲避球一般抛接。没隔几天，小狗就死了。亨利说，每次想到这件事都让他想哭。当我问琳达小时候有没有做过类似虐待动物的事的时候，她突然安静了下来还一脸严肃。她说确实有，但她不想谈论此事。相比之下，朋友伊恩的罪行比较轻，他只用放大镜烧蚂蚁而已。

我很讶异有这么多朋友都坦承小时候曾经虐待过动物。但他们之中没有任何人走上黑暗的道路，成为重刑犯、家暴者或连续杀人魔。达尔文也是，他曾经在自传中写道，"当我还小时，曾打过小狗，我相信那只是因为想要尝尝权力的滋味而已"。（不过他接着写，"我从来没忘过此事，甚至连犯罪地点都记得一清二楚，显见此事在心头之沉重"。）

我也有罪。以前在佛罗里达时我和死党都会拿陆蟹和蟾蜍当BB枪的射击目标。有天早上，我手拿BB枪，抬头望见树梢的枯枝鸟巢，我心想，不如射射看啊，反正又不会射中，而且 BB 弹没啥大不了的吧？我大错特错。枪管发出一缕轻烟，鸟无声地坠落地面死去。我吓破胆了。毕竟一只丑陋的陆蟹和在鸟巢中休息的活生生的小鸟有着天壤之别。从那天起，我就再也没有拿动物当作射击对象了。

人们深信孩提时期的暴力经验和日后的施暴行为有着极大关系，以至于美国人道协会甚至买下"联结"（The Link）一词的商业使用权，并举办与之相关的公开演说。通常演说都会以一连串的悲剧开始，首先是连续杀人犯们：波士顿绞杀者阿尔伯特·迪沙尔佛（Albert DeSalvo）、杰弗里·达莫（Jeffery Dahmer）、华盛顿狙击手的共犯李·博伊德·马尔沃（Lee Boyd Malvo），他们全都有在孩童时期虐待动物的记录；接着是校园大屠杀案件主角，不管是科罗拉多州的柯伦拜高中、俄勒冈州的泉地高中、阿肯色州的琼斯布洛高中，还是密西西比州的珍珠高中、肯塔基州的潘杜卡高中，所有的犯案男孩都承认有虐待动物的经验。

我对此类逸事证据向来兴致缺缺。许多深信"联结"说的人甚至会让人以为所有的连续杀人犯和校园枪击案凶手都有虐待动物的历史。事实绝非如此。曾经有研究者调查发现，在 354 名连续杀人犯之中，有 80% 的凶手都没有虐待动物的经验。至于校园枪击案与动物虐待之间的关联性更是微乎其微。2004 年，美国特勤局和美国教育部一起针对 37 起校园枪击凶手进行了详细的人格检验。研究人员发现，仅有 5 名枪击者曾有动物虐待史。他们的结论为：极少数的凶手曾在犯案前有过对动物施虐或杀害的行为。很明显，许多"联结"说的支持者过分地渲染了动物虐待与暴力行为之间的关联性。然而，确实有少数证据显示，两者之间有着关联。困难在于我们如何权衡两者之间的关系紧密与否，以及两者之间为何会有关联性。

人们会将童年时期的暴力游戏与未来的犯罪行为做联想多半出于下列几项原因。我将第一种原因称为"坏因子假说"（bad seed hypothesis），有些小朋友在小学时就开始说谎、偷窃和霸凌，精神科医师将此类行为称作"品行障碍"（conduct disorder）。20 世纪 60 年代时，会被认定为品行障碍的孩童多有下列毛病：玩火、尿床和虐待动物。虽然这三项特征彼此间并没有紧密关联，但美国精神病学协会仍旧将虐待动物视为品行障碍的诊断标准之一。坏因子假说显示，虐待动物虽然并非行为不良的主因，但却是严重问题儿童的指标，未来这些孩童很有可能转变成为精神变态者。

"联结"假说中最强硬的说法被称为"暴力毕业典礼"（violence graduation hypothesis），此论述认为一个人仅仅摘掉蝴蝶的翅膀或殴打小狗，就注定了这个人未来将迈向牢狱生活。琳达·梅尔兹－佩雷斯（Linda Merz-Perez）与卡萨琳·海德（Kathleen Heide）在其重量级著作《虐待动物：通往暴力之途》（*Animal Cruelty: Pathway to Violence Against People*）中，大量采用了上述理论。暴力毕业典礼理论将孩童的虐待动物行为视作犯罪档案的一环，并期望借此预先辨识出校园枪击案凶手或连续杀人犯。

所以，这些档案有用吗？孩提时期的暴力行为究竟与日后的犯罪是否有关联？答案显然仍在未定之天。美国东北大学（Northeastern University）社会学教授阿诺德·阿鲁克（Arnold Arluke）所率领的研究团队，以相当独特的方法检验了暴力毕业典礼假说。他们将曾犯下虐待动物罪行的犯罪者，与另一组同社区里的守法者做比较。研究者认为，如果暴力毕业典礼假说为真，那么虐待动物者犯下暴力案件的比例应该高于贩毒或偷车等较为普遍的罪行。

研究者的结论否决了暴力毕业典礼之说。确实，虐待动物者大多为极端的麻烦人物，你绝对不会想要当他们的邻居；他们犯案的比例确实也远高于与之相比的守法者。但是，虐待动物者在犯行上并未显现特殊倾向，他们犯下暴力罪行与非暴力罪行的概率相差不远。

若随意地将童年时期虐待动物的行为与日后的暴力犯罪画上等号，确实相当不智。如果以基本逻辑判断的话，我们知道"即使所有的 A 都是 B，也不能证明所有的 B 就是 A"。好比我们已知大多数的海洛因成瘾者一开始都有抽大麻的经验，但如此并不代表所有开始抽大麻的人日后都会成为海洛因成瘾者。同样的，即使我们知道多数的校园枪击凶手与连续杀人犯都有在童年时虐待动物的经验（这个指称基本上非常可疑），我们也无法证明所有扯过蝴蝶翅膀的小孩日后都会变成谋杀犯。

最重要的是，数据完全否认了暴力毕业典礼的论点。艾米丽·帕特森·凯恩（Emily Patterson Kane）与希瑟·派伯（Heather Piper）分析了24份关于极端暴力分子（连续杀人犯、性虐待狂、校园枪击犯、强暴犯与谋杀犯）以及无暴力行为史之男性（大学生、青少年和正常男性）的研究报告，研究者发现35%的暴力犯在幼年时曾有虐待动物的经验，然而，在正常男性的研究组里，竟有37%的参与者坦承有此经验。社会学者苏珊·古迪·尼雅（Suzanne Goodney Lea）也得到了相似的结论：她研究了570位年轻人的成长背景，其中约有15%的人曾有虐待动物的历史。她发现，会打架、习惯性说谎、会使用武器与纵火的孩子并没有任何将成为暴力的成人的倾向。虐待动物，仍旧无法预示未来的攻击性行为。

阿诺德·阿鲁克教授具有倾听的天赋，他能让受访者进入放松的状态，然后透露内心深处的秘密，功力堪比顶尖刑侦人员。阿诺德·阿鲁克成功地深入曾有虐待动物经验的大学生们的内心世界。基本上，他只要在课堂上随口问一下就可以找到无数有此经验的学生。在他的受访者里，有人曾用漂白水杀害鱼缸里的鱼，把苍蝇脚拔断，用打火机烧蚱蜢，把活青蛙当飞盘玩。一位受访女性的回答似乎表达了多数动物虐待者的想法："我们就是没事干，然后想，来弄一下那些小猫好了。"

阿鲁克教授的学生其实并非特例。最近有份针对大学生的报告指出，约有66%的男学生与40%的女学生承认有虐待动物的经验。因此，阿鲁克提出了较为极端的结论，他认为虐待动物为童年成长的一部分，并称此为"肮脏游戏"（dirty play），这和抽烟或说脏话一样，都是令人感到刺激的禁忌行为，让孩童以秘密的方式初尝成人才拥有的权利。肮脏游戏也强化了同伴（也就是犯罪搭档）间的关系。普遍来讲，阿鲁克的学生们都不是那种会把猫丢进微波炉或把狗从屋顶往下扔的小恶棍，而且，这些学生也与费瑟斯和凯勒特所调查的重刑犯不同，他们多半会为童年时期的幼稚行为深感懊恼。

不过，我们仍旧得以借此窥见事实的真相，童年时期的虐待动物行为远比我们所想象的来得普遍。

奇妙的是，大部分极端残酷的动物虐待事件凶手，日后都成为守法的公民，而多数的坏孩子则对虐待动物兴趣不大。对我而言，虐待动物引发了另一个问题，但绝不是变态狂会如此残忍的原因，因为这个问题的答案太过明显：变态狂成因为其精神疾患、无道德准则或邪恶本质使然。真正有趣而重要的问题并不在于我们和动物之间的关系，而是为什么善良的人也会犯下残忍的暴行。

许多研究者与动物保护团体以传教士般的热忱强烈联结虐待动物与人类暴行之灾。然而，也有些学者质疑此过度简单的"联结"说，并担忧"联结"说的倡导者与媒体向大众过度渲染缺乏逻辑的道德恐慌。怀疑"联结"说的学者并非否认虐待动物的严重性。反之，学者们认为虐待动物本身即足以构成罪行，不管犯罪者未来有无成为重刑犯皆然。

人类－动物互动学界对虐待动物与人类暴行之间的联结强度有分歧，这点和其他备受争议的人类行为议题不相上下。数年来，心理学者也不断争辩究竟电视的暴力情节是否会诱发暴力犯罪，色情影片是否会增加性犯罪发生率，以及托育中心对儿童的影响。如同上述其他议题一样，人们将继续针对虐待动物背后的因果关系进行争论。毕竟，这确实是相当重要的议题。

如你所见，人类－动物互动学所牵涉的范围相当广泛。我们会研究爱狗人士和爱猫人士的个性差别，毕竟这算是很有趣的话题吧。除此之外，我们也会检验动物辅助疗法的确实成效以及虐待动物与成人攻击行为之间的关联，后者确实深具社会意义。不过，还有另一个有趣的原因吸引我们深思与其他人的互动关系，那就是人类与动物的互动关系直接揭露了人性的本质。如同我在下一章所描述的，人类学家克洛德·列维－施特劳斯（Claude Levi-Strauss）曾有相当精确的评论，"能思及动物皆是好事"（Animals are good to think with）。

02

因为可爱

为什么你喜欢这个讨厌那个?

移情于狗总比移情于跳蚤来得容易。

艾瑞克·格林（Eric Grenen）

北卡罗来纳州格林斯堡市的茱蒂·巴雷特（Judy Barrett）有个疑问。她和先生都是蓝鸟迷。他们花了大笔的钱在后院，希望吸引蓝鸟前来筑巢，甚至还买了防蛇的蓝鸟巢盒与别致的鸟玻璃缸。茱蒂会在冰箱里准备好一窝蚯蚓，以便蓝鸟可以随时享用虫虫大餐。茱蒂家张开双臂欢迎蓝鸟来筑巢，但是现实却不如所愿。当两人没注意时，一对平凡的麻雀夫妻占据了巢盒，并在未来的蓝鸟家中下了五小颗麻雀蛋。

手足无措的茱蒂寄信给《纽约时报》的"道德家"（The Ethicist）专栏作家兰迪·柯恩（Randy Cohen），这个专栏以爱碧信箱（Dear Abby）的风格，针对日常性道德问题快问快答。

茱蒂问，若是因为希望为可爱的蓝鸟保留巢穴而将低等的麻雀蛋毁掉，是否合乎道德呢？

柯恩的回答是否定的。"在道德面前，可爱并不算数。"

以逻辑而言，柯恩是对的。但是虽然可爱在狭义的道德哲学世界里并无重要性，但是对多数人而言相当重要，甚至会影响人们对待此种生物的态度。举例来说，调查显示人们愿意捐献挽救濒危生物的金额多寡关键取决于该生物的眼睛尺寸。这对于濒危的中国大鲵来说无疑是一记丧钟。中国大鲵是全世界最巨大、恐怕也是最丑陋的两栖类生物，它双眼炯炯有神，2米长的身躯被深褐色黏腻的表皮包围着。环保团体绝对不会将中国大鲵的照片刊登在捐款传单上，毕竟它的模样太过难看。相比之下，另一种中国濒危动物则显得令人愉悦许多，那就是眼睛被外围黑色圈圈无限放大的熊猫。它们的外形实在太过惹人怜爱，甚至因此成为世界自然基金会的标志。

全世界共有 65 000 种哺乳类、鱼类、爬虫类与两栖类动物，但是仅有少数动物受到人类的关注。我们为什么在乎大熊猫而非中国大鲵？我们为什么在乎老鹰而非秃鹰？我们为什么在乎蓝鸟而非麻雀？我们为什么在乎猎豹而非棕榈果蝠（雄性哺乳类动物中唯一会分泌乳汁的）？我们在乎特定动物与否通常取决于它本身的特性——它们是否讨喜，尺寸大小如何，头部形状如何，它们是毛茸茸（不错）的还是黏糊糊（恶心）的，它们是否和人类相似，长太多脚或太少脚都会扣分的，它们是否有令人作呕的习性好比会吃掉排泄物或吸血，它们尝起来的味道也有点关系，不过影响力并没有我们所认为的来得那么大。

人类总是以非逻辑的方式思考与不同动物之间的关系，心头属意缥缈难有定论。我们总以为自己是理性的动物，但认知心理学与行为经济学的研究显示，人类的思考与行为时常背反逻辑。例如曾经有报告指出，当研究者私下询问受访者愿意捐献多少金额预防油塘污染并且保护水鸟栖地时，平均而言，受访者表示愿意花 80 美元来拯救 2000 只鸟，花 78 美元来拯救 2 万只鸟，以及花 88 美元拯救 20 万只鸟。有时候，连动物都能做出比人类更为理智的决策。最近一篇报告指出，在选择新居时，一群蚂蚁往往可以做出比人类购屋族更为理智的选择。

人类心理究竟处于何种状态以至于无法面对动物进行逻辑性思考？其实，所谓的人类思考根本就是结合直觉、学习、语言、文化、本能与心理捷径的一场脑内风暴，也因此我们实在难以逻辑理性地处理与其他物种之间的关系。

亲生物性：我们天生就喜爱动物吗

1984 年哈佛生物学家威尔逊（E. O. Wilson）出版的精致小书里认为人类天生就喜爱亲近大自然，他称此为亲生物性，并认为此为人类与生俱来的特质。尽管一开始我对他的说法相当质疑，不过越来越多的证据显示，威尔逊所言甚是。发展心理学家茱蒂·德洛亚（Judy Deloache）与梅根·皮卡德

（Megan Picard）发现，即便是人类的小宝宝对影片中的动物所给予的关注也远胜于其他没有生命的物件。加州大学圣芭芭拉分校演化心理学者团队的研究显示，人类的视觉系统能够非常灵敏地在视线范围内察觉动物的存在，此项本能显然大大帮助了人类的祖先于蛮荒中进行狩猎与躲避凶猛野兽。他们称此现象为"动物监测假说"（animate-monitoring hypothesis），并以实验支持此论。比方说研究者发现，相较于移动中的卡车，人类更倾向察觉移动中的大象。

确实，人类似乎天生就对动物特别感兴趣。每次我在课堂讲述动物与人类的关系时，总会准备几张小狗、小猫的投影片，而这些照片总是能很轻易地引起一阵"哇""噢噢噢"之类的赞叹声。学生们对照片的反应正是让行为学家跳脚的一种人类特质——本能。人类似乎生来就很容易被长得像小娃娃的东西吸引——小猫、小狗和小鸭子等，此等反应被称作"可爱效应"（cute response）。最早提出可爱效应观点的为奥地利动物行为学者康拉德·洛伦茨（Konrad Lorenz）。幼小的动物和小婴儿都有着相似的特点：大大的前额与头盖骨、圆滚滚的眼睛、胖嘟嘟的脸颊以及柔和的线条。洛伦茨称上述特质为"娃娃启动装置"（baby releaser），因为它能自然地激发人类为人父母的本能冲动。

小鹿斑比就是最能解释娃娃启动装置如何操控人类情感的例子。一开始华特·迪士尼（Walt Disney）希望动画师能够越写实逼真越好。他从缅因州寄来了两只幼鹿，并要求动画师们仔细在旁观察解剖师用大刀划开刚出生的幼鹿。虽然动画师抓住了幼鹿的实际模样精髓，不过其外形实在太过贫乏，无法打动观众的心并走入戏院。因此迪士尼要求动画师彻底进行"娃娃化"：动画师缩短口鼻距离，并放大它的头，接着再加上骨碌碌的大黑圆眼睛，并让白眼球显得醒目。此时，它看起来更接近人类的婴儿。

米老鼠是华特·迪士尼成功设计出娃娃化卡通人物的另一绝佳例子。米老鼠最早诞生于1928年，当时它的性格非常调皮捣蛋。在接下来的50年里，迪士尼系统性地改造米老鼠的外形，让它成为更可亲、友善的角色，换句话说，米老鼠越来越像人类的婴儿。此时米老鼠的头部占了全身比例的一半，眼睛与头盖骨也大了一倍。人类钟爱大眼睛的天性，是否影响了我们对待其他物种的态度呢？答案毋庸置疑。研究米老鼠演化史的哈佛生物学家斯蒂芬·古尔德（Stephen Gould）下了很精妙的结论，"简单来讲，人类演化的本能让我们把热爱小婴儿的反应转移到其他动物身上"。

每年于加拿大大西洋沿岸浮冰地带进行的小竖琴海豹（harp seal）猎杀活动总是引起群情激愤，这似乎恰巧说明了人类对可爱动物无可救药的钟爱。小海豹出生前两周的可爱程度绝对无人能抵抗，此时它们毛色纯白，眼神深邃犹如黑夜湖泊。20世纪70和80年代时，初生的小海豹被乱棒活活打死的血淋淋照片被刊印在反海豹猎杀的抗议传单与手册上。1987年，加拿大政府貌似屈从于大众舆论压力，下达禁杀令。然而禁杀对象为甫出生14天内的竖琴海豹，此时正是它们毛色转深，开始变得毫无娃娃貌的转折点。14天后，就是海豹猎季了。加拿大政府并没有禁猎小海豹，他们不过是禁止猎杀"可爱的"小海豹罢了。

然而，人类偶尔也会因为嗜爱婴儿貌的动物而付出代价。由于人类喜爱具有娃娃感的动物，以至于许多犬种被培育成永久保有幼犬的状态。中国哈巴狗（Chinese pugs）与法国斗牛犬的婴儿般短鼻不但使它们患上了呼吸系统疾病，而且过大的眼珠也加重了它们短浅眼窝的负担。人类刻意将幼犬的特征保留在成犬身上的幼态延续（neoteny）的做法，不但让宠物的心态无法成熟，也让它们染上宛若人类精神官能症的疾病。然而此现象对大型药厂而言无疑是一笔巨额生意，他们将百忧解或烦宁等药物重新包装上市，使之成为治疗宠物沮丧、焦虑、强迫症的新解药。

为什么人类讨厌蛇

虽然人类容易对小狗或海豹宝宝心生亲近，但是他们也自然地会对某些生物产生厌恶感，好比说蛇。2001年盖洛普调查访问美国人，有哪些事最让他们毛骨悚然？受访者的十个答案里面有四个都是动物，其中排名最高的为蛇（其他的是蜘蛛、老鼠与狗）。连令人尊敬并且毕生推广尊重所有生命哲理的医疗传教士施韦泽（Albert Schweitzer）也同样枪不离身，随时准备射杀蛇辈。

当我还是个年轻研究者时，我近距离地观察到人类面对蛇时心头混杂的好奇与畏惧的矛盾之情。当时我在佛罗里达州的爬虫主题公园度过整个夏日，以记录短吻鳄的求偶声。当旅游旺季来临时，主题公园会雇用对爬虫类动物有经验的大学生，担任游园导游的工作。当导游逼近尾声时，向导们会换上一双防蛇侵扰的硬底靴子，涉水摇摇晃晃步入满是响尾巨蛇与北美水蛇的坑洼，向导们的脚边满布毒性致命的蛇类。

向导总是会以气球秀作为导游的高潮。他们会先吹起一个气球，再选出最大的钻纹响尾蛇，然后以蛇钩挑衅响尾蛇王，直到它气急卷成圆形并进入战斗模式为止。向导会抓住气球的一端缓缓推移至愤怒的响尾蛇面前并瞬间加速动作，如果一切拿捏得刚好，响尾蛇会以毒牙全力攻击气球——"砰"，气球炸裂，不少观众会吃惊地跳起来并给予向导热烈的掌声，有些人还会激动得掏出小费呢。

在所有的大学生中，有位男生似乎缺乏胆量，不敢向响尾蛇的毒牙猛刺推进。而主题乐园的资深老油条们，向来不太搭理这些大学生，更别提这胆小的男孩。每到早晨正式开园前，我都会加入蛇坑晨训，一起围观这小男生学习气球绝招。他穿着浆挺挺的卡其色制服，自信满满、斗志昂扬地进入训练坑洼，他抢先压制住响尾蛇，一把抓着蛇头，并将毒牙挂在玻璃罐外缘，接着单手按摩响尾蛇毒腺挤压出毒液。这对他来说不成问题。不过，等到进行到最后的气球把戏时，小男生吹着气球的双手就会开始不听使唤地颤抖，待他走近挑选钻纹响尾蛇王时，全身更是明显地缓缓发颤。

此时那些老家伙开始不留情地嘲弄他，有些人开始像母鸡般发出咯咯嬉笑声，有些人则是以鼓舞的方式温柔呼唤："可以的，小朋友……你做得到。"接着，那大学男生开始准备吹气球，并缓缓推向钻纹蛇王。然而，男孩的迟缓动作对响尾蛇实在起不了什么作用，速度必须够快才能触发响尾蛇的攻势，让响尾蛇张嘴。

男孩小心翼翼地推移气球，慢慢迫近蛇的脸部，直到轻触它的鼻尖。他把响尾蛇一股脑儿地推出攻击范围外，让这条足以让五人丧命的响尾蛇顿时四处张望，活像只小猫在嬉闹般。这绝对不是嗜血如豺狼虎豹的观光客想看的表演啊。

那男孩瞬间感到莫名羞辱，低着头黯然离开训练蛇坑，而其他老家伙可一点同情心也没有，在一旁喜悦地讪笑。当导览训练进入第七日时，小男孩没有出现了，后来也再没回来过。这件事让我想到《圣经》的告言："你们的心灵虽然喜愿，但肉体却软弱了。"在爬虫公园的晨间训练里，原始的肉体恐惧完胜一切。

客观而论，美国人对蛇的恐惧之情毫不合理。全美国每年约仅有 12 例蛇咬致死的案件，而且多数受害者都为睾固酮过度分泌而脑容量不足的男性。医疗急救年鉴记载了一则相当贴切的案例。一名 41 岁的男子因为舌头遭响尾蛇咬伤而出现在急诊室，而报告内容足以让我们窥见事情发生经过的荒谬："友人抓了一只响尾蛇逼近患者脸部，当时患者正在模仿爬虫类的吐芯动作，那只响尾蛇飞快地咬了患者舌头背侧一口，当毒牙仍逗留在患者舌头上时，友人把响尾蛇猛力扯离患者嘴部。"呜啊！那男人的舌头肿得和橘子一样大，几乎要让他窒息而死。

为什么有那么多美国人怕蛇呢？毕竟，被狗杀死的概率都远高于被蛇咬伤致死。恐蛇现象是否源于青铜器时代神话中所描绘的毒蛇、裸女和苹果？或者人类惧怕其无腿蠕动的外星样貌以及近似阳具的外形？还是对蛇类的莫名恐惧曾经引领人类祖先远离此一极具毒性的致命生物？

200 年来，科学家仍旧无法实证自然与后天演化对人类恐蛇心态的转变有何显著的相对影响。西北大学（Northwestern University）心理学家苏珊·米内卡（Susan Mineka）认为，猴子对蛇类的惧怕是经由学习而得。她发现，在恒河流域捕捉到的野生猴子懂得惧怕蛇类，而人工豢养的实验猴则对蛇类相当无感。然而，当实验猴目睹野生猴面对蛇类的惊惶态度后，往往立刻患上恐蛇症。

然而其他的研究者却相信灵长类动物天生就惧怕蛇类。田纳西大学的戈登·布尔加特（Gordon Burghardt）与他的同事在京都大学灵长类研究中心测试人工饲养的日本猴如何面对必须在蛇笼前取食的情况。即便这些日本猴生平从来没见过蛇类，但是它们还是表现出对蛇的恐惧。加州大学戴维斯分校的琳恩·伊斯贝尔（Lynne Isbell）在她的著作《水果、树和蛇：为什么我们看得如此清晰》（*The Fruit, the Tree, and the Serpent: Why We See So Well*）中，推测并试图证明灵长类动物的大脑在演化过程中逐渐发展出可以视觉侦测蛇类的安全模式。弗吉尼亚大学（University of Virginia）心理学家凡纳西·洛邦（Vanessay LoBue）与茱蒂·迪洛奇（Judy DeLoache，一名恐蛇患者）尝试验证人脑内确实装了实用的蛇类侦测器。她们请从未看过蛇的孩童从一堆照片中选出蛇的照片。实验结果与研究者推测的相仿，小朋友从动物图片中认出蛇的速度，远较挑选花朵或蜈蚣的速度要快。

以结果而论，天性为蛇类恐惧症的主要原因，但这绝非事实的全貌。约有半数的美国人表示自己不怕蛇，其中还有40万人视蛇为宠物。此外，文化也会影响人们对待蛇类的态度。我的好友比尔在坦桑尼亚当了五年的狩猎监督员，在他居住的村庄里，人们并不会刻意区分毒蛇与非毒蛇。当有人看见蛇时，会高喊"尼永卡"（Nyoka），接着所有人都会跑来用乱棒将蛇处死。但是在新几内亚情况则相反，根据生物学家贾雷德·戴蒙德（Jared Diamond）的记录，尽管在新几内亚约有三分之一的蛇类皆具毒性，但是该地的人们却视蛇辈为无害之生物。和坦桑尼亚不同的是，此地居民善于区辨毒蛇，并且会烹煮不具毒性的蛇类为餐。

基因和环境同时影响了我们对待不同动物的态度，此观点正好和生物学家威尔逊所提出的"亲生物性"（biophilia）新说法不谋而合。起初威尔逊认为亲生物性为人类与生俱来的本能，并以拥抱美好与光明的事物为愉悦之源。数年之后，他修正了最初的看法，将我们与自然环境之关系视为更为复杂的体验之综合成果。"亲生物性，"他写道，"并非单一本能，而是复杂的学习成果，唯有——检验与分析，才能窥其所以。"而检验人类与自然关系的学习潜规则，则属于人类 – 动物互动学的范畴。

如何命名？语言制造的道德距离

我们对待动物的方式自然也受到该种动物的命名或是我们用以形容它们的字眼的影响。动物词汇早已渗入人类语言。有些词汇令人愉悦，比如，像"蜜蜂般忙碌"，像"狐狸般妩媚的女人"；有些则带有诋损意味，例如"你这个婊子"（bitch，原称母狗）；有些则隐含性别权力，比如公鸡（cock）和小猫（pussy）两者分别代称两性生殖器官。将他人形容为动物，也凸显了人类身处大自然中的矛盾：在某些语境中，此种称呼为恭维，而在其他语境中，也可能成为污辱他者的伎俩。心理语言学家不时争论，究竟语言是在为人类反映现实，还是在为人类诠释现实。我的看法趋近后者。就以我们平常吃的动物之名称作为例子吧。生长在南极深海海域的巴塔哥尼亚齿鱼（Patagonian toothfish）是种有着怪异长相的鱼，拥有尖针般的利齿与黄澄澄的眼珠，一直以来都未受到消费者的青睐，直到洛杉矶进口商将其重新取名为"智利圆鳕"（Chilean sea bass）后，才让它听起来较宜食用。

我们用以指称食物的名词，多少帮助我们规避了道德上的疑虑。和肉贩要求买一斤牛肉（beef）显然比买一斤牛（cow）来得容易许多。然而当我们指称较为低等的动物时，我们也不再那么需要用语义学上的修饰来掩饰内心的惶恐：人类无须使用语言学上的变异来代称鸡、鸭或鱼。然而，在世界上的其他地方，人们全然避免了肉类的委婉说法。对德国人而言，猪肉、牛肉与小牛肉各自称为 Schweinefleisch（猪的肉）、Rindfleisch（牛的肉）和 Kalbfleisch（小牛的肉）；在中国，"牛肉"（beef）是牛（cow）与肉（meat）的合称，"猪肉"（pork）是猪（pig）和肉（meat）的合称，而羊肉

（mutton）则是羊（sheep）和肉（meat）的合称。

　　动物权议题的正反两派人马的激战更可见得语言背后所赋予的重量。针对猎捕海豹活动，负责监管的加拿大政府使用较为中立的字眼："收获"（harvest）、"采集"（cull）与"管理计划"（management plan），而反对海豹猎捕的行动者则使用"猎杀"（slaughter）、"屠杀"（massacre）与"暴行"（atrocity）等辛辣字眼。野生动物监督者所说的"死亡动物的泅泳反射"（swimming reflex of dead animals），或许和行动者所说的"海豹被活生生地剥皮"（being skinned alive）是同一件事。

　　动物权利团体"善待动物组织"（People for the Ethical Treatment of Animals）让上百万的美国人注意到养殖工厂、狩猎、动物实验、动物园和马戏团等动物虐待议题，但是却无法让大众重视因人类贪得无厌的食欲而遭殃的寿司用黑鲔鱼，或因错将十四号干燥假虫饵当作活蚯蚓而受伤的棕鳟。我的好友凯西说自己无法吃有脸的动物，但对她来说，鱼是可以接受的盘中餐。近来，善待动物组织开始通过重新命名的手法，让人们注意到没有毛茸茸外形的有鳍动物，他们最新的反钓活动口号为："拯救海底小猫！"

　　琼·迪亚尔（Joan Dunayer）应该相当认同上述行动者的做法。她在著作《动物平等：语言和解放》（*Animal Equality: Language and Liberation*）一书中指出，某些字词确实让我们更轻而易举地行使剥削其他动物的举动。她建议我们应该展开语言学改革，以"水牢"取代"水族箱"，称动物园的动物为"囚犯"，而"牛仔"则应该改为"虐牛者"。迪亚尔希望我们可以称自己的宠物为"我的狗朋友"和"我的猫朋友"。本人确实很乐意称堤莉为我的猫朋友，但我不确定我的牙医是否愿意在更换休息室的水族箱时说："现在我得帮我的鱼朋友清理水牢啰！"

宠物或实验动物？端视"分类"而定

　　其实动物所属分类也会影响我们谈论动物时使用的言词。好比被归在

"宠物"里的动物拥有个别名字,而在"实验对象"里的动物则通常不会被取名。不久前我问了一位生物学家,是否会帮实验室里的老鼠取名字,他看着我的表情好像是我疯了一样。这不意外。毕竟他拿针戳刺、探测、注射液体的白老鼠们,基本上根本没有任何个体上的差异,那么,又何须命名呢?

不过,动物分类的界限也很模糊。从前我还是研究生时,我们确实会帮部分的实验动物取名字,它们的处境其实和无期徒刑犯差不多。有时,它们会更像是宠物,而非实验对象。史奈福是一条脾气极差的袜带蛇,它曾在一次实验中被剪断芯子,也难怪心情好不起来。最受研究室学生喜爱的动物则是一条五尺长(约 1.5 米)的黑锦蛇,它的名字为 IM(发音为 em),它在幼蛇时期就进入了实验室。IM 非比寻常,它有两个头与一个雄性生殖器官(大部分的蛇拥有一个头、两个生殖器)。我们将它的一个头取名为"本能",另一个头则是"心智",读者应该会欣赏我们的巧思吧。

不过当实验室动物转而成为宠物时,必然有人得付出代价。一名于研究室工作的兽医告诉我,有一次她情不自禁地爱上一只米格鲁幼犬,该犬实为死亡实验的一部分。当时她偷偷摸摸地把实验室技师拉到一旁,央求他调换实验动物,让另一只小狗代为受死。她深知米格鲁之所以能逃出生天是因为权威者(她)的悲悯,一直到数年后,她仍然为自己任意地将另一只幼犬判死而心怀罪恶。

人类从很年幼时就开始将动物进行分类。耶鲁大学研究者向孩童们同时展示较陌生的动物如赛加羚羊,以及较不熟悉的工具之照片,如卢斯口(luzaks,一种画圆的工具)或嘎福隆(garfloms,一种压平毛巾的机械),并记录下孩童们所提问的问题。孩童们问的问题反映了人类潜在机制倾向将生物与非生物分成两类。当孩童们看见穿山甲照片时,会问"它吃什么";而当看见嘎福隆的照片时,则会问"这是用来做什么的""这要怎么用呢"等等与动物不相关的问题。

另外还有证据证实人类的头脑确实以不同的思考模式面对动物与无生命之物件。卡罗德·凯苏克·尹(Carol Kaesuk Yoon)在著作《自然界命名：本能与科学的冲突》(*Naming Nature:The Clash Between Instinct and Science*)中，介绍了数个脑部损伤但并无大碍的患者，患者们唯一的缺陷为无法辨识并说出动物的名字。一位罹患脑炎进而导致脑部创伤的患者，能够毫不困难地辨识出无生命物件，如手电筒、皮包与独木舟，但如果研究员拿鹦鹉或小狗的照片给他看，他会目瞪口呆。此外，研究者发现，当受测者看见动物照片时，大脑会有异于观看人类脸部或无生命物件的特定反应，而当先天性盲人听见动物名时，同样部位的脑部区域也会有所反应。上述研究结果暗示了人类的大脑早已逐渐发展出处理动物相关资讯的专属区域。

虫是宠物，狗是害虫？文化与社会生物学之权衡

社会学教授阿诺德·阿鲁克发现动物学者使用的动物分类法和社会大众文化与心理学角度所进行的分类方式大不相同。尽管生物进化级数根基于单一有机体之演化历史，但是阿鲁克认为人类在日常生活里改以社会生物学级数看待动物，并依循动物在我们生活中所扮演的角色，武断地为动物进行分类。因此，尽管狗与鬣狗在进化级数中同属食肉目动物，但依照社会生物学的标准，它们根本就活在完全不同的世界里。

文化同样也影响了我们建构社会生物学级数的方式。以昆虫来说，美国人通常对无脊椎动物抱有复杂的情感：恐惧、反感与厌恶。在日本，人们则对蠕动的爬行动物又爱又恨。通常美国小孩不会在生日时收到锹形虫作为大礼，但在日本则会。日本语言中有个词叫"mushi"，这对西方人来说或许是难以完全理解的字眼。对老一辈的日本人来说，该词可用来指称昆虫、蜘蛛、蝾螈甚至蛇类。对日本人来说，蝌蚪是"mushi"，但青蛙不是。不过对年轻的日本人来说，"mushi"则只能用来称呼昆虫，特别是蟋蟀、萤火虫、蜻蜓与天牛。

"mushi"完完全全属于男孩文化。男孩子们会抓"mushi"，把它饲养

在精美的盒子里，甚至举办斗 "mushi" 比赛。东京的百货公司里会卖捕捉 "mushi" 的工具、育种材料、饲养箱、床垫，当然也卖要价上百美元的 "mushi"。热门的 "mushi" 活动包括擂台赛，看哪只 "mushi" 可以拉动最重的东西，或者激怒甲虫，让它们与西瓜争斗，宛若昆虫界的相扑大赛。你可以在 YouTube 上观看此类比赛。日文里，"petto" 指狗和猫，那么独角仙是 petto 还是玩具呢？人类学家艾瑞克·劳伦特（Erick Laurent）以 "mushi" 为研究主题，并且认为这些昆虫应当被视为宠物。孩子们不但和 "mushi" 一起玩乐，还从中得到不少乐趣，而且许多日本小孩称自己的甲虫为 "petto"。这显示了某一文化的害虫，说不定可以成为另一文化的名宠呢。

人类－动物互动学者詹姆斯·史尔贝尔以非常简明易懂的方法说明为什么不同文化环境中的人们会对动物有不同的看法。他相信，人类对待动物的态度基本上可归结为两个层面。第一层面牵涉到我们对此动物的 "感觉"（如喜爱感），正面感受包括爱、同理心，负面感受则有恐惧与厌恶。第二层面则牵涉到 "实用"，此动物对人类是否有其他用处（如食用、运输），又或者此动物会为人类带来损失（举例来说，此动物会吃人或是吃掉花园里的番茄）。

请想象一个具有十字交叉的垂直坐标。垂直轴代表情感面，上方为 "爱和情感"，下方则是 "厌恶和恐惧"；与其交叉的平行轴则代表实用性，右方是实用，左方则代表毫无用处甚至有害。此垂直坐标可以帮助我们分析日常生活中动物所扮演的角色，以及所对应的分类组别：让人喜爱并且有用的（右上方），让人喜爱而无用的（左上方），让人厌恶而有用的（右下方），让人厌恶而无用的（左下方）。

其实连人类最好的朋友狗狗，也会因为社会文化背景的不同，而被分到不同象限范围。很显然，导盲犬与动物治疗师会被归类在 "令人喜爱与实用" 的象限。相反，普通美国家庭所饲养的宠物狗，虽然深受喜爱重视，但以传统观点来看应没有太多的实用性质。在沙特阿拉伯，人们通常对狗抱有鄙视的态度，因此狗狗会被归类在 "令人讨厌而无用" 的象限。不过，最有趣的分类，应当是在某些文化背景之下，狗虽然令人讨厌但又具备实用性质，举例来说，伊图里森林（Ituri Forest）的班姆布提（Bambuti）人总是痛骂、殴打狗，并只允许它们吃恶劣的剩食渣沫。然而，这些狗同时又被视为个人重要资产，毕竟班姆布提人仰赖狗进行狩猎工作。

史尔贝尔模型也让我们足以观察人类对待特定动物的态度是否经历不同时期的转变。柯林·杰洛马克（Colin Jerolmack）在文章《鸽子如何变成老鼠》（*How Pigeons Became Rats*）中详述在过去 150 年来，《纽约时报》中出现的鸽子是如何转变形象的。他发现，对《纽约时报》来说，鸽子从一开始"令人喜爱但无用"的分类象限转变进入"令人厌恶而无用"的分类里。而我的妹夫对野鹿的态度似乎也经历了上述类型的改变。当他刚搬到皮吉特湾（Puget Sound）的新家时，非常欢迎野鹿在他的后院漫步，在他心中这些野鹿简直就是斑比的化身。但是当饥饿的野鹿开始践踏蹂躏蔬果花园时，他的态度瞬间改变。现在，他对野鹿真的没一句好话，如今野鹿的地位和老鼠、鹅（它们会在草坪上大便）无异，都被归类为"令人厌恶而无用"的动物。

在动物道德之前，感性胜过了理性

我们对动物的看法实则反映了人类心理学的永恒论战——逻辑与理性之间的冲突。

1977 年 7 月 3 日下午，4 米长的恒河鳄鱼"饼干"在太阳底下肚皮贴着地面静享周末。"饼干"住在迈阿密爬虫类主题乐园的蛇类展馆，它的邻居则有百岁乌龟、可吞食数只山羊的巨型蟒蛇以及各式各样珍稀的蜥蜴与毒蛇。当天的游客之中有位 6 岁男孩大卫·马克·沃森（David Mark Wasson）以及他的父亲。两人为了观看鳄鱼，缓缓移动到展示区域，只见"饼干"百无聊赖地趴在池塘旁边。沃森先生突发奇想，他想让儿子知道鳄鱼确实能快速移动，因此把大卫抱到水泥墙上，接着回头想找几枚野莓丢给鳄鱼。你应该可以猜到接下来发生了什么事情吧。

当沃森先生别过头去时，大卫突然跌落至围墙内侧，那边正巧是馆员平常喂食"饼干"的地方。大型鳄鱼能以迅如闪电的方式移动，"饼干"只花了百万分之一秒就抓走了小男孩。当馆长比尔·哈斯特（Bill Haast）听见人群发出惨叫声时，迅速赶至鳄鱼区，利落地翻进围墙，用双拳狂揍"饼干"的头。这真是悲剧性的一刻，比尔无法搏倒超过 800 公斤的大型爬虫类生物，"饼干"紧咬着大卫回到它的池塘。数小时之后，大卫的尸体才浮出水面。

哈斯特感到万念俱灰。当天晚上，他再次爬进鳄鱼区，以鲁格尔手枪向"饼干"开了九枪，"饼干"约于一小时后过世。

当我读到大卫和"饼干"的死时，我觉得处决"饼干"一点逻辑也没有。这只近一吨重的动物，脑容不过拇指般大。我想鳄鱼绝非哲学家口中的"道德主体"。当哈斯特射杀"饼干"后，他的太太仅说了"鳄鱼所做的不过是本能反应吧"。她说得没错啊。

不过，在我内心深处依旧懂得报复的必要性，这似乎反映了人类较为原始的天性。我想《纽约时报》的专栏作者也同意，因此将鳄鱼的死亡形容为"情感上令人满足但是却十足荒谬"的举动。将"饼干"枪决是对的吗？在这种情况下，我们应该依循逻辑思考驳斥对鳄鱼因本能而造成的悲剧而加以处罚的做法呢，还是应该替无辜的孩子寻求私刑正义？

长久以来人们不断讨论究竟人类的道德感源于情感还是理智思辨。18世纪哲学家大卫·休谟认为道德感源于情感，而康德则认为道德源自理智。在我开始对人类－动物关系心理学产生兴趣时，我决定找出当人们思考与其他动物相关的道德议题时，脑中究竟在想什么。当时，道德心理学领域为哈佛大学心理学家劳伦斯·柯尔伯格（Lawrence Kohlberg）所主导，如同康德一样，柯尔伯格也认为所有的道德决策多半来自缜密的思考：我们衡量行动的利弊得失后，再做出符合逻辑的决定。柯尔伯格主要研究孩童道德思考的发展。他会告诉小孩子们一个让人进退两难的故事，再请小朋友们做决定，并解释背后思考的原因。柯尔伯格最经典的故事主角为汉斯，贫穷的他为了拯救罹癌妻子而偷了贪婪老板的昂贵药丸。在判断汉斯是否有权利偷药时，柯尔伯格的小朋友们发挥了逻辑学家的精神，他们衡量了汉斯被逮捕的可能，以及妻子康复可能带来的幸福感。

我和我的学生雪莱·高尔文（Shelley Galvin）以此实验方法研究人们如何看待实验室的受测动物。我们的研究方法非常简单。受访者可以自行分析一系列的动物实验情境，接着我们再询问受访者是否赞成或反对特定实验，以及决策背后的原因：在一个实验里，研究者为求阿尔茨海默病的疗法，必须从猴子胚胎中取出干细胞再移置于成年猴之脑内；另一实验者为研究基因与经验在复杂行动模式发展中所扮演的角色，请求将刚出生的老鼠截去前肢。两个实验都根据真实实验。

大约有一半的受访者接受了猴子实验，而仅有四分之一的受访者支持老鼠截肢研究。以猴脑实验而论，孩童们倾向于理性思考，并仔细衡量牺牲动物权所消耗的成本与带来的效益。但是面对老鼠截肢议题时，孩童们则采取了另一种态度。孩童们面对截肢实验，写下诸如："我反对此实验""请想想被截肢小老鼠的脸"，甚至是"太过分了"。我们的受访者以情绪回应幼鼠截肢实验而非理智。

根据主要的心理学道德发展理论判断，我们估计受访者会以逻辑作为思考原则。然而，我们却发现孩子们任凭情绪断夺。这结果显然和当代道德心理学领导者乔恩·海德特（Jon Haidt）所言不谋而合，海德特认为在道德议题上，情感往往胜过理智。同多数心理学者一样，海德特认为人类认知牵涉两种过程。首先是本能式的、快速的、潜意识的、不费力而情绪化的，接着则是深思熟虑的、有意识的、逻辑式的并且十足缓慢的。通常，唯有在我们直觉式的判断后，才能拨开认知迷雾，重新审视原先以情绪做主导的判断是否得宜。

海德特认为，人类多半以上述两种系统进行道德判断，然而非逻辑的直觉系统通常占有主导地位。海德特的理论似乎十足呼应了我所访问的一位特殊教育者与动物权分子露西。当我询问对她而言，逻辑与情感在动物行动主义的实践上，扮演何等角色时，露西说道："这通常都和情感有关，但在很多时候，我必须为自己的情感反应找到理性佐证，这样才能捍卫自己的立场，进而影响他人。"

道德、动物以及恶心因素

我们和露西一样，都会为自己的道德判断进行辩护。但是有时逻辑确实一点用处也没有。海德特要求人们思考一些令人极端反感但却无害的状况。如一个女人用国旗擦马桶；一对兄妹在前往欧洲旅行时决定发生一次性行为，并为此使用两种避孕方式。海德特所研究的情境还牵涉到动物，有个家庭的狗在门前出车祸死亡，家人们因为听闻过狗肉美味，便将死去的狗下锅烹煮成了晚餐。

读者们认为呢？你觉得把家中狗狗丢上烤肉架是可以接受的吗？

当人们被问及那个家庭是否可以吃掉他们的宠物时，多数人都会立刻斩钉截铁地否定："不行！你当然不可以吃自己的狗！"但是当你要求对方以理智思考，并说明食用已死去并且无痛觉反应的动物尸体又有何错时，几乎所有的受访者都无法提出具备逻辑根据的说明。海德特称此判断为"令人哭笑不得的道德难题"。真正的原因是恶心，因为此举实在太过恶心。

宾夕法尼亚大学心理学家保罗·罗津（Paul Rozin）认为恶心也是一种道德情绪。普遍来讲，人类都认为与手足发生性关系非常恶心。而身体的产出物如粪便、尿液、月经对人们而言也极其恶心，这种厌恶情绪可说是不分种族文化。社会阶级也会影响人们的道德判断，约有80%的贫穷费城市民认为人们不该吃掉家中死去的狗，而仅10%的费城上流阶级人士有此同感。海德特认为，由于上流阶级个人多以行动是否会带来伤害作为道德判断的主要基准，而非其令人反感的特质，因此，死去的狗实难能造成任何伤害。当然，人类如何思考和他们是否会付诸行动有差距。我怀疑是否有富有的费城人吃过加了洋葱、起司酱和剁碎的米格鲁绞肉的费城起司三明治！

救人远比救动物重要

为了解人类道德思考的异常途径，研究者通常会观察人们如何应对假想处境。最频繁使用的假设情境为"电车问题"。以下为最早的电车问题版本，你会采取什么行动呢？

情况一

电车刹车失灵并沿轨道冲向五个人。你可以拉下转辙器，将电车导引至另一轨道，如此可以拯救五个人的生命，但要牺牲站在另一轨道上的一个人。让电车改道，牺牲一人生命换取五人活命，道德上是可允许的吗？

情况二

故障电车冲向五个人，此时你正巧经过轨道上方的天桥。你的右方是一名魁梧的男人。若将此男人推向轨道，可以因此拯救五个人的性命。此举于道德上是可允许的吗？

如果你和大多数的人一样的话，那么你应该在上述两种情况中做了不同的选择。约有 90% 的人认为情况一为道德许可的举措，你应该拉下转辙器转换轨道，这样仅有一人会死亡，而非五人。但是仅有 10% 的人认为在情况二之中，将男人推落轨道是正确的行为。

为什么多数人在两种情况下做了不同的选择呢？明明两种情况的结果相同：有一人会死亡，而另外五人则得以保命。我拿这个问题问全世界最富道德感的人，也就是本人的太太玛莉·珍，果然，她的答案和大多数人一样。当我问她背后的逻辑时，她认为自己全凭直觉回答，毕竟拉动转辙器和把人推落天桥是完全不同的感觉。为什么呢？神经科学家约书亚·格林（Joshua Greene）通过大脑造影技术发现，大脑的情绪处理中心针对较个人化的情境（推男人坠落天桥）会有所反应，而针对较不个人化的情境

（拉动转辙器）时则无反应。

加州大学河滨分校（University of California Riverside）心理学家路易斯·佩特里诺维奇（Lewis Petrinovich）使用"电车问题"观察当人类利益与其他物种有所冲突时，人类如何进行道德决策。以下为他所设计的"电车问题"。

情况三

故障的电车冲向全世界仅存的五只大猩猩，你可以选择拉动转辙器使电车转向一位 25 岁的男子，你应该这么做吗？

情况四

故障的电车冲向你不认识的男子，你可以拉下开关让电车转向你的宠物狗开去。你应该这么做吗？

在上面两个状况里，玛莉·珍都选择先救人而非动物，即便牺牲我们刚养的拉布拉多犬泰莉（Tsali）也在所不惜。我个人也会这么选择，我想你也会这么做吧。佩特里诺维奇发现在两种状况里几乎所有人都选择舍动物而救人。这对其他文化里的人也是如此。事实上，他使用了不同组合的电车情境测验道德原则，并发现其中最高的法则即是"救人类优先"。

哈佛大学认知发展实验室主任马克·豪泽（Mark Hauser）也运用假设情境研究人类道德思维（你可以在网络上进行道德观测验，请至以下网址参与他的研究 http://moral.wjh.harvard.edu）。他在人与动物的电车难题中加了一点有趣的障碍。

情况五

再一次，你走上天桥，看见电车在轨道上飞驰，冲向五只黑猩猩。你身边正好是一只壮硕的黑猩猩（请记住，这是假设性问题）。你唯一能拯救那五只黑猩猩的方法就是将这只黑猩猩从天桥上推下去。你应该这么做吗？

在此情境中，多数人都认为该牺牲那只黑猩猩以拯救其他五只黑猩猩。但是，还记得在情况二时，许多人都认为即便为了救那五个人，也不应该将男人推下铁轨吗？就理性而言，面对情况五我们应该做出和情况二相同的选择，但是我们没有。当道德情境与动物有关时，我们的直觉反应显然不同。

不过并非所有人都同意我们与生俱来就具备"人类利益远优于其他物种"的道德公式。康奈尔大学的动物学家亨利·格林跟我说，他曾经在兽医院急救室付了4 000美元的账单，为抢救他钟爱的拉布拉多犬莱利，他形容那是"一生只会拥有一次"的狗。亨利掏出信用卡，拿给兽医说，"赶快救狗吧"。他将钱花在莱利身上，而不是拯救苏丹饥饿的孩童，对此，他毫无懊悔之意。

当然，亨利绝对不是唯一一个愿意为伙伴狗掏腰包的人。全美国每年花在宠物身上的金钱足以支持30.5万名贫困的高中生进入大学；或者我们也可以换一个计算方式，这笔金钱足以支付8万名警员的月薪。这是怎么一回事？大卫·贝雷比（David Berreby）曾在其发人深省的著作《我们与他者：认同的科学》（*Us and Them: The Science of Identity*）中提到，人类天生具有将社交圈划分为"我们"与"他者"的趋性。在人类历史中，非人类之动物多半被视作"他者"，并因此受到不同的对待。然而，时代已大不相同。由于美国乡村人口大幅移入都市，目前仅有不到2%的美国人住在农场，人们失去与大自然和动物的联结。不过讽刺的是，哥伦比亚大学历史学学者理查德·布列特（Richard Bulliet）指出，当我们距离制造食物、织品纤维、皮毛的动物越远时，我们与宠物之间的关系就越紧密。此外，当我们消耗越多的动物肉品时，屠宰动物所带来的罪恶感、羞耻与恶心也随之增高。简而言之，这就是我们将动物从"他者"转化为"我们"的道德成本。

认知捷径与动物伦理

即便我们努力想理智思考，也总是事与愿违。

请试着快速回答以下问题:

问题一:球棒与棒球共值 1.1 元。球棒比棒球贵了 1 元,那么球值多少钱?

问题二:你被鲨鱼咬死或被飞机上掉下来的零件砸死,哪个可能性较高?

如果读者跟我一样的话,第一个答案是 0.1 元,第二个答案则是鲨鱼。不过正确答案是 0.05 元以及被飞机零件砸死。你会答错是因为当我们进行快速决策时,往往依赖心理学者称为"启发式决策"的经验原则。启发式决策极具效率并往往能针对问题提出正确的解决方案。每个周日早上,我都运用启发式决策玩《纽约时报》的猜字游戏,而急诊室的医师们也运用此经验原则判断急诊病患为心脏病发或消化不良。不过,此类心理捷径往往会让我们产生偏见并偏离正确的抉择。

我们也往往依赖经验法则进行道德判断。有许多道德启发式决策与演化过程相关,比如乱伦和背叛朋友。法律学者卡斯·森斯坦(Cass Sunstein)认为冲动的复仇行为往往是"惩罚性启发式决策"机制使然。这似乎也说明了我非理智的思考:动物园园长射杀鳄鱼"饼干"为正当的行为。

启发式决策中最重要的关键因素为:框架(framing)。事实上我们思考问题的方式往往取决于问题如何被架构呈现。心理框架往往受文化规范以及惯性而草率的认知习惯所影响,也引导我们思考如何看待问题。当我们把问题架构好以后等同于排除其他可能的解释或解决办法。我们可以运用框架理论解释人类史上最矛盾的人类 - 动物互动关系,也就是纳粹的动物保护运动。

为什么纳粹爱动物而恨犹太人

在战前的德国发生了异常的道德变化,当时许多极富理智的人关心柏林餐馆里的龙虾远胜过大屠杀事件。1933年，德国政府颁布了全世界最完善的动物保护法，此部动保法涵盖广泛，包括禁止对动物施以任何不必要的伤害，不得在电影拍摄期间对动物进行不人道处置以及禁止使用猎犬。该法亦禁止在不使用麻醉药的情况下剪断狗的尾巴和耳朵、禁止强迫喂食家禽以及以不人道的方式屠宰农场动物。1933年11月24日，阿道夫·希特勒签署此项法律，揭开了纳粹动保运动的序曲。举例来说，1936年，德国政府规定必须先将鱼类麻醉才能进行宰杀，而在餐馆内处理活龙虾也必须以最快的速度进行。

1933年赫尔曼·戈林于广播中宣告动物实验之规范时表示："对德国人而言，动物不仅仅是生物学中的名词，而是有着自己的生活并拥有知觉能力的伙伴，它们能感受痛苦与欢乐，不但具有忠诚度，也富有情感厚度。"戈林更进一步以威胁口吻说道："若任何人继续将动物视作自身财产，我将会把他送进集中营。"

希特勒反对为科学实验而牺牲动物，更视狩猎与赛马为"封建社会的残余"。他不但吃素还认为肉类相当恶心。不用想也知道，没有任何的现代动保行动者会将希特勒视为伙伴，他们基本上否认希特勒为素食主义者，更遑论是一个爱护动物的人。不过人类－动物互动学家波利亚·萨克斯（Boria Sax）通过严谨的史料研究指出，许多纳粹领导者包括希特勒在内，确实相当关心动物的生存议题（当然，即便希特勒热爱动物，也无法否定动物确实需要受到保护的事实）。

纳粹运用框架原则建构了一套荒诞的道德基准，将雅利安人归为最高等级的人种，而犹太人则被视为次人类，其地位远比多数动物还低。纳粹将德国牧羊犬与狼归类为较高的道德阶级，而犹太人则与老鼠、寄生虫、被褥里的臭虫为同属阶层。1942年，犹太人被明令不准饲养宠物。人类史上最大的讽刺之一就是当纳粹施行人道屠宰法规时，同时还对数千只犹太人的宠物施以安乐死。不过，相较于犹太人饲养的狗或猫，犹太人的死则毫无人道可言。当犹太人被送进集中营时，第三帝国的动物福利法案与之毫无关联。对纳粹而言，犹太人为处于动物与人类之间的模糊存在，他们为受污染的阶级与怪物,不能视之为人类,亦不能归属于动物圈。

对我而言,纳粹的动物保护主义显现了人类道德思考的复杂性。我在此书中谈论过,数千年来人类高于动物的想法被流传了下来。而希特勒所建造的社会文化赋予狗较高的道德地位,次之则为犹太人、吉卜赛人与同性恋者,这表示在一定的社会压力之下,人类也可以抛却不可动摇的传统思想。不过真正的问题则在于,违背人类天性的社会力量不见得代表较为进步的思维。

拟人论:子非鱼焉知鱼之乐

纳粹动物保护主义说明了人类思考自身与动物的道德地位时,呈现了荒诞而扭曲的状态。不过,关于动物的疯狂想法如同星火燎原,随处可见。几年前,我在南塔哈河泛舟,此处为北卡罗来纳州西部著名的激流景点。每到夏日,南塔哈河尽是奋力举桨的白浪搏斗客,惊险地避开岩石与复杂水流。此河优美、寒冷,全年保持7℃的低温,没有人会想要掉到水里的。

当我划到半途时,突然一阵雪茄浓烟随风而来,我定睛看见一名约莫50岁的肥胖男子正在几十米前的皮筏上吞云吐雾,他带着太太以及一只小巧的吉娃娃狗勇渡激流。那狗看起来惨不忍睹,全身发着冷战,面露忧惧神色。不久后,他们的皮筏轰然翻覆。

那胖男子真是个人才。当皮筏翻落时,他还不忘紧噘着双唇保护雪茄。那只吉娃娃也值得大大表扬一番。它很机灵地一跃跳上附近最巨大的漂浮物,也就是那位抽着雪茄的胖男子身上。他们这奇怪的组合就这么往下游漂漂荡荡而去:一名嘴里叼着濡湿雪茄的肥胖男子,一只站在他头顶上失温而绝望的吉娃娃以及男子的太太。当时我不免思忖,为什么有人会认为吉娃娃喜欢第三寒冷级度的白浪。答案是拟人论。人类天生就是拟人论者,这是我们与生俱来的本能。心理学者发现人类甚至会为出现在电影中的动态几何图形赋予内在动机:"你看,现在红色三角对蓝色方块发火了,快跑啊,女孩!"

1999年索尼发售的一系列互动机器狗 AIBO 显现了人类如何将情感与

欲望投射到其他种类生物的身上。AIBO 为复合式人工智能机器人。我个人认为有着闪亮金属外皮的 AIBO 比较像是来自其他星球的友善外星人，而非狗狗，不过 AIBO 不但会模仿狗的走路方式，也会撒娇、玩游戏，并对声音做出相应的反应。AIBO 甚至会让主人知道它的心情是喜悦还是烦躁。每只要价 2 000 美元的 AIBO 绝对不便宜，不过目前索尼已经成功销售了 15 万只机器狗。

华盛顿大学与普渡大学研究者观察过成人与小孩面对 AIBO 与真实狗的不同反应。研究结果显示，尽管 AIBO 的表现并不讨喜，但是许多宠物主人和机器狗依然产生了深厚的情感联结。一个机器狗的主人在网络论坛承认要在 AIBO 面前换衣服让他感到有点不自在。另外一位机器狗主人则写道："我爱史派斯，而且我每天都会对它这么说……在购买初期，我惊讶的是科技的新奇，但之后我把 AIBO 视作宠物，我确实把它当作生活的伙伴……也把它当作是家庭的一分子。它不是玩具。对我而言，它更像是人类。"

AIBO 同时还能减轻人类的寂寞情绪。圣路易斯大学医学院（Saint Louis University School of Medicine）以每周一次持续两个月的频率带 AIBO 与另一只真实的狗史派基到疗养院等处，想了解与机器狗互动是否能让老人的情绪更为喜悦。研究者发现，只要老人能与机器狗或真实的狗互动，其心情就会比没有任何互动的老人更喜悦。事实上，不管是 AIBO 还是史派基都能有效降低疗养院居民的寂寞感。而老人们也对 AIBO 展现了如同对史派基一样的情感依赖。（可惜的是，由于销售不如预期，索尼于 2006 年宣告终止该生产线。）

此外，哈佛大学与芝加哥大学的研究者也证明了寂寞与拟人论之间的关系。研究者要求一群大学生观看能制造出特殊情绪的电影：好比制造孤独与寂寞感的《浩劫重生》（Cast Away），创造恐惧感的《沉默的羔羊》（The Silence of the Lambs）或是《大联盟》（Major League）的部分片段。接着研究者要求大学生说出几个最能符合自家宠物特质的形容词。结果显示，观看《浩劫重生》的受测者比观赏其他影片的人更双倍倾向使用较具拟人感并富有社会联结意义的形容词——像是体贴、有同理心和懂事——来形容自己的宠物。

建构心智理论的困难所在

人类倾向于将自己的情感投射在机器人的头脑里，原因在于我们拥有庞大得出奇的脑容量。演化心理学家认为，感同身受也就是以他人角度思考问题，是人类祖先从达尔文物竞天择中胜出的原因，可以以此结交盟党、争取同伴势力并找出可以信赖或不可信赖的对象。推论他者的感受或思考模式的能力被称为"心智理论"（theory of mind）。而其他具有大型脑容量的动物如大猩猩或海豚是否也具备此能力呢？科学界仍旧对此争辩不休。

当我们将心智理论运用到其他物种身上时，即是拟人论，而这也是人类 - 动物相关道德困境的根源。举狩猎为例，詹姆士·史尔贝尔认为能模拟山猪思考状态的猎人，通常才能成功带回猎物。不过，能够以身设想进入山猪思维模式的猎人多半也会对猎物感同身受，因此对双手沾满动物的血怀抱着愧疚。我的野生动物保育员朋友比尔（Bill）曾经住在非洲村落，并为狒狒破坏农作物而感到苦恼。村里的人会设计陷阱捕捉狒狒，并于清晨处死，不过村民并不好受，因为狒狒的眼神看起来与人类无异。当地俗语说："千万不要看狒狒的眼睛。"因为那会让你双手颤抖。

或许原罪的隐喻根源于两种互相冲突的人性本能：同情动物却又同时有想尝其滋味的欲望。史尔贝尔相当直截了当地指出了拥有巨大脑部的人类祖先所面临的难题："猎人拥有的高度拟人论感知方式让他们得以清晰地理解、认同与预期猎物的行为……但是他们同时会产生道德冲突，毕竟人们深信动物拥有与自己相似的本质，而杀害动物等同谋杀，食吃兽肉等同自灭。"

我们面对动物所怀有的罪恶感来自拟人论，但是当我们投射自身价值观到其他物种身上时，还制造了新的问题。人类总是误读动物的行为。当海洋世界的海豚洋溢着温暖的微笑时，就代表它们喜欢在水池里游泳、不停地打转吗？错。当公狒狒打呵欠时，就代表它累了吗？错。（它正用凶恶的犬齿表示，我可以将你的脸撕烂！）当猫猫堤莉用脸轻轻地磨蹭我的大腿时，是在向我表示它有多爱我吗？错。它只是正在用脸颊腺体的气味在我身上大做记号，告诉全世界，我是它的。

朴次茅斯大学（University of Portsmouth）的研究者发现有半数的英国狗主人认为狗狗拥有羞耻与罪恶等情绪。狗狗常做这样一个表情——把尾巴夹在两腿中间，悲伤的眼神，避开你的脸，好像在说："我不是故意将大便拉在地毯上的。"我们养的黄金猎犬狄西（Dixie）若使出兽医形容的大绝招——悲惨表情时，绝对会让你瞬间心碎。但是那副认错、卑微的受苦模样，真的代表狗狗们知道自己错了吗？

巴纳德学院（Barnard College）心理学与动物行为专家亚历山大·霍尔维兹（Alexandra Horowitz）可不这么认为。霍尔维兹设计了一个巧妙的实验以分辨当狗狗显露出罪恶感表情时是因为知道自己真的犯错，还是因为主人认为它们犯错。实验中，狗主人被要求在狗面前放一块美味饼干，接着离开房间。在部分实验中，研究者会将饼干拿给狗狗吃，有的研究者会直接将饼干带走。接着当主人回到房间时，有半数的主人会被告知狗狗做错了，虽然它们根本就没错（我知道，这听起来根本是诬赖）。结果显示，没有偷吃饼干的狗狗，仍然会在主人认为它们犯错时露出悲伤的表情。虽然此实验无法证明狗狗缺乏道德感，但确实证明了人类时常误解动物的情绪与行为。

当一只蜘蛛是什么感觉

当动物行为学家尝试了解动物心灵时，往往会陷入进退两难的困境。一方面当他们回家看到狗狗猛摇尾巴时，自然相信狗狗非常开心。但是另一方面，当他们必须尝试理解蜘蛛、章鱼、蝙蝠或大象的心灵活动时，过程往往极端艰难。

哲学家托马斯·内格尔（Thomas Nagel）在其经典文章《当一只蝙蝠是什么感觉》（*What Is It Like to Be a Bat*）中点出，我们永远不可能知道身为蝙蝠或任何其他动物究竟是什么感觉。不过，并非所有动物行为学家都认同内格尔之论。我曾在京都参加国际动物行为学会议，与会者有四五十位专家。当演讲接近结束时，一位科学家起身并问了一个十分诡异的问题。"在我们离开之前，"他说，"我想问问在场有多少人是因为想一窥动物的心灵世界，才踏入动物行为学领域的？"我坐在会议室的后方，心想这是什么蠢问题啊？但我错了。几乎有一半以上的学者勇敢地举起了手。

过去二十几年来，认知行为学领域蓬勃发展，在众多思考工具中，戈登·布尔加特认为"批判拟人论"为相当重要的一项。目前动物行为学家热烈讨论老鼠的同理心、大猩猩的谈判方式以及大象的后创伤症候群。不久前我问蜘蛛学家弗莱德·柯伊尔（Fred Coyle），他知不知道蜘蛛在想什么。举例来说，它们是否在结网前就想好了独门的设计概念，还是它们的肌肉与腺体自会受到内在基因驱使而进行运动？我感觉自己的问题让弗莱德很不自在。他沉默了好长一阵子，他告诉我，他认为蜘蛛比较像机器人，像是有着八只脚的AIBO。

弗莱德的毕业所同学也是蜘蛛学家，他就抱持着截然不同的想法。他一心求解，想知道蜘蛛的脑袋里到底在想什么。有一天下午，他和朋友借来了一组超大的婴儿栅栏，又到五金行买了一堆橡胶软管。接着，他以婴儿栅栏为支架编绕软管，以所研究的蜘蛛的建筑蓝图建造了一个巨大的网。

当天稍晚，弗莱德突然跑回实验室拿书。在一片漆黑之中，他看见朋友正安静地蹲在巨大的网里，试着幻想当一只蜘蛛究竟是怎么一回事。

结论是，人类和动物的互动关系是如此复杂而矛盾，背后原因更是难解成谜。事实上有许多研究证明人类的思考模式完全缺乏理性。而当我们开始思考其他物种时，情况变得更为荒诞。直觉引导我们爱上有着水汪汪眼睛、性格温和的动物，而基因与经验又教导我们必须惧怕某些动物，而非其他。

此外，文化也让我们对不同的动物分别抱有喜爱、痛恨的感觉，有些动物甚至直截了当被归属于食物一栏。而情感与逻辑也时常互相打架，我们老爱依赖直觉与同理心，又喜好将想法与欲望投射在其他人的身上。

难怪我们和其他物种间的关系变得如此复杂。

O3

狂爱宠物症

为什么（只有）人类爱宠物？

所谓的动物伙伴在根本上就被当作了人类吧？

霍尔布鲁克（M. B. Holbrook）

2007 年一个年约 20 岁的法国男子在露天市场向一位美丽的年轻女子搭讪，他牵着一只叫作格温杜（Gwendu）的小狗（格温杜在布列塔尼区域意指黑与白）。

"哈啰，"他向她说道，"我叫安东尼。我只是想和你说，你真的很美。我下午必须工作，但想问你是不是愿意给我你的电话。我晚点打给你，说不定你愿意一起喝一杯。"

那位女子犹豫了一下，看了看他和格温杜一眼，接着说："好吧。"并且从皮包里拿出笔来。

但事实上，安东尼根本是化名，格温杜也不是他养的狗，而且他的目的也不是在市场和漂亮小姐搭讪。他正在为法国人类 – 动物互动学家谢尔盖·奇科蒂（Serge Ciccotti）与尼古拉斯·奎根（Nicolas Gueguen）进行实验计划，而格温杜则是奎根的狗。两位研究者希望了解宠物作为社交润滑剂的功用。在过去几周以来，这位被数名女性评价为"非常迷人"的男子在街头进行了 240 次的随机搭讪，向年轻女子攀谈。他在半数的情况下单身赴任，而在另外的情况中他则带着狗，研究员们形容此组合"友善、活泼而且让人愉悦"。

所以带着格温杜上街真的会增加安东尼的魅力吗？没错！当安东尼单独出现时，仅有 10% 的女性给了他电话，但当他带着狗狗出现时，约有 30% 的女性会为他倾倒，这全都是因为格温杜的关系。

其实不止女性会因为狗狗而卸下心防。研究者还发现，当陌生人带着狗出现并要求对方给点零钱时（不好意思，小姐／先生，能否给我点零钱让我搭公交车？），此时法国男人或女人愿意掏钱的概率相比没有狗陪伴的情况约高出三倍。

所以,宠物……至少是可爱的狗狗啦,绝对会让你在和陌生人搭讪或寻求帮忙时加分。但是宠物即便有社交润滑剂的功能,也不能解释为什么人们会把猫、鸟、乌龟甚至老鼠放在家里,甚至把它们当作家人一般对待。

以演化的观点来看,宠物不过是个麻烦。为什么人类会愿意投资金钱、时间与资源在与我们没有任何基因关联甚至没有劳务功能的动物身上呢?毕竟,多数的宠物主人并不是年轻帅气的男子,也并不以此来寻求提高自己的繁殖机会。美国兽医协会、宠物市场的业务员或是任何我认识的人类 - 动物互动学家,都会说养宠物会让人更快乐、更健康甚至更感到爱与被爱。不过我认为这事没那么单纯。

先看看以下两个截然不同的宠物与主人组合再来讨论吧!

南希与查理:当爱凝聚

南希和洛伊·沃森(Roy Watson)结婚后数个月,日军轰炸珍珠港,沃森随即被征召入伍接受军事训练,成为电报员,并前往前线进行作战。1946年沃森回国后,两人立刻开始追寻美国梦。沃森在当地的福特经销商零件部门谋得一职位,很快夫妻俩生了两个儿子,南希就在家拉扯小孩长大。数年过去了,两人存了点钱在北卡罗来纳州艾许维尔(Asheville)买了间砖造房屋,篱笆围成的后院满是遮阴绿海。南希一家过着多彩多姿的生活,不过家里并无宠物,沃森没有特别喜爱狗或是猫,而南希也从来不觉得自己喜爱动物。沃森从福特车厂退休十年后,突因癌症过世,独留南希在两人已生活了四十年的小屋生活。沃森的去世让南希感到一无所有,儿子们非常担心她的状况,甚至认为若是如此继续下去,南希恐怕也会不久于人世。此时,儿子们开始思考将老人送去老人安养中心的可能性。

沃森过世一年之际,南希在便利商店买面包时突然看到柜台有一张手写纸条,上面写着:"小猫。"柜台的女孩问南希愿不愿意看看小猫。南希拒绝了,并开车离去。然而,周末当儿子亚伦(Aaron)拜访她时,南希无意间提起了这件小事。他说："妈，我们可以去看看小猫啊。"令亚伦吃惊的是，南希竟然点头同意了。两人在便利商店的后门纸箱里见着了两只七周大的幼猫，其中一只黑黄毛色混杂，另一只则有如夜色般黝黑。南希对小黑猫一见钟情，并立刻把猫带了回家，将它取名为查理。

一直到现在，南希与查理已经住在一起八年了。现在的南希情绪乐观、精力充沛而且身体十分硬朗。她跟我说，自己跟查理根本就是一体的。"它让我过得很快乐，"她说，"自从查理来了以后，我再也不感到寂寞，它可以说是我的全部吧。"除了是南希的好伙伴以外，查理也为南希的生活带来了重心。每天早晨，南希得为自己和查理弄早餐——一大匙鲔鱼罐头给查理猫猫，一碗早餐谷片给自己。接着，查理会到户外散步十分钟至十五分钟，当它回来时，会跳到南希的腿上，一人一猫就这么坐着，聊一会儿天，接着查理又会慵懒地离开跑到笼子里睡个午觉。当它醒来时，通常已经是下午了，若天气晴朗，查理和南希就会坐在前院的双人椅上，直到夜幕低垂。南希会为自己和猫准备晚餐，并一起享用。查理对电视没兴趣，所以傍晚时它会在外头走走，但它会每隔一阵子就走回来两三次，看看南希的状况，直到深夜入眠时刻。

不过南希也说把猫当作最好的朋友也有些小缺点。譬如每当她入睡时，查理就会从杰基尔医师（Dr. Jekyll）化身为海德先生（Mr. Hyde）：它热爱狩猎，而且总是雄赳赳、气昂昂地为南希带回战利品：刚猎杀的鸟，一堆田鼠、松鼠，就在上个星期，查理还带回了一只幼兔。有时候这些小动物还一息尚存，南希会立刻打开前门要查理把动物带出去。查理通常会乖乖照办。

南希和查理可说是一对人猫活宝，也是人类与动物的巧妙组合。猫咪让南希的生活渐入佳境，我甚至会认为南希身体状况良好、精神稳定而且能继续独居的原因，都是因为查理的关系。

类似南希和查理的故事其实很常见。这大概是美国上百万家庭中上演的故事。我的爸妈就是一例啊，对动物从来没兴趣的老爸退休后突然养了一只腊肠犬，之后又来了两只，老爸老妈对腊肠犬宝贝们有着满满的爱，宝贝们还都有着一样的名字：威力。

不过莎拉和宠物的故事，就没那么欢乐和正面了。

莎拉的狗：当人与狗互相折磨

莎拉是西岸兽医院的行政人员，她的丈夫伊恩（Ian）则在大学资讯科系工作。两人结婚约三年时，莎拉突然决定养只狗。一开始伊恩不太感兴趣，但最后默默接受命运。虽然莎拉对狗不太了解，不过由于在工作场合看到太多行为诡异的狗狗以后，她和伊恩决定一定要精挑细选。他们花了数个月的时间分析犬种以及性情，最后选择了柴犬，一种长相近似狐狸，为了小型狩猎比赛而被育种的日本犬。美国养犬俱乐部以"勇敢坚强""超级活泼""极富男子气概"与"来自地狱的小毛球"形容柴犬。而对莎拉与伊恩来说，这正是地狱之门大开之时。

两人从俄勒冈的一窝小狗中选中小浩时，它才九周大。从刚进门开始，小浩就需要时时刻刻照料，如果夫妻俩没关心它，小浩就会发出哀怨的低鸣，如果每天不能出门奔跑一个半小时，小浩就会发疯似的造反。好在两人住家附近有个遛狗公园，允许狗不戴狗链自由玩耍，但是小浩有社交障碍，也不太会与其他狗狗相处。很快，它诡异的行径就让其他狗主人发飙。

有天下午，六个月大的小浩突然骑乘到一只年轻的西藏梗犬身上，而且对方还是公狗。伊恩当然知道身体磨蹭不过是很常见的幼犬行为，这和性向一点关系都没有。不过此时西藏梗犬的主人却开始尖叫："不准骑我的狗！谁都不准骑我的狗！"

伊恩试着和狗主人解释这只是小狗嬉闹的方式而已，对方却完全不领情，接着两人开始无法遏制地大声争辩。

不愉快的遛狗事件一而再、再而三地发生，而伊恩与莎拉也开始厌恶其他狗主人对他们的指教，他们不再带小浩去狗公园，改聘请专业的遛狗员，以每个月三百美元的代价带着它去长跑，而夫妻两人也借此在家度过一两个小时的宁静时光。

　　莎拉的一位同事建议她，或许替小浩找个玩伴可以减轻它的过动症状。这真是恶魔捎来的信息啊。小浩的新柴犬玩伴娜美简直比它还失控。娜美超级霸道，不但行为无法预料还非常具有攻击性，根本是活脱脱的大小姐脾气。娜美妒火满满，因此每天晚上伊恩和莎拉还得偷偷摸摸地回房睡觉。每天早上当娜美看见伊恩上班前给莎拉的临别吻时，它还会大发脾气。当娜美两岁时，它已经在服用百忧解和烦宁了。许多狗主人都会把狗当作毛小孩，可惜伊恩和莎拉的两个小孩一个是疯狂的坏蛋，另一个则是有精神病史的疯子。

　　莎拉个性循规蹈矩而且喜欢把家里打理得整整齐齐的：干净的地板，家具拥有一致的设计风格。但自从有了柴犬以后天下大乱。两只狗狂啃沙发、破坏地毯，时常让屋子呈现炸裂状态。"我实在是不希望住在疯人院里啊。"莎拉这么跟我说。伊恩和莎拉两个人都是超级讨人喜欢的有趣家伙，但是两只柴犬却摧毁了他们的婚姻生活。因为娜美和小浩不但会偷吃客人的食物还会疯狂尖声吠叫，渐渐地，两人不好意思再邀朋友过来聚餐。

　　虽然两只柴犬可说是彻底撕裂了他们的生活，但是伊恩与莎拉仍旧爱着小柴犬们。莎拉会为娜美缝制衣服，而伊恩把小浩当作自己的犬形化身。伊恩和我说，自己和小浩就很像是一颗圆木钉试着要融入方形的世界。莎拉一家人也试过去宠物行为学校，还拜访了全美国著名的狗行为学家。但一切于事无补。两夫妻几乎每年都会讨论好几次是否该放弃狗——找新饲主或是安乐死。不过两人的频率总是缓急不一。当莎拉准备要认输时，伊恩却觉得放心不下。这样的情况反反复复，永远无法达成一致。

　　我问两人，养狗是否让他们的婚姻生活蒙上阴影。两人陷入好长的沉默。他们看着彼此，并且坦承他们已经在看婚姻咨询师。一个星期过后，当我继续进行访问时，两人已经暂时分居。莎拉搬到新的公寓，她认为从地狱来的柴犬根本打乱了她的婚姻生活。至于娜美与小浩的未来，目前仍旧在未定之天。

到底何谓宠物

南希和莎拉呈现出了两种有如天壤之别的人类与宠物关系的模式。但到底宠物是什么呢? 历史学者基斯·托马斯 (Keith Thomas) 认为所谓的宠物就是被允许出现在房屋内的动物, 它有名字, 人们也不会吃它。这定义似乎浅显易懂, 不过事情总有例外。我的邻居从来不会让狗进家门, 而我的牙医也不会帮热带鱼取名字。有时候, 人们也不能保证自己不会把宠物吃掉。当我在佛罗里达州研究所研究鳄鱼行为时, 玛莉·珍和我一同拜访好友吉姆 (Jim), 一名退休的农业学者, 吉姆的住家正巧在我的研究所湖边。吉姆在自己的开心农场里弄了个动物园——山羊、短脚鸡、番鸭、孔雀、中国哈巴狗, 还有几只小孩饲养的天竺鼠。他的太太和小孩周末不在家, 因此他正准备自己的晚餐。我们一边聊天, 他一边从笼子里抓了一只天竺鼠出来, 用锤子敲碎它的脑袋, 去皮, 接着放上烤肉架。我想吉姆应该没有把天竺鼠当作宠物吧。

我个人比较认同宾州大学人类 - 动物互动学者詹姆斯·史尔贝尔的宠物定义。他认为宠物是与人同住但没有任何明显功能的动物。虽说他的定义已经模糊到不着边际了, 但还是有出错的可能。从前, 美国人家里的狗可是有着重要的任务, 好比放牧、狩猎、警卫、推车甚至搅拌奶油; 猫咪则比较像是活体捕鼠器。以前大部分美国人并不在意猫咪是否可爱, 一直到 19 世纪中期, 美国人才开始饲养以可爱著称的各式各样的宠物, 最先是养鸟热, 当时最受欢迎的是会唱歌的金丝雀。

人类养了稀奇古怪的动物当宠物——蟋蟀、老虎、猪、牛、老鼠、响尾蛇、鳄鱼、巨鳗等, 这还仅只是名单的一部分而已。不过当人们被问到会将哪种动物当宠物时, 多数人的答案里没有鳗鱼或蟋蟀, 所以, 他们心中的宠物是什么呢? 答案当然是狗或猫啦。

认知心理学者往往将一种足以代表所属全体的东西称为“原型”(prototype), 现在, 请你试着去想象一只鸟。

　　我猜你脑海中浮现的应该是麻雀、知更鸟或老鹰，而不是鸸鹋或企鹅吧？那是因为知更鸟比鸸鹋更有"鸟的样子"。那什么动物算得上是宠物的原型呢？不久前莎曼莎·斯特拉扎纳克（Samantha Strazanac）和我访问了一些大学生，要求他们针对16种动物进行宠物适宜度的评比，试着了解不同动物能被当作宠物的可能程度。当然，几乎所有同学都认为狗和猫绝对是宠物的首选；金鱼则稳坐第三名的宝座，约有75%的受访同学都肯定金鱼的宠物身份；至于仓鼠、沙鼠、兔子、小鹦鹉和金刚鹦鹉得到半数同学的认同；老鼠和鬣蜥得到了相当凄惨的分数；蟒蛇更不用说了，仅有5%的受访同学认为它们有可能以宠物的身份出现在人间。

　　有很多动物权分子不太满意"宠物"这个字眼，认为这说法贬低了与我们同住的动物伙伴。他们希望人们可以把毛茸茸、有翅膀或有鳍的朋友称为"伴侣动物"，而主人则应谦称自己为"监护人"。动物防御组织（Defense of Animals）已开始游说市政府正式命名人与宠物之间的关系，将近20个城市（多位于加州）以及罗得岛州的动物管制条例中，已经开始以监护人替代宠物主人一词。

　　我不是太喜欢伴侣动物这个说法。说实在的，很多宠物真的称不上是我们的伴侣。我的好友乔·比尔（Joe Bill）长大时，他最爱的宠物就是床旁边玻璃缸里养的小螯虾。它是宠物吗？没错，但小螯虾是比尔的伴侣吗？

　　把宠物主人换掉改称监护人不过是让我们陷入语言的旋涡里打转。这和大人作为小孩的监护人不同，动物监护人可以随意进行贩卖、赠送甚至在不经过动物的允许下，为它进行消毒。如果监护人对动物感到厌腻，甚至还可以申请执行安乐死。所谓的伴侣动物和宠物监护人不过是语言迷障，让我们假装与人类共住的宠物也有自主权。

　　对科罗拉多大学社会学者莱斯莉·艾尔文（Leslie Irvine）一类的动物爱好者而言，宠物拥有权自是道德难题，她在著作《如果你驯服了我：重新认识我们和动物的关系》（*If You Tame Me: Understanding Our Connection with Animals*）中描述："如果我们理解动物生命本身的价值，那么将它们圈限起来以取悦自己根本就是不道德的行为，称呼它们为伙伴或宠物，根本无足轻重。"在理性层面上，艾尔文认为为满足人类个人私欲而监禁或繁殖动物，都违反了道德原则，她认为所谓的人类与宠物关系更近似奴隶制度，而非友谊。不过问题在于，艾尔文深深爱着自己所养的狗与猫。因此，她继续厘清思绪，"我很怕回家时看见家里空无一物，没有摇摆着尾巴的小狗等着我……但是我个人期待从宠物身上获得情感回应或陪伴，并不能将饲养宠物之举合理化"。艾尔文在情感与理智间激烈摆荡，最终结果可想而知，情感总是剩余，而理智无用。

把宠物当人

有许多美国人和艾尔文一样，深深爱着家中的宠物。根据美国宠物产品制造商工会数据，约有63%的美国家庭饲养了宠物。2009年时，美国人与7800万只狗，9400万只猫，1500万只鸟，1400万只其他小型哺乳类动物（包括小老鼠、貂、大老鼠、兔子、天竺鼠、仓鼠、沙鼠）以及1.8亿只鱼共组家庭。凯西·格里尔（Kasey Grier）发现，美国社会周期性地掀起一股饲养宠物的热潮。第一次发生于19世纪晚期，当时饲养宠物被视为家庭生活美满的象征，尤其美国母亲们将养宠物当作培养孩子爱心与责任感的方法。第二次宠物浪潮则发生在第二次世界大战后，当时郊区住宅概念蓬勃发展，人们更相信养宠物绝对是童年时期的必备经验。

不过虽然宠物早已大肆入侵美国家庭，但是人类与动物的关系已然进入全新的局面（特别是我们和狗与猫的关系）。近年来，宠物已几乎被视为家庭的一分子，宠物用品工业称此为宠物的人类化。今日，约有70%的宠物主人表示偶尔会与宠物同床而眠，三分之二的主人会为宠物准备圣诞节礼物，23%的主人会为宠物精心调制食物，18%的主人会在特殊场合为宠物打扮。

虽然过去十多年来，饲养宠物的家庭数量只是在缓缓上升，但人们花在动物身上的金钱却是在飙升。目前美国人花费在宠物身上的金额已超过看电影、打电玩与听音乐的消费金额之和。美国家庭共计花费了 170 亿美元购买宠物食品与营养补充品、120 亿美元进行兽医诊疗、100 亿美元用于宠物用品（包括猫砂、狗的设计服装、项圈、食物器皿、玩具和生日卡片）。此外，还花费了 30 亿美元在宠物保姆、寄养、狗笼、宠物美容清洁服务、行为校正、按摩治疗、遛狗专员、骨灰坛、保险单以及新世纪宠物沟通师等光怪陆离的事物上。

根据幽默风趣的《属于狗的国度》（*One Nation Under Dog*）一书作者迈克尔·沙佛尔（Michael Shaffer）描写，宠物产业可说是正逢盛世。高档宠物食品虽仅占总销售量的 20%，但获利已达整体产业之一半。好比福尔恩营养品牌的"煨野鸭"罐头：天然放牧的野鸭以人工剁碎，再以小火慢炖 30 分钟，佐以洋芋、青豆、胡萝卜。这完全不输人类食物的精致，你还可以让狗狗在餐后喝点狗用鲍塞尔啤酒（Bowser Beer for dogs）或宠物派特许瓶装水（PetRefresh Bottled Water）。目前最新流行的是有机与天然食材的宠物罐头。举例来说，你可以买哈维医师意大利手工脆饼（Dr. Harvey's Homemade Biscotti），食材特选有机燕麦粉、黑麦、蜂蜜、蜂蜜花粉、苹果、蒲公英、花椰菜、薄荷与茴香制成。

许多宠物主人深信小动物也喜欢穿得有派头。"茶杯狗狗精品店"（Tea Cups Puppies and Boutique）为一间网络宠物服装店，除了提供要价高达 300 美元的"施华洛世奇洋装"（花园派对场合适用）之外，也提供较平价的 T 恤、无袖背心、外套与全套的牛仔服饰。如果你想要带着狗狗四处闲逛一整天，茶杯狗狗精品店也有闪亮蟒蛇皮宠物提篮，售价 1955 美元。"巴郎的藏宝屋"（Barron's House of Treasures）提供小狗专用的内裤、波斯头饰、泳衣、燕尾服和婚纱。为了方便重机骑士们把狗带到南达科他州斯特吉斯参加年度哈雷大会，哈雷机车也开始提供一系列让狗能舒适骑乘的周边产品。而对宠物时尚达人来说，最重要的盛会莫过于纽约市每年举办的"宠物时尚周"，在那儿，超级名模们会牵着穿着最新流行设计服装的吉娃娃和约克夏闪亮登场。

如果你的狗想要放慢生活脚步，可以到五星级的度假饭店洛杉矶狗工厂（L.A. Dogworks）享受全然美好的身心灵体验，该饭店服务项目包括禅风疗法，"一种来自东方的治疗方式，让狗狗得到全然的放松与休息"。现在有很多顶级饭店都提供宠物服务。你可以带狗狗入住莎拉索塔的丽兹卡登酒店，只要它的体重少于9公斤，而你愿意付125美元的房间清洁费就成交了。若加付130美元，还可享有瑞典式宠物按摩、全身舒压按摩、活力能量按摩以及较为温柔的高龄宠物舒缓按摩。

宠物与人的分际日益模糊绝非新鲜事。自19世纪法国开始，此风潮即盛行不衰。当法国中产阶级的数量与影响力与时俱进时，对动物的爱好也日趋浓厚，此后的50年内，家中的狗与猫咪不但不需要分担家务，更转型为类似家人的角色。1890年，养宠物亦成为奢华的代名词。当时巴黎的时尚狗的衣橱可能有靴子、礼服、泳衣、内衣裤和雨衣。狗美容沙龙在法国如雨后春笋般涌现，宠物墓地也在此地现迹。19世纪初期，死去的狗会被直接丢进塞纳河里，但在19世纪中期，巴黎的宠物主人开始将过世的狗与猫埋葬在宠物墓地，或者以纱盖头，供人凭吊。

这股宠物服饰、度假舒压按摩与瓶装水的热潮被迈克尔·西尔弗斯坦（Michael Silverstein）与尼尔·菲斯克（Neil Fiske）称为"消费升级"。他们认为人类购买高档宠物食品与狗按摩服务的背后，与喝一杯六美元的咖啡以及购买维京牌（Viking）厨具为同样的文化趋力所驱使。但要是在经济不景气之时呢？当手头拮据时，主人们还愿意花大钱在动物身上吗？

根据宠物市场产业趋势专家大卫·路米斯（David Lummis）的说法，答案是肯定的。2008年，当经济跌到谷底时，美国宠物专用品零售龙头"宠物宝"（PetSmart）连锁店年营收上涨了8.4%，营收超过50亿美元。同样，宠物药品网络专门店"宠物便利药房"（PetMed Express）在2007年第四季财报也出现了16%的增长。据路米斯估计，2010年时美国宠物零售市场总额将达到560亿美元。

凯西·格里尔的著作《美国宠物史》（*Pets in America*）精彩地描述了美国人与动物的关系史，我问格里尔为什么美国人花在宠物身上的经费暴增。她认为宠物，特别是狗，被宠物工业定调为消费者本身。许多人认为宠物也会有物质生活的欲望，并且它们本应当享受——比司吉、去口臭的薄荷药锭、雨衣、夏令营、SPA 甚至是百万婚礼。

我想问的是，除了美国宠物产品制造商工会成员以外，还有谁会因此而受益？美国防止虐待动物协会（The American Society for the prevention of Cruelty to Animals）的史蒂夫·扎维斯托夫斯基（Steve Zawistowski）说："如果你花了 20 美元买雨衣给狗狗，那是为了狗好。但如果你花了 200 美元买狗雨衣，那就是为了自己。"哥伦比亚大学行销学教授莫里斯·霍尔布鲁克（Morris Holbrook）这么建议想要进入宠物商品市场谋取丰厚利润的厂商："你必须提醒消费者，他们不是宠物主人，宠物不是他们的财产，宠物本身有自己的需求、欲望以及权利，它们和其他家庭成员没有什么不同。"他还补充说道："基本上就是把宠物当人，这样就对了。"

以前养宠物根本无须额外开销。第二次世界大战后，家畜专门吃残渣剩食，当时的人们也从没见过兽医诊所。但现在情况截然不同。据估计，一只中型犬一生约花费 8000 美元，而一只猫则要 10000 美元（因为猫活得比较久）。那么，庞大的投资又为你带来了什么好处呢？

宠物真的会给我们无怨无悔的爱吗

数年前，我调查北卡罗来纳州西部宠物诊所的宠物主人们，询问他们究竟能从宠物关系之中得到什么。我得到三种类型的明确答案："宠物就是我的家人"，"宠物就是我的小孩"，还有"宠物就是我的朋友"。哥伦比亚大学社会心理学者罗宾·科瓦尔斯基（Robin Kowalski）与我进行后续研究，我们要求宠物主人通过一系列陈述比较人类好友与宠物好友分别给他们带来何种好处。受访者表示，不管是人类好友或宠物好友都能够提供陪伴、消减寂宽，而且也让自我得到被需要感。相较之下，人类好友更能提供信任感与言语交流。但是说到无怨无悔的爱，宠物朋友似乎大获全胜。

虽然市面上有一堆书籍宣称宠物能给人类提供无条件的爱，但若将此说视为人类想要与宠物生活的根据，则是太过夸大。如果宠物真能给人类提供无条件的爱，那么应该所有的宠物主人都与宠物拥有无比亲密的关系。但事实并非如此。1992 年的调查显示，约有 15% 的成年人认为自己与宠物并没有太深厚的感情。我也曾在自己的课堂里做过非正式的调查，几乎有 1/3 的同学表示家中有成员非常不喜欢，甚至讨厌自家的宠物。

人口统计学也显示无条件的爱的理论并不准确。因为若此说成立，那么独居人因渴求无条件的爱，应当是饲养宠物比例最高的族群。情况并非如此。事实上，独居的成年人为饲养宠物比例最低的族群，而抚养学龄儿童的成年人才是饲养宠物比例最高的族群。有趣的是，虽然有小孩的成人饲养宠物的比例最高，但若以整体来看，这些人与宠物互动的亲密程度远比单独与宠物同居的人来得低。事实上，宠物与主人之间的情感联结程度与家中人口数成反比。家庭成员人口数每多一人，宠物联结度就下降一级。若家中有幼儿时，宠物的地位更是一落千丈。举例来说，当家中有小孩时，仅有 25% 的主人愿意每日帮宠物梳毛，若宠物主人独居，那么每日帮狗狗梳毛的比例则达 80%。如果家中没有小孩，圣诞节时狗狗猫猫就会收到许多礼物并一同外出度假。令人伤感的是，在夫妻结婚后的第一年，狗通常会被当成"我们的宝贝"，但等到新生婴儿从医院回家的那一刻，宠物的地位便难以复返。

剑桥大学的安东尼·波德伯斯切克（Anthony Podberscek）为《人与动物》期刊编辑，讲话向来无所保留的他更称无条件的爱的理论为"垃圾"。波德伯斯切克认为此理论恐怕只有美国佬会上当，因为除了美国人以外，英国人或澳大利亚人受访时鲜少使用如此字句形容自己与宠物的关系。他认为所谓的无条件的爱的理论根本是在贬低动物，若人类认为不管如何对待宠物，都会得到全心全意的回报，那么宠物根本就是专捡人类剩菜剩饭的笛卡儿机器人[1]（Cartesian robots）。

不过我必须承认，无条件的爱之说比较适用于狗的身上。看看我家现在养的猫，我还挺怀疑这说法的。我的结论是，虽然我对它的爱是全心全意的，但堤莉对我的爱绝对是有条件的。本人完全是猫奴。当我帮它准备晚餐或给它猫草或帮它搔肚皮或玩游戏时，它还挺爱我的。但是在大部分的情况下，我不过就是一个在它想出门去玩时帮它开窗的男人罢了。

宠物会让我们更健康吗？先来听点好消息吧

无条件的爱无法完全解释为何人们要养宠物。除了让自己感到愉悦以外，人们应该是为了其他原因兴起了养宠物的念头。宠物提供的社交支持让我们更健康也更开心，或许我们只是想找个说说话的对象。宠物业界早已标榜养宠物可以让主人获得医疗或心理上的疗效。美国宠物产品制造商工会宣称养宠物可以降低血压、减轻压力、避免心脏疾病、减少看诊次数，并降低人们的忧郁程度。现在，几乎所有人都听过养宠物的好处。我们有一堆关于养宠物的励志书籍，好比莎伦·萨肯（Sharon Sakon）所著《狗爪效应：动物的疗愈力》（*Paws & Effect: The Healing Power of Dogs*），兽医名人马丁·贝克（Marty Becker）所著《宠物的疗愈能力：借助宠物的神奇能力让人常葆愉快与健康》（*The Healing Power of Pets: Harnessing the Amazing Ability of Pets to Make and Keep People Happy and Healthy*）。不过人类－动物互动学者必须为人们厘清现实与想象的界限。上述说法真实性如何？如果动物确实有疗效，那么背后的原因何在？

在人类－动物互动学短短的历史中曾经出现过一篇重量级的文章，并发表于 1980 年 7 月的《公共健康报告》（*Public Health Reports*）期刊，该文仅有

---

[1] 笛卡儿，17 世纪法国数学家、科学家和哲学家，人称近代哲学之父。他认为所有的物质实体，包括人的身体，都是按照机械原理工作的机器。他于生理学研究解剖动物躯体，以显示它们的各个部分是如何运动的，因此开创活体解剖术——译注

短短 6 页，作者为甫于宾州大学行为生物学系获得博士学位的埃丽卡·弗里德曼（Erika Friedmann）。埃丽卡博士论文研究社会支持对心脏疾病幸存者有何影响。她于一间冠心病加护病房访问了 92 位患者，研究病患的社会地位、居住状况以及和家人、朋友的关系。此外，她还问病患们是否与宠物同住。

12 个月以后，她重新追踪患者，了解复原状况。令人惊讶的是，养宠物的患者们拥有较佳的存活率。该年底约有 20% 的无宠物患者过世，而养宠物的患者死亡率仅有 6%。埃丽卡对此研究结果感到惊讶，并在 1978 年美国心脏学会的会议上公开此研究结果。然而，大部分的心脏学研究者都对此研究嗤之以鼻，仅仅有一名学者勉强称此研究"挺可爱的"。相较之下，媒体对她的研究比较感兴趣。很快，埃丽卡接到无数的电话访问，《读者文摘》与《时代》杂志纷纷报道了她的研究。埃丽卡的学术之路可说是一路顺遂，不久后她当上了国际人类－动物互动学协会主席，目前于马里兰大学护理系（University of Maryland School of Nursing）工作，并持续研究宠物对人类健康的影响。

埃丽卡的研究开启了人类与动物联结相关研究的热潮，大量的研究成果显示宠物确实对人类的身心健康有所助益。抚摸小动物可以让血压降低，即便所谓的小动物为大蟒蛇也是一样有效的。事实上，即使只是观看热带鱼在水族箱优游的影片也能降低观者的血压。纽约州立大学水牛城分校生物心理学者凯伦·亚伦（Karen Allen）发现，当成年人在配偶面前进行复杂的心算时，血压会急剧升高，不过如果面前是宠物的话，情况则大不相同。

此外，其他研究也证明了养宠物对人类有着诸多益处。举例来说，家中有养宠物的小孩罹患气喘的比例较低，请病假的次数也较少。与宠物同住的年长者的胆固醇和忧郁状况较低，整体而言，宠物主人拥有较好的心理状态。有一份针对一万名德国人与澳大利亚人进行的调查发现，与宠物同住者上医院的次数远较没养宠物的人少。墨尔本大学与北京师范大学的研究者发现，和没有养宠物的对照组比较，养狗的中国妇女睡得较安稳、心情较佳，请病假的天数也较少。密苏里大学研究发现，参与遛狗课程的学员即便在课程以外的时间，也有较频繁的运动频率。部分研究显示养宠物的成年人较不容易感到寂寞，很多医师甚至开始思考是否该向老年人建议养只德国腊肠犬或约克夏犬。

宠物并非万能

或许想象狗狗或猫猫可以让自己的病好起来并非坏事，不过先别把手中的立普妥（Lipitor）与百忧解丢掉啊。媒体对宠物具有神奇疗效的报道恐怕有误导渲染之虞。举例来说，我住处附近的地方报纸报道称"密苏里大学研究者发现，30名正接受化疗的患者认为在每周一次长达4小时的狗治疗师拜访后，'健康状况改善许多'"。报纸观点根本大错特错。首先，接受宠物治疗师拜访的实验组仅有10人而非30人；控制组的成员以安静阅读或与其他人交谈取代和狗治疗师碰面。总之，研究者发现在许多次的实验里，狗治疗师为病患带来的作用和阅读相差无几。密苏里大学研究团队认为，动物并不能改变患者的心情或身体状况。

上述研究绝非唯一否认宠物对人类健康有正面影响的报告。

贝克医师和宠物用品店没告诉你的是，也有许多研究显示宠物对人类健康并无影响。此外，更有一些研究结果显示，养宠物的人远比他没养宠物的邻居的健康状况要差。举例来说，位处贝尔法斯特（Belfast）的皇后大学（Queens University）心理学者戴波拉·威尔斯（Deborah Wells）近年研究宠物究竟是否会为慢性疲劳症候群（Chronic Fatigue Syndrome）患者带来正面效应。拥有宠物的患者们确实认为与宠物同住会提升自己的健康与心理状况，但是实际检测患者的心理与生理状况后发现，拥有宠物的慢性疲劳症候群患者和没有饲养宠物的患者一样疲劳、沮丧、担忧、感到压力而不快乐，其严重程度与没有养宠物的患者不相上下。

我先前提到的针对一万名德国人与澳大利亚人所做的调查发现，养宠物并不会让人们更满意自己的生活。而当实验者企图重新制作蟒蛇与降低血压效应的实验时,发现结果完全不如预期。研究者无法证明遛狗能让主人比较强壮。密苏里大学的遛狗研究发现,尽管遛狗课程让人心情大好,但是却与血压升降或减重没有任何显著关联。新西兰一项规模庞大的研究发现,尽管养狗的人确实会花更多的时间走路,但是其每周整体活动量却反而下降许多。事实上,芬兰一份访问 21 000 名受访者的研究显示,相较于没有养宠物的人,宠物主人通常有较高的血压、胆固醇,该项调查还发现,养宠物的人更有可能罹患肾脏疾病、关节炎、坐骨神经痛、偏头痛、习惯性忧郁与焦虑。另外,尽管芬兰的宠物主人和没有宠物的人一样少烟少酒,但他们的活动量却较少,并且更容易体重过重。

澳大利亚国家大学的研究者发现,60 岁至 64 岁之间与宠物同住的成年人同没有养宠物的同龄者相比,前者显得更沮丧、使用更多止痛剂,并且精神与身体状态都更显老态。另一项研究则将定期与宠物玩耍的老人与从不或极少接触动物的对照组相比,两者的死亡率不相上下,可见与宠物玩耍对实验参与者的健康与幸福感没有益处(事实上,和宠物一同玩耍的参与者通常会饮用更多的酒精性饮料)。

好吧,假使养宠物真的无法治病,那至少可以让主人更开心,也比较不孤单对吗? 不见得。2006 年皮尤研究中心(Pew Research Center)随机选取 3000 名美国成年人进行调查,调查发现不管是猫主人、狗主人或没养宠物的人,都表示自己对生活相当满意。英国华威大学针对养宠物是否能降低成年人的寂寞感进行研究。受测者在刚养新宠物与六个月之后进行寂寞程度的心理测验。结果相当明显:和宠物同住并不能降低人类的寂寞感。

所以我们到底该如何解读如此迥异的研究结果? 宠物对人类真的有好处吗? 还是有坏处? 最近埃丽卡·弗里德曼详细鉴定了自 1990 年至 2007 年之间发表的 30 篇关于与宠物同住效益之研究结果。她发现其中有 19 份研究结果支持"宠物对人类确实有益处"的假设,不过有 10 份研究则认为宠物不但对人类无益,甚至有损人类身心健康。当我和埃丽卡讨论如此歧异的研究成果时,她说:"没错,宠物对人类确实有好处。"不过她补充说:"只不过不是万灵丹。"

为什么宠物对某些人来说是好的

养宠物似乎并没有让所有人都更健康或更快乐，至少就比例上来讲，成功案例远远低于宠物产业所宣称的数量。因此我们必须修正科学提问："为何养不养宠物会对人类生活造成差别？"可能的原因有三种。首先，宠物本身并不会直接让人感觉更好，其因果关系很可能应该颠倒过来看，那就是较快乐与较健康的人，更有可能会想要养宠物。或许因他或她们拥有较好的经济状况足以负担宠物支出，也或许因为身体状况较佳，所以有办法天天带狗外出跑步。第二个可能则是，宠物确实增进了主人的健康状态，因为宠物鼓励主人与其他人互动，例如戴波拉·威尔斯调查发现遛狗确实会增加与陌生人交谈的机会。然而，这也和狗的品种息息相关，在她的研究中，小拉布拉多犬绝对是社交的超强润滑剂，但成年的罗威纳犬则没有太大帮助。

第三种可能是，人类与动物的联结确实提供了社交支持力，并因此增进健康。为证明这个说法，研究者进行随机临床实验，并将不养宠物的人分配到实验组（接着组员将得到宠物），而控制组则维持没有宠物的状态。在真实世界中，随机临床实验相当难以执行，但凯伦·亚伦做到了，她以富有的股票交易员作为受测对象。

她的受测对象都是"华尔街型"的人，这些人因为压力过高而有高血压的毛病。研究开始时，所有的实验对象都先服用抗高血压药。实验组成员会得到一只来自宠物收容所的狗或猫，而控制组的成员仅获得药品。六个月以后，亚伦和同事将受测者丢进面临充满压力的情境里：一组人接受困难的数学测验，而另一组人则必须在众人面前发表演说。实验结果令人印象深刻。如同预期所料，所有的受测者的血压都上升了，然而拥有宠物的实验组成员血压上升仅有控制组成员的一半。此外，宠物带来的好处在那些朋友较少的股票交易员身上获得最明显的效益。此实验明显证明，当宠物长期伴随身边时，确实可以改善一个人的心血管功能。

宠物可能对你的健康有害

据传美国总统杜鲁门（Harry S. Truman）曾听经济顾问告诉他："从某方面来看 X 是正确的，但从另一方面来看，Y 才是正确的。"之后他喃喃抱怨说："可以帮我找个干脆点的经济学家吗？"人类 – 动物互动学也面临类似困境。

我的邻居安妮（Anne）不久前才因为被狗狗绊倒，从楼梯上悲惨地摔了下来，这种因宠物而起的意外事件不算少见。在短短一年半之内就有 16 名年长者被送入悉尼一间急诊室治疗，都是因为宠物而起，伤势包括：四块破裂的骨盆、两块刮伤的屁股蛋、三只断臂、两只脱臼手腕、一根扭伤的脚踝、两根断裂的肋骨，外加断鼻、断脖等。疾病管制中心（The Centers for Disease Control）估计，每年约有 8.5 万名美国人因为被宠物绊倒而受伤，多数的加害者为狗狗。

宠物给人类带来的伤害各式各样。1999 年意见调查公司（Opinion Research Corporation）报告显示，约有 1/6 的狗主人曾经因为狗在车内乱跑乱跳而造成（或几乎发生）车祸。此外，在容易影响人体的病原体中约有 60% 为人畜共通，这表示疾病会经由接触动物而传染。宠物会将许多恼人的病症传染给主人，包括：蛔虫、虱蚤、莱姆病、布鲁氏杆菌病、金钱癣、肠梨形鞭毛虫病、钩端螺旋体病、大肠杆菌、钩虫和名副其实的猫抓病。我 12 岁时，养了只小乌龟，这在当时应该挺流行的吧，有谁知道 85% 的乌龟都带有沙门氏杆菌呢？美国食品药物管制局（FDA）于 1975 年开始禁止贩售幼龟，不过现在蛇、鬣蜥和其他爬虫类生物早已成为更热门的宠物选项。可想而知，宠物相关的沙门氏杆菌传播率正不断攀升，每年约有 7.5 万起沙门氏杆菌疾病来源为美国家庭中所饲养的爬虫或两栖类动物。而且，连许多宠物治疗师都有可能为人类带来健康损害。许多研究团队发现，部分狗治疗师带有并可能传播金黄色葡萄球菌，一种对多数抗生素都有抗药性的细菌，而当医院与疗养院中的年长者交叉传染时可导致相当严重的葡萄球菌感染。

基因让我们天生就爱动物

近20年来的人类－动物互动学研究显示和宠物同住会带给我们许多附加好处，只不过也得付出相当的代价。然而，研究并没有解释为什么人类开始变得如此喜爱动物。达尔文主义者直接或间接地暗示生命总会为增加繁衍机会而努力，以便将基因传给下一代。但是如果达尔文主义为真，那么乔和太太为什么要每个月花那么多钱帮自家的老黄金猎犬化疗呢？以基因繁衍的角度来说，如果把钱拿来花在小孩（或孙子）的大学学费上，不是对自己更好吗？

关于"为何要养宠物"这类问题，人类－动物互动学者提供了许多解释：

· 宠物让孩子富有爱心与责任感。

· 在后现代传统价值和社会关系崩坏的状态下，宠物提供了个人生存的安全感。

· 就像观赏性花园一样，宠物代表了人类希望掌控自然的欲望。

· 宠物让中产阶级家庭假装自己很有钱。

· 宠物可以替代人类朋友。

· 宠物和人类能够从彼此互动间得到安慰与快乐。

上述解释都有其道理，但是我对具有演化意义的解释更为有兴趣。哈佛大学的丹·吉尔伯特（Dan Gilbert）曾打趣说所有的心理学家都应该会在某一天某个时刻在论文中写下"人类应该是唯一会……的动物"的句子。

我也很想这么做："人类是唯一会因为欢愉感而将其他动物养在身边的动物。"为什么我们会想要宠物，就跟为什么我们会创造出如此复杂并具有象征意味的语言、道德标准、宗教信仰并热爱呛红辣椒（我指的是香料不是那个乐团）一样，都是演化学里的千古谜题。

不过我的"人类是唯一会……的动物"的句子显然有漏洞。有很多例子显示非人类动物也会对其他的动物感兴趣。2004年印度大海啸之后，肯尼亚游乐公园里的一只重达600磅（约272公斤）、名叫欧文的孤儿河马，开始紧紧黏在160岁大陆龟密兹（Mzee）的身边。不久前，田纳西州霍恩沃尔德的大象保育中心里，有只四吨重的亚洲象泰拉（Tara）和一只名叫贝拉（Bella）的搜救犬一见如故。一犬一象形影不离，而当贝拉生病时，泰拉就站在贝拉养病的建筑物外长达数个星期。加州大学戴维斯分校的比较心理学家比尔·梅森（Bill Mason）将年轻恒河猴和成犬饲养在一起，系统性地研究不同物种间的依附行为。当梅森把恒河猴介绍给狗以后，两者就成为密不可分的好友。数个月后，梅森让所有的恒河猴做选择，它们可以选择要和新的狗、其他猴子或是它们已经认识的狗玩。结果所有的恒河猴都选择自己认识的狗。它们已经变成好朋友了。

但是不同物种间的友谊通常只会在微妙的特殊情况下突如其来地发生。举例来说，没有任何证据证明我们的近亲大猩猩会在野外和其他物种嬉戏。我相信，人类是唯一会饲养宠物的动物。

为什么这种现象会发生？这种现象又会在何时发生？对于超物种友谊的发生时间我们根本无法掌握。根据考古学证据，人类在距今1.2万年至1.4万年之间开始养狗，并于9000年前开始养猫。当然很有可能我们生活在旧石器时代的祖先也曾把在野外捕捉到的鹦鹉或野猪带回家，当作宠物。问题是，此类型的人类与动物友谊无法留下任何考古证据。举例来说，如果我们在距今约有2.5万年历史的化石中发现一男子抱着猴子的残骸，我们无法得知猴子是死者的宠物，还是被放在他的棺材里当作死后世界的营养品。

既然我们缺乏实质证据证明最早的人类与动物关系建立于何时，那么就只能用猜的。外形最接近我们的个体最早出现于10万年前的非洲。然而多数人类学家认为距今5万年前人类智力产生了巨变，当时陡然出现大量文化产物，包括艺术、音乐、武器、工具等都同时具备精巧的形式与功能。马克斯·普朗克研究院演化人类学研究所（Max Planck Institute for Evolutionary Anthropology）的迈克·托马塞洛（Mike Tomasello）表示，人类智力大幅跃进的原因是因为当时人类祖先已经开始懂得揣摩其他人的心态，这是一种复杂且崭新的心理技巧。距今 3.5 万年至 4 万年之间的洞穴壁画出现了半人半兽图像，这表示人类开始将动物拟人化。詹姆斯·史尔贝尔相信，以人类角度来思考动物的能力，开启了人类驯化动物并与之产生联结的历史。史尔贝尔言之凿凿，只可惜世界上没有时光机，我们永远无法得知什么时候毛茸茸的动物开始变成我们的朋友，而非香喷喷的晚餐。

养宠物是演化后的适应结果

诚如圣经信徒所乐道的，达尔文主义者意见分歧，后者无须争辩人类是否由猿类进化而成或地球是否已有数亿年历史，毕竟这都是事实。不过我们达尔文主义者确实很爱对细节争论不休。人类为何养宠物确实和演化论中备受争议的"适应"（adaptation）论点有着密切关联。拥护适应论点的达尔文派学者认为我们远古的祖先能够顺利地从物竞天择的自然淘汰赛中胜出的关键是因为人类大脑所发展出的特殊技能，如学习语言、惧怕乱伦禁忌、企图远离毒蛇与危险，并且吸引可能的对象。

不过反对适应说的学者则指出，即便无助于个人繁衍，人类仍旧会发展出如此天性。反对派学者认为许多普遍人性皆属于意外的巧合，举例来说，人骨由钙质组成因此显现为白色色泽，而非因为女人较受苍白男性的吸引。哈佛大学斯蒂芬·杰·古尔德（Steven Jay Gould）将无生理学作用的人类特质归类为"拱肩"（spandrels）作用，也就是建筑师在建筑物之中为了美学设计考量而加入的缺乏特殊功能性的装饰构件。

我们可以试着以适应说的支持者与反对者的角度，解释为何人类女性拥有性高潮。适应派支持者（我也曾经是其中一员）至少提出过二十种理论来解释为何性高潮几乎仅发生在人类的女性身上，而非其他物种；许多解释都满令人莞尔的，好比性高潮造成的阴道收缩会将精子吸入子宫，或者性高潮带来的信号让女性借以辨识男性的优劣。而我最喜欢的其中一个理论认为，性高潮带来的晕眩让女人继续慵懒地躺着，因此精子不需费力地往上向子宫游去。反对适应派的学者则认为上述种种说法都相当可笑。他们主张女性的性高潮对男性而言有助于繁衍后代，就像雌性哺乳动物需要乳头以哺育后代，而男性的乳头则缺乏任何功能，就仅只为人类演化上的副产品罢了。

演化适应论的争辩之战也延烧到人类与动物之间的关系。我知道很多人包括许多人类－动物互动学者都希望相信对动物的爱来自人类演化后的天性，因为宠物帮助人类祖先繁殖并且存活下来。不过演化心理学者认为若某项特质为因适应环境而慢慢发展成为人类天性，那么此特质应当如同语言一般，更具有普遍性。但养宠物绝对不是个普及的概念。加州大学圣芭芭拉分校人类学家唐纳德·布朗（Donald Brown）列举出四百多种人类特性，其范围从吸吮手指到对死亡的信念都有。排行榜上包括了对不同形式的生物体的兴趣，但是养宠物却缺席了。在世界上的许多国家里，有很多人并不会与动物产生亲密联结，特别是在非洲。我的人类学者好友尼亚加·姆瓦尼基（Nyaga Mwaniki）来自肯尼亚乡村，他们村庄里的人从不会对特定动物产生情感。事实上，在他的第一母语基安布语（Kiambu）之中，根本没有宠物一词。虽然村民会养狗以防卫大象任意踩踏庭院，不过他们绝对不会让狗进屋内，也从未将狗视作同伴，如果跟他们说美国人喜欢和狗狗同床而眠，他们应该会被吓得半死。

如果我们能证明对宠物的爱具有遗传基因基础，那或可证明饲养宠物是演化而得一说。可惜，我们无法证明。行为基因学者以双胞胎为研究对象，希望由此检验某一特质是受到环境抑或基因之影响而得。若基因强烈影响某一特质，那么同卵双生的组合会比异卵双生的组合拥有更为相似的结果。借由比较这两种不同类型的双胞胎，科学家发现，人类的身高约有90%受到基因影响，快乐程度也受到一半的基因影响，至于女性性高潮也有35%取决于基因遗传。不过目前仍未有科学家研究是否同卵双生的双胞胎比异卵双生的双胞胎对养宠物有着更为相似的看法。事实上，基因是否会对我们与动物的关系造成影响仍旧是悬而未决的问题（唯一可以被确定的是人类确实嗜好肉类）。

最后，假使养宠物确实为进化后的适应结果，那么在人类历史中应该曾经发生过宠物爱好者比厌恶宠物的人更容易将基因繁衍下去的情况。毕竟以演化论的观点来看，真正的赢家就是能够成功繁衍后代的族群。事实上，尽管你的猫可以让你更开心、更健康甚至让你活得更久，但这都与演化论无涉。和宠物同住确实能提高你的繁殖能力吗？或许家中有养过宠物的女孩成年后对照料小孩会更能得心应手，因为她们曾经在饲养宠物时学习过亲职技巧。也或许有养宠物的人较能在困境中求存，因为他们至少可以选择吃掉自己的宠物。我个人猜想说不定有些女性确实会对牵着大狗的壮硕男子产生浓浓的性趣，也可能会更喜欢带着可爱小狗的草食系男子。（还记得安东尼吗？那个帅气的法国人，当他带着狗狗出场时，很多女性表示愿意和他约会。）不过我很怀疑，对于石器时代的人类来说，带着一只消耗资源与时间的宠物，真能让他们获得繁衍后代的机会吗？

宠物是寄生者吗

如果养宠物确实与演化无关，那么我们为何会与宠物形成如此亲昵的联结，又投注庞大的金钱与情绪在它们身上呢？或许我们对宠物的喜好和我们骨头的颜色一样，都是非功能性的演化副作用。我们可以参考哈佛大学演化心理学者斯蒂芬·平克（Steven Pinker）所提出的音乐理论。平克认为不管是恐蛇现象或语言，都是适应作用的结果。但他认为从生物学角度来看，所谓的音乐品位仅只是大脑结构运作下的意外结果，并无实际功用。那么我们是否可以将平克的音乐理论拿来套用在人类与动物的关系上呢？

仔细想想，美国人老爱形容宠物为毛小孩。出于本性，人类非常容易将动物视为婴儿——大大的眼睛、大大的头部以及柔和的线条。我们总是给予有着相似外形特征的动物无限的爱，或许演化确实让我们出于本能地会主动关爱和我们有着相似基因的生物，也就是人类的婴儿。不过由于本能总是以自动化的方式反应，因此也有被"劫机"的可能。举例来说，许多种鸟类都会使用被称为巢寄生（Nest Parasitism）的繁殖策略。有着褐色小脑袋的燕八哥（cowbird）会将蛋下在东菲比霸鹟（Eastern phoebe）的巢里，而倒霉的东菲比霸鹟会乖乖地孵育小燕八哥直到它翅膀长硬飞走为止。讽刺的是，这只东菲比霸鹟往往不会发现自己是达尔文圈套里的受害者，反而还会因喂养这只"假幼鸟"而获得情感上的大满足。

2005 年，玛莉·珍和我就上过当。一只聪明狡猾的母猫把某只小猫留在我们门口就潇洒离去再也没出现过，而那只小猫正是我们的堤莉大人。当时我们的黄色拉布拉多犬过世约一年，我们完全没有要再找只宠物陪伴的意愿。当天下午回家时，玛莉·珍带着一脸的微笑迎接我，这时我听见客厅传来一声哀怨的猫叫声。原来她在阳台发现了一只小猫，软绵绵、毛茸茸的小猫绝对是超强的娃娃启动装置，圆滚滚的大眼睛、柔软的毛发，这太难抗拒了，我们立刻决定收养它。

我个人认为人类之所以会与动物产生如此特殊的联结，完全是因为演化后的亲职本能的转移。问题在于我们该如何解释在不同文化语境底下，人们所创造出的迥异而程度差别不一的宠物文化。或许，另一种演化论比达尔文理论更能确切形容为什么我们如此深爱自家的宠物，那就是社会演化（social evolution）。

养宠物具有传染力

我个人学术生涯的高峰大概发生在 1979 年和理查德·道金斯（Richard Dawkins）同坐一台巴士的时刻吧，当时车上还有一堆同样要前往温哥华水族馆的动物行为学家们。那时我刚好读完道金斯撰写的令人神魂颠倒的《自私的基因》（The Selfish Gene），整本书都很棒，不过第十一章让我特别震撼。该章强调演化中的转变并不需要仰赖基因或生物体机制，只要生物体能够以彻底忠实的方式复制自我并延长存活度即可。以生物演化角度来看，我们称之为基因的分子螺旋式阶梯就是类似的复制机制，它利用人体本身进行复制。道金斯的说法也可以说明社会演化的作用方式，当人类心理察觉部分资讯的存在并且刻意通过模仿进行复制来传递此资讯时，就完成了社会演化。大概复制机制听起来没有任何科学重量，道金斯将此假设性的文化传递机制称为模因（memes），此词不但与基因押韵，也暗指了希腊文中的"回忆"一词。

模因无处不在。有些模因很小（譬如把棒球帽反戴），也有些是十足悲剧性的（日本曾短暂流行过陌生人聚集在密闭厢型车内集体自杀的风潮），有些则具有伟大性（例如艺术作品）。那种让人过耳不忘的流行歌可称为模因，很帅的球鞋或某种政治潮流亦是。我们的祖先借由复制其他人的行为传播模因，不过当符号语言出现后，模因更大力地推进了人类演化史。现在，模因以广播、电视、网络为媒介，高速传播至全世界，最新的模仿运输模式则是简讯对话所使用的火星文，一种让人感到莫名其妙的文字——"plz"。

事实上"模因"一词本身正是最成功的模因现象。10分钟前，我试着用 Google 搜寻"模因"一词，结果找到 3.5 亿笔资料，这一单词早已正式进入《牛津英语大辞典》。昨晚，某个电视节目评论者称一丑陋的政治抹黑事件为模因。虽然许多科技怪咖、时髦潮人和部分哲学家都认同道金斯的理论，但是文化演化论里的真正专家，也就是人类学界则对此概念不表苟同。他们认为模因的定义太过松散粗浅，对比基因一词，显得过于草率。而人类文化的前进亦无须通过假设性的复制行为。

我对模因概念的真实性尚且持保留态度。但是人类的行为与概念确实具有感染性，而当我们谈论文化在人类与其他物种间关系之中所扮演的角色时，模因确实是极具功能性的象征用语。以模因概念理解的话，养宠物确实是如火燎原般的文化模仿。这听起来似乎太过牵强，但是似乎有许多强烈的证据足以佐证此说法。

第一，由于人们必须通过学习而传递模因，因此家庭成员间很容易有此交流。信天主教的父母通常会教养出信天主教的小孩，接受割礼的父亲通常也会让小孩行割礼。同样，如果在养宠物的家庭长大，以后也极可能成为爱宠物之人。此外，家里养猫的，以后更可能继续当猫奴，家里头老有狗狗奔跑的，或许未来仍旧会独独爱狗。

第二，每个社会在对待宠物的方式与态度上有着极大的差异，此点和模因说法不谋而合。爱丁堡大学的达林·科诺贝尔（Darryn Knobel）以斯里兰卡岛上的养狗模式作为研究主题，斯里兰卡社会文化相当多元化，并且拥有全世界最高的狗密集度。在斯里兰卡，宗教信仰决定你是否养狗。在首都科伦坡约有89%的佛教家庭养狗，而在伊斯兰教家庭，养狗的比例仅有4%。斯里兰卡佛教徒养狗比例比伊斯兰教徒高了20多倍的事实说明了，伊斯兰教徒较少受到养狗模因的影响，但此模因概念却深植于佛教徒心中。

此外，如同其他种类的文化变迁，宠物模因也可以快速传播。数个世纪以来，日本家庭惯常出现的宠物为金鱼和关在笼中的鸟。然而，第二次世界大战以后，当日本人开始大力拥抱美国文化，养狗开始蔚为流行，今日约有1/4的日本家庭养有狗。在中国，20世纪90年代宠物增加的数量堪比北京肯德基连锁店开设的热潮。现今，约有10%的中国城市居民养有宠物，近十年来，中国人每年花费在宠物身上的金额从零节节上升至近10亿美元。

宠物之爱与单一因果迷思

许多科学上的争辩都来自错误的谬见，那就是——如果对一现象的某个解释是正确的，其余的皆为错误答案。我喜欢简单的解释甚于复杂的解释，而且我希望可以用一个简明易懂的答案说明人类为何深爱着宠物，但却事与愿违。

动物学者时常以两种原因解释动物行为，近因（proximate）与远因（ultimate），这也适用于人类与动物的关系上。近因解释专注于行为"如何"出现，它们如何运作、发展以及背后的神经与心理学机制。如果有科学家主张人类热爱动物的主因是血液内的荷尔蒙催产素激发内在心理的被需要感，那么这就是养宠物的近因解释。相反，远因解释企图找出行为背后的原因。它们的功能为何？如何进化而得？以及它们如何帮助人类祖先存活并繁衍下一代。若认为养宠物为人类亲职本能反射下的副产品，此即为远因解释。

重点是，我们可以同时使用近因解释与远因解释反映养宠物背后的原因。我有无数个爱堤莉的原因，或者是它的大眼睛，又或者是它婴儿般的特质，触动了人类遗传自祖先的基因中本有的亲职本能。这可说是人类养宠物的远因解释。不过，我就是很爱和堤莉玩激光笔追逐赛，有它在可以填补玛莉·珍不在家时的空荡感。堤莉确实太过好动，常让我惊吓连连（它可以三秒跳上蓣树）。总之，它早已在我心中占据了无可取代的地位，以上都可以说是我如此深爱堤莉的近因解释。

不过针对人类为何养宠物所提出的不同说法，也反映了不同学科的偏见。临床心理学医师认为，人类养宠物是因为希望自己感到被爱。生物学家认为宠物饲养为巢寄生的变形。也有些社会学者认为宠物为人类社会关系建构的一块砖，那就是为什么狗在堪萨斯州会被视为家人，在肯尼亚被当作贱民，而在韩国又成为热腾腾的午餐。总之，人类对宠物的爱可说是最亲密的人类与动物互动关系之一，其背后的原因复杂而多元。宠物除了让我们感到被需要以外，也可以在我们低落时提供情感支持，不过同时它们也确实为社会建构的一部分元素，并且偷偷地以巢寄生方式入侵我们的生活。

别难过，堤莉。不管你是人类社会的一块砖或寄生者，我都爱你。反正我早就染上了一种想把狗狗猫猫带回家并把它们当作自己小孩的传染病。

小甜心，还想吃些饼干吗？

朋友、敌人还是时尚宣言

人与狗的关系

我喜欢陪狗玩。当人开始慢慢变老时，会忘了怎么玩耍、嬉闹或是活在当下。但狗狗让七十八岁的我记得并享受这些感觉。不管是它们的微笑、不停摇摆的尾巴还是亲亲，都说明了一切。

心理治疗师鲁比·本杰明（DR. Ruby R. Benjamin）

如果狗会说话，那就无聊了。

歌手鲍勃·迪伦（Bob Dylan）

"不要离栅栏太近，它会咬你屁股噢。"

我赶紧移动脚步。

它是马弗里克（Maverick），一只98%基因为狼，2%基因为犬的动物，和我说话的是新月农场（Full Moon Farm）的南希·布朗（Nancy Brown）。此处占地16英亩（约64750平方米），位于北卡罗来纳州黑山附近，为狼犬的收容所（不过南希从不认为它们是狼）。有些狼犬自受虐家庭中被营救而来，也有些狼犬被野生动物管理员或动物控制专员带来此地。还有一只狼犬来自马里兰州，一开始主人还以奶瓶喂养襁褓中的它，等它长大时却猛爆践踏屋舍，导致一万美元的重大损害，之后就被主人带来此处。

新月农场距离九号公路约有16公里车程，我沿着二线道柏油路开着车，瞬间想起了30年前蓝山山脉尚未被封闭型现代社区填满的年代。沿途经过浸信会教堂，接着进入岩溪镇，眼前尽是坍塌的谷仓和志愿者救火队基地，往左继续前进，忽视眼前的此路不通的招牌再开几公里路，往右转接上尘土飞扬的泥道。当你看见告示牌写着："私人土地。此处乃为动物所设之社区，以保其安全与舒适。不喜者恕不接待。"目的地就到了。

动物们听见我的到来后群起吠叫，此时我尚距离农场有400米远的路呢。它们的声音听起来颇猖狂诡异，让人联想到西部电影。不过在接连不断的嚎叫声中，又夹杂着几声类似普通黄金猎犬的温和叫声，这和在蒙大拿山区或意大利偏远山区会听到的野性嚎叫声可说是大不相同。一直到我熄火前，由70只激动的动物组成的合唱团各自高昂地表达对入侵者的不满，而它们迥异的吼叫声更凸显出不同动物在演化路程上的先来后到（从野生到驯服）之别。

南希手中拿着咖啡走了出来，并自我介绍。不过狼犬们仍旧扯着嗓子嚎叫。而她竟然可以从吠叫声中辨别出每只狗来。当我们在讲话的同时类似这样的字句会突然插了进来："你有听到吗？它们在吵架。那是艾利斯。嗨，古尼韦尔。闭嘴，奥图！"当南希发飙时，有些狼犬会挺直身子，并竖耳聆听，不过，许多狗则毫不理会。狼犬们对陌生人的出现相当敏感，全身僵硬得像是斑鸠琴上的第五根紧绷琴弦一般。它们并没有攻击意图，只不过脾气稍嫌暴躁罢了。

第一眼看上去，所有的狗都像是纯种的狼。有些狼犬的皮毛为雪白色，也有些呈现斑杂褐色或黑色以及灰色，而它们绝对有着十足的魅力与气势，虏获你的眼光。不过当南希开始向我解释它们在外形上的差异时，我也慢慢地开始可以分辨狼犬的差异。如果狗的血统较多，那么脸会较宽、耳朵较厚、腿也会更加粗壮，同时也比较爱吠叫。而蓝眼珠也是来自狗的基因。基本上"98% 纯种"的狗绝对可以称为犬界的詹姆斯·迪恩（James Dean），享受狼狗爱好者的倾心爱慕。

南希表示狼血统较高的狼犬很难被驯服，相较之下，狗血统较高的狼犬会比较好相处。如果你有一只狼血统较少的幼狼犬，经过合适的训练，或许最后还能给它挂上狗链，并和它一起玩耍，它也不会三天两头盯着围篱准备撕烂邻居的猫。换句话说，你的狼犬有可能成为不错的居家良伴。

不过南希也警告我种种的一切都像是赌注。即便狼血统较高的狼犬，若遇到合适的主人，也可能成为绝佳的宠物。南希带我去看马弗里克（98% 为狼）与它的好友米基（Mikey），两只狼犬证实了南希的说法。当南希靠近时，两只狼犬立刻开始撒娇，绕着她打转、玩耍、磨蹭。一人两犬的画面十足美好。不过就算是在她最疼爱的狼犬面前，南希还是坚守原则。她绝对不会让狼犬超过自己头部，也不会和它们玩拔河。我问南希有多少比例的收容狼犬最后有可能回归家庭生活，她抬头思索了一会儿，在脑海里盘算了一分钟左右后说，"4 只"。这听起来不是太乐观，毕竟现场总共有 70 多只狼犬。

宠物狼犬在法律上仍旧处于模糊状态。在北卡罗来纳州，任何人都可以饲养狼犬，但也有许多州禁止饲养。宾州将狼犬定位成野生动物，你必须取得特殊执照才能于自家饲养狼犬。然而，居住于宾州塞勒姆的桑德拉·皮奥维桑（Sandra Piovesan）并没有将自己的 9 只狼犬当成新奇的野生动物，她将狼犬登记为狗，并把它们看成自己的小孩。就在桑德拉和邻居闲聊狼犬给她"无限的爱"数周后，人们在围栏内发现她惨被狼犬猛烈攻击的尸体。

这起意外绝非个案。1982 年至 2008 年之间，北美洲共有 19 人遭狼犬攻击致死，而仅有 9 人被德国牧羊犬咬死。不过，毕竟德国牧羊犬的数目远比狼犬来得多。独立报社《动物人》（Animal People）编辑梅里特·克里夫顿（Merritt Clifton）表示，狼犬攻击或杀害幼童的概率比德国牧羊犬高了 60 倍。然而，狼犬迷耳根子很硬。对他们来说，那只是对狼犬的误解，而它们的美好远远被大众低估了。

从新月农场开往回家的路上，我情绪激动。狼犬确实很惊人，而我也很感动于南希如此悉心地照料它们，毕竟如果没有新月农场，这些狼犬都会被安乐死。然而这些介于凶悍掠食者与宠物之间的狼犬却能在此享受快乐的生活。我的身上似乎也沾染到了狼犬的凶猛气味，我感觉自己像是与重机帮派厮混了一整天的记者。

傍晚惊魂未定的我先缓缓散了个步，然后再去找朋友珍尼特（Jeanette）和她的混种狗宾蒂，宾蒂是她从收容所救回来的小狗。宾蒂满怀期待地抬头望着我，我立刻弯下腰搔了搔它的耳后，就在这一瞬间我感到彻底放松了。我实在不敢想象宾蒂和我今天一整天相处的灰色野性动物之间仅有微小的 DNA 碱基对差异。

走秀犬的奇妙世界

如果想了解人类如何让狼的基因混种成各种不同形式的狼犬，不妨参加每年由美国养犬俱乐部所举办的全品种犬赛。每年夏日美国养犬俱乐部在艾许维尔市举办此盛会,并吸引全国将近 1500 只狗、狗主人、职业训练师前往参赛。有些主人会坐飞机,也有些人会开着大型露营拖车或小型拖车前来。此时的西北卡罗来纳州乡村中心停车场已经涌入了无数的躺椅、瓦斯烤肉架以及移动式围栏。摊贩吆喝兜售着仅有一口大小的狗点心,让狗在上场前保持精神抖擞的状态;另外也有专给大麦町犬和圣伯纳犬吃的大骨头;梳狗毛发成套用具、乳液、洗发精以及营养补给品;狗蝴蝶结与发夹以及给饲主穿的绣有犬种肖像的袜子。

裁判、赛场管理人员、饲主以及观众在主场间来回穿梭,饲主忙着帮狗梳发、剪指甲、拨开掉在狗狗脸上的杂毛,或是把新芬兰犬脸上的口水擦掉。狗主人看起来与一般人无异——男女各半、退休人士或小孩,都准备好要参加少年犬表演赛,令人惊讶的是,整个展场意外地悄然无声。现场约有一千只狗准备上台,成为镁光灯的焦点,我不但看不到任何粪便,除了一两只古灵精怪的吉娃娃犬以外,几乎听不见狗的吠叫声。这些绝对是职业级的狗。

我在后台随意走动、拍照,并和狗主人谈谈狗。饲主们就像这些年来我所访问的宠物主人一样,只要一谈起宠物,眼睛就闪闪发亮。这就像父母谈论自己的小孩一样。狗主人通常都很友善,而他们对宠物的爱也相当具有感染力。

然而,赛场里有一件事让我感到奇怪。我发现有位穿着得宜的职业训练师坐在一只黄褐色的大麦町犬旁,准备带大麦町犬上第四舞台展示。她前方的桌上摆着一包小熊软糖,就是有着缤纷颜色、小孩最爱嚼的那种。那位女士抓了一把软糖丢到自己嘴里嚼了几下后,吐出一团湿湿糊糊的高糖分软糖泥后,面无表情地把它放进狗狗的嘴里,呃……

当天下午,我看见另一位来自新奥尔良的金发女训练师也给身旁可爱的黑白日本种犬吃咀嚼过的小熊软糖。"噢,对啊,"她回答我的问题,"职业训练师都会这样做,这让狗狗认识你,通常我会用鸡肉。"她指了指运动臂套里装着的10厘米厚的大块烤鸡肉。当她带着狗走上舞台时,她将整块鸡肉塞进嘴里，就像是印第安人咀嚼烟草般嚼着。当裁判接近黑白日本种犬时，她把鸡肉吐出来，并拿到狗鼻端前晃动，接着又把鸡肉塞回自己嘴巴，狗立刻抖擞起来。

我当天还挺幸运的，恰巧碰见正在为小哈瓦那犬梳毛的巴布·贝塞尔（Barb Beisel），她不但是专业的狗训练师还是育种专家，她答应接下来的两天里我都可以跟在她的身边，一窥犬选秀的门道。巴布把我介绍给几位裁判与顶尖的训练师：数十年来专门负责展示顶级德国牧羊犬的吉米·摩斯（Jimmy Moses）以及专门负责照料纯种白色贵宾犬瑞米的克里斯·曼内洛普洛斯（Chris Manelopoulos）。七个月后，我在国家电视台看见两人都带着他们的狗参加西敏寺犬比赛，瑞米参与的是非运动项目组，不过很可惜，它却是因为输给屋诺（有史以来第一只赢得选秀赛最佳大奖的米格鲁猎犬）而上了报纸头条。

即便在艾许维尔市举办的选秀赛，大部分参与的训练师也是顶级好手。若你希望由训练师带着你的狗狗上场，那么至少需要花费 50 至 100 美元。除非你真的很了解犬选秀的一切，不然让专业训练师打点一切真的是不错的选择。巴布说即便非常优秀的狗也很难在没有专业人士带领的情况下完美走秀，并赢得裁判的青睐。

以前巴布是保险员，后来才成为全职的专业训练师。她有着一头银灰色的秀发、闪露出光芒的眼睛，看起来挺像灰姑娘故事里的神仙教母。不过当她牵着狗走进舞台上时，就完全流露出了职业级好手的气势。由于狗的现场表现几乎就是得胜关键，因此所有极富国际犬界声望的饲主都希望雇用巴布，让狗的表演更为出色，并赢得奖金。每当巴布遇见她的新客户，特别是她认为有冠军犬潜力的狗时，她会先教狗狗如何在裁判前展现自己的优势——保持警觉；当巴布把手中鸡肉放到狗鼻子前时，代表要紧紧跟着她；当裁判开始观察狗狗肩高与牙龈时，还得保持耐心。接着，她就会用拖车带着狗进行参加全国巡回赛，直到它们赢得足够的累积分，并夺取冠军为止。巴布总是四处旅行，她开着露营营地车参与全国大小赛事，随行的通常有数十只顶级的猎犬、助理玛丽（Marie）以及一只年老的鼬鼠。

巴布热爱狗，当然她也有自己的偏好。她特别喜欢小型犬——可爱、精力旺盛的小动物，总是发出尖锐的叫声，有时又蜷缩成一个小毛球呼呼大睡。当巴布正在跟我说明为 2.7 公斤重的约克夏犬梳发会给它的健康带来什么好处时，一名训练师带着一只尺寸堪比小型马的獒犬走来，那只獒犬的睾丸几乎有约克夏的头那么大了，巴布瞄了一眼那狂流口水的猛兽后默默说道："我真不懂为什么有人会爱这样子的动物啊。"我想獒犬主人八成也完全无法理解为什么巴布一个下午要帮那小娃娃狗梳 20 次的毛啊。

从狼变成赛犬的过程

究竟要怎么做才能将南希·布朗家里凶神恶煞的狼犬，培育出巨大的獒犬或是像小精灵般的约克夏犬呢？灰狼如何变成全世界繁衍出不同后代最多的哺乳类动物？一只獒犬可以重达 90 公斤，而最迷你的约克夏犬大概只有 0.9 公斤重，这两者之间的差异堪比我和一只非洲象的差别。国家生物学会的分子生物学家海蒂·帕克（Heidi Parker）与伊莲·奥斯特兰德（Elaine Ostrander）认为犬类的驯化可说是人类史上最庞大的基因实验。更神奇的是，就在演化之神的眨眼间，犬类发生了巨变。

查尔斯·达尔文认为现代犬类为土狼、狼与豺狼的混种。达尔文大错特错。据科学界所知，住在你家里的狗狗的祖先，不管它是贵宾犬或是罗威纳犬，祖先都是灰狼。事实上，狼是最早被驯化的动物，这点相当合理。狼和人一样是社交型动物，在日间出没，并跟随领导者的脚步。选择与以两脚站立、没有毛发的生物一起生活，绝对是犬类所选择的绝佳策略，直到今日至少有四亿只狗狗存活在这世界上，而相较之下灰狼的数目仅有数十万只而已。不过，我们的祖先在何时、何地又因为什么原因决定与这掠食性动物一起生活的呢？

　　首先是时间点的问题。正确答案为距今不久之前。我所认识的每一个狗主人都会在家里摆放狗狗的照片。如果我们石器时代的祖先们和我们一样爱护狗狗的话，应该也会想记录下它们的身影吧。不过，他们显然没有这么做。旧石器时代的惊人壁画描绘着栩栩如生的驯鹿、水牛、马、长毛象、野山羊、犀牛、熊、狮子、鹿，有时他们也画鱼和鸟。不过犬类生物并没有出现在此时期的艺术作品里。如果希望寻找人类与狗开始同住的时间点的话，我们必须好好检验骨骸和基因。类人类族群早已与狼共存于世近50万年，不过没有任何迹象显示人与狼之间能够保持友善关系。直到最近我们才从化石中找到人类与近狼犬之间的友谊证据。驯化往往可以彻底改变一个物种。首先，狼的体形变小了。伦敦自然史博物馆（Natural History Museum in London）的朱丽叶·克劳顿－布洛克（Juliet Clutton-Brock）认为此为怀孕期营养不良后的适应结果，母狼产出体形较小但总数较多的幼狼。相较于狼，早期的狗有着较小的下巴、更拥挤的牙齿、宽脸、短鼻。它们和许多驯化后的动物一样，都比原始祖先拥有较小的脑部。简言之，所谓的狗，外貌上就是小型的狼。

　　依照化石推断，家犬出现于距今1.4万年至1.7万年之间。第一个最能证明人类与狗之间友好交流的化石出土于以色列北部，一名老妇人被仔细地安葬在狗旁边，一人一犬作深情拥抱状，此化石距今约1.2万年。欧亚石器时代后期狗们开始成为频繁出现的角色了。到了1万年前，狗们开始在新世界自由地奔跑，并伴随人类穿越西伯利亚陆桥抵达北美洲。狗们花费了近四千年才从阿拉斯加往南移动至巴塔哥尼亚半岛。

　　考古学家靠铲子、牙医镊子以及沾满尘土的靴子吃饭，而分子生物学家则穿着实验室长袍，企图通过DNA聆听生命所发出来的讳莫如深的隐约信号，解释犬类进化的秘密。对后者而言，已成为化石的牙齿或下巴碎片并非他们的研究材料，通过母亲而传递千万个世代的线粒体基因才是。线粒体基因和细胞核基因不同，后者在卵子遇上精子时，即将基因特质传给下一代。线粒体基因漂浮在细胞质膜液体中，将有机物质转化为能量。对进化生物学家而言，最重要的是，所有的线粒体基因都来自母亲。线粒体基因和普通 DNA 不同，不会在卵子与精子结合时随机交换，除了特殊的突变（mutation）状况以外，世世代代都会拥有相同的线粒体基因。

基因学家往往运用线粒体基因的突变概率，计算新物种出现的时间、地点以及品种来源。1997 年，一篇出现在《科学》（Science）期刊上的文章让全世界所有关注狼从何时转化为犬类的人大为震惊。加州大学洛杉矶分校的罗伯特·韦恩（Robert Wayne）所率领的团队分析了 67 种狗类的线粒体基因，以及狼、土狼和豺狼的 DNA。研究团队以分子时钟进行推算并认为灰狼大约于 10 万至 13.5 万年前之间开始突变为犬类，这比犬狼分界的化石证据足足快了十倍。为什么此推论与先前的估测差距如此之大？究竟问题何在？事实上，分子时钟和普通时钟的准确度都操纵在你如何设定它，而加州大学洛杉矶分校的团队或许以较为宽松的方式定义时程。多数的生物学者都相信狼于 1.5 万年至 5 万年前之间突变为犬，此说法也与目前的考古证据互相吻合。

最早出现的狗是宠物还是专吃垃圾的偷儿

人类动物行为学者对狗与人类如何开始共同生活有着不同的看法。宠物理论大约如下：石器时代猎人佛烈德·燧人氏在某天傍晚的狩猎时间时，从狼窝里抓回一只幼狼，准备当作晚餐。正当他准备将小灰狼丢进炭火烧烤时，他的太太威尔玛恰巧和可爱的幼狼四目相接。顿时，威尔玛的母性大发，她把小狼抱走甚至将它视如己出，说不定还喂它喝奶。幼狼凶猛的天性因此被驯服，若以比尔·门罗（Bill Monroe）的歌词形容的话，那就是"一位温柔女性的爱"征服了一切。就这样，小灰狼成为人类第一个圈禁豢养的伙伴动物，小狼不久后又怀了小狼，在一代又一代的驯化狼的演变下，狗就慢慢诞生了。

罕布什尔学院（Hampshire College）生物学家以及狗拉雪橇赛者雷·科

平格（Ray Coppinger）对此说法抱持怀疑的态度。他认为此说法近似"小木偶奇遇记"，认为狼可以像小木偶一样，因为仙女的神仙棒挥舞几下就从木偶变成小男孩或是家犬。科平格认为此犬种起源说忽视了狼性难以驯服的特点。这也是为什么我们无法在马戏团看见狼表演的缘故。科平格认为狼确实可以学会一些小伎俩，也能够慢慢接受被铁链牵着行走，但是这和真正驯服的动物有着极大的差异。其他研究者则发现即便由人类抚养长大的幼狼，仍旧不会像狗一样对照护者产生情感。它们终究享受尽情地嚎叫，甚至毫不留情地啃咬喂食者的双手。

不过若人类没有驯服狼，那么它们怎么会成为人类的伙伴呢？科平格认为它们是自我驯化的。他发现人类结束游牧时代开始定居生活的时间点恰巧与狗的出现时间相重叠。定居生活所产生的大量废弃物对拾荒者来说等同于金山银山。对人类较不惧怕的狼相对地能捡拾到更为有营养价值的废食，这点我们可以在伊斯坦布尔、墨西哥城以及拉哥斯垃圾场或郊区的野狗身上，看到相似的状况。愿意捡拾人类剩食的狗通常会比其他凶猛的竞争者得到更强的营养补给，也能孕育更多的后代，而它们所生下的后代往往也因为基因关系较不惧怕人类存在。经过一代又一代的繁衍，驯化的动物可以得到更多的食物，也因此更能接受与人类同住。通过自我驯化，狼类的自然选择机制让懂得对陌生人吠叫、愿意吃人类剩食，也懂得与人类玩耍的后代，从淘汰赛中胜出。

与狗一同猎捕鬣蜥

或许科平格说得没错。我曾经看过人类如何运用狗进行小型狩猎，当时的情形应当和史前人类所面对的状况差不了多少。我的研究所朋友贝夫·杜根（Bev Dugan）花费了数年时间在巴拿马丛林研究鬣蜥的交配策略。她面对排山倒海的挑战：几乎所有的鬣蜥看起来都很像爬虫版的基思·理查兹

（Keith Richards）[1]，此外，它们几乎一整天都待在树顶。如果贝夫希望好好完成此研究计划，那得把鬣蜥先抓下来做好记号以后再放回。但是你要如何捕捉逍遥在热带雨林穹顶的生物呢？

这时就得仰赖狗了。

另一位研究员将非常擅长捕捉鬣蜥的当地人皮福与凯萨介绍给贝夫。当我到研究基地拜访贝夫时，她邀请我参与了一次野外突袭。皮福带着一只棕色、短毛、卷尾巴、尖耳的中型杂种犬过来，它看起来就是处处留情的野生狗。雷·科平格称这类型品种为"自然品种"（natural breeds），此野犬外形让人联想到澳洲野狗，其踪影遍布坦桑尼亚与以色列，直到南加州海岸边。皮福的这只中型犬不但是伙伴动物，也是狩猎的帮手。他不断地和狗说说话，抚摸它，并用桌上剩下的食物让它填饱肚子。

当鬣蜥出现在树梢进行日光浴时，意味着狩猎行动就此展开。猎犬矫捷地奔上树身并小心翼翼地移动步伐，全身保持警觉状态，眼睛一眨也不眨地看着鬣蜥。凯萨猛烈地摇动树枝，鬣蜥瞬间掉落树梢直直往 18 米下方的树丛而去。就在刹那间，狗已跟了上去。人类的速度远远落后于狗和鬣蜥，好在有皮福的狗，狩猎行动空前成功。

凯萨与贝夫紧紧跟在猎犬后方，我慌慌张张地跟上队伍的脚步。狗已经把鬣蜥逼到死角，说时迟那时快，贝夫赶在狗要吞掉鬣蜥前抢先行动把鬣蜥压制住。公鬣蜥身长可达 1.8 米。它们可以用尾巴鞭打来敌，也可以用爪子抓伤你的脸。被鬣蜥撕咬绝对不是一件好玩的事。贝夫通常都可以在人类女性对决鬣蜥的摔跤赛中得胜。当她控制住场面后，会先测量鬣蜥体重，检查其生殖状况，做记号，再放生。

贝夫和猎犬合作无双。若皮福带着狗参加猎蜥行动，那么一天少说可以捕捉到 10 至 20 只。而当凯萨与皮福没有参与研究室行动时，则会带着狗出去猎捕鬣蜥，并当作晚餐。当他们抓到鬣蜥时，会从它的前脚拉扯出肌腱并

---

[1] 基思·理查兹，英国摇滚歌手——编注

以此捆绑住它的四肢束在背后，接着，他们会用长刺戳穿鬣蜥的脑袋，直达脊髓。

科平格认为纯种狼过于凶猛，根本无法与人类共同合作进行狩猎。自从上次和南希·布朗的狼犬们共处后，我还挺同意这个说法的。事实上，最能佐证科平格的家犬演进理论的则是一项针对狐狸进行的大规模基因实验。

从野生到驯服：狐狸如何能变得友善

20世纪50年代中期，基因学家德米特里·贝利亚耶夫（Dmitri Belyaev）因在科学论战中败北，惨遭莫斯科毛皮动物育种中央研究院革除职位。1959年，贝利亚耶夫接掌西伯利亚动物研究室院长，并开启了长达40年、研究超过4.5万只动物的银狐实验。此实验彻底改变了科学家对动物驯化的看法。

贝利亚耶夫以选择性育种方式选出最温驯近人的狐狸。他在动物农场里测试幼狐对人类的反应，并选出最温和的公狐与母狐进行配种。一开始，几乎没有任何狐狸能符合贝利亚耶夫所设定的"亲近人类"的标准，但是当他育种至第十代狐狸时，约有20%的狐狸性情温和，到第四十代狐狸时，已有80%的幼狐绝对温驯。贝利亚耶夫所选配出的狐狸性格温和到会亲舔人类的脸庞，通常普通的野狐可是会撕烂你的脸。

贝利亚耶夫培育出的温驯狐狸相当可爱。这可是一件大事，重点是，在贝利亚耶夫的温驯育种计划中培育出的狐狸在外形与行为上非常趋近于狗。经过世代的交替，贝利亚耶夫培育出的狐狸（简称贝利亚耶夫狐狸）的耳朵越来越松软、尾巴卷曲，它们的皮毛开始混有褐色（早期狗类的可能颜色），有些狐狸的脸上还出现了狗脸会有的白色斑点。这些狐狸的脸变得较短、较宽，换言之，它们变得更为可爱。它们的举止与野生狐狸相差甚大，贝利亚耶夫狐狸会在人类呼唤它们时摇晃尾巴，这点和我的拉布拉多犬莫莉

（Molly）一模一样。此外，狐狸的生理状况也起了变化。相较于普通狐狸，它们拥有较低的压力荷尔蒙皮质醇（stress hormone cortisol），而它们的神经元也在大脑中制造了较多的天然抗忧郁物质。难怪它们的性格如此温和。

为什么毛皮的变色以及尾巴的卷曲程度会和性格的温和度成正比呢？这点我们无从得知。但是不管是束带蛇或老鼠，其行为与色泽之间确实具有彼此关联的基因组合。而贝利亚耶夫驯狼的过程是否仰赖少数联结基因抑或单一基因完成，这点仍旧为未知数。

狗懂得我们在想什么吗

当我听到北卡罗来纳州的吉他手多克·华森（Doc Watson）弹奏时，一阵酸麻袭上左肩，并一直延续到脖子侧边，接着起了一阵鸡皮疙瘩。夏威夷人向来称这类型音乐为"鸡皮音乐"。作为一个科学家，我必须时常阅读学术期刊里的文章，里面有太多让人昏昏欲睡的论点，不过偶尔也有些论文会让我全身起鸡皮疙瘩。就在 2002 年时，我的研究所同事给了我一篇他大学室友迈克·托马斯洛所撰写的未发表科学手稿，托马斯洛为发展心理学家以及位于德国莱比锡的马克斯·普朗克研究院演化人类学研究所的协同创办人，该篇文章不久后随即刊登于《科学》期刊。托马斯洛分别比较了狼、猩猩与狗分辨人类手势的能力。当时该计划主导者为一名 26 岁的毕业生布莱恩·黑尔（Brian Hare）。

为了充分理解此计划的重要性，你必须先具备与大猩猩相关的知识，它们是与人类最相近、最聪明也最具备社交活动技能的基因近亲。然而，大猩猩和其他非人类哺乳类动物一样，几乎无法遵照人类的手势取得食物。即便由人类亲手养大的黑猩猩也无法通过眼神与手指示意辨别出食物所在的位置。由于脑容量较大的黑猩猩在这方面也表现得相当不如人意，因此你恐怕会断定拥有较小脑容量的狼八成也会表现拙劣。或许你的想法是对的。也或许你会认为脑容量比狼还小 1/4 的家犬表现得会更为差劲，那么你就错了。

杜克大学（Duke University）的研究者使用非常简单的选择测验，证明家犬天生就懂得人类手势。他将食物藏在两个碗中，研究者会轻敲、指点并以眼神暗示藏有食物的其中一个碗。如研究者所期，大猩猩与狼很快就感到一头雾水，它们只能随机猜测左方或右方的碗藏有食物，其准确率只有50%。而狗的表现则大为出色。当研究者给予狗三种方式的指引时，它们正确指出食物所在位置的概率高达 85%。

究竟是天生还是后天环境因素让狗表现得较为出色呢？黑尔认为答案是前者。他认为演化已让狗拥有阅读人类心思的特殊能力。然而，近年来学者不断争辩狗与狼相异之处的背后原因。佛罗里达大学犬类研究者克莱夫·韦恩（Clive Wynne）驳斥黑尔的见解。他认为狼与犬的相异之处来自社会化过程。亚当·米克洛希（Adam Miklósi）所领导的哈佛研究团队发现，人类确实可以通过训练让狼了解手势含义，只不过相较于犬类得花上将近十倍的时间，以及更多的社交沟通。

近来有不少科学家开始研究犬类心智，而犬类行为研究中心更如雨后春笋般冒出。由于家犬拥有高超的阅读人类动机的能力，并能对实验做出足够的反应，因此成为研究者理解社会行为与沟通的演化发展状况的绝佳实验对象。如同耶鲁大学的保罗·布鲁姆（Paul Bloom）所言，对知觉行为学领域而言，狗已取代了大猩猩的角色。

几乎每个月《科学》《动物行为》《比较心理学月刊》与《动物知觉》等科学期刊都会刊登关于犬类脑力的研究报告，其内容往往相当出人意料。德国一只名叫瑞可的科利牧羊犬能够辨识近三百个词的含义，还能在单次试验中成功学会新的单词。巴西的科学家教导狗使用键盘，而狗能以键盘表示自己想玩、想吃、想被抚摸或想散步的心情。维也纳大学研究者发现狗可以分辨主人正在看它们或是看电视，而当主人在看电视时，它们捣蛋的心情会更加强烈。此外，狗也很会模仿。举例来说，当主人打呵欠时，它们也很容易想打呵欠。而当狗试图要解决生活问题时，它们也倾向模仿成功者，而非失败分子。

灵犬莱西会怎么做呢

许多研究显示狗类确实拥有不凡的能力。但我们是否对这些脑容量仅仅数百克重的动物要求太高呢？数千年来，人类已善于运用狗类智慧进行工作，不管是训练科利牧羊犬赶羊或是训练猎犬站岗。除了狩猎与畜牧外，现在的人们还希望狗能嗅出炸弹、毒品或膀胱癌。狗能帮忙寻找失踪儿童、腐烂的尸体、警告失聪的主人于火灾时逃难，并带领失明者在城市内穿梭而行，甚至还懂得在特殊情况下运用智慧，反抗主人错误的命令。有很多人甚至认为狗具有神秘的能力。有一半以上的英国或美国狗主人认为宠物有着灵验的第六感，能预知自己即将回家。

人们热爱好狗能将自己救离困境的想法。当我还小时，灵犬莱西正是我的理想宠物原型。我家的米格鲁犬波士科虽然调皮好玩，但是只有莱西会在美洲狮攻击你时前来救援，你掉落井里时会赶快通知爸爸来救你，也会在谷仓起火时大声吠叫。〔许多人仍旧有着这样的执念，你可以试着用 google 搜寻"勇狗救主"（dog saves owner）。〕

西安大略大学（University of Western Ontario）心理学者比尔·罗伯茨（Bill Roberts）对无数的狗营救主人的新闻印象深刻。比尔知道曾有社会心理学者刻意制造实验环境，观察实验对象如何营救陌生人脱离险境，他认为自己可以营造类似实验测试狗是否会在危难状况时搭救主人，向外求援。很幸运的是，罗伯茨的学生克丽斯塔·麦克菲森（Krista Macpherson）为犬种培育师与训练员，并拥有许多途径能够联系狗主人与其宠物。她与罗伯茨开始一项被我称为"莱西！快去找人帮忙"的假设性实验。

研究者要求数十名狗主人牵着狗经过一片草坪，草坪上有位陌生人正坐在椅子上阅读（此人亦为研究团队的一员）。当狗主人步行约 9 米后，会突然紧抓胸口、昏倒、躺在草地上动也不动地装死。当然电视影集里的灵犬莱西此时必然会知道主人情况不妙，它会吠叫数声，并冲向陌生人，拉扯他的衣袖。不过在此情况之下，真实世界的狗，像是我养的米格鲁犬波士科会有如此能耐吗？

答案是：否。没有一只狗试着要为主人寻找救兵。当实验移到室内时，情况也仍旧半斤八两，比尔在实验室里假造了会崩塌的书架，并安排主人貌似被书堆淹没动弹不得。结果，即便连科利牧羊犬都无法通过"莱西！快去找人帮忙"的测试。

然而，有些品种的狗确实较能判断人类心思与回应指令。举例来说，位于布达佩斯的亚当·米克洛希研究团队发现黄金猎犬与牧羊犬都被选择性育种成为能与人类共同工作的伙伴动物，相较于被要求独立工作的猎犬，前者较能成功地理解人类的手势并且发现食物的藏匿地点。这点似乎并不让人意外。比较让人吃惊的是，有着较短鼻子、较宽脸颊的短头颅犬种如斗牛犬、拳师狗、哈巴狗竟然比鼻部较长的犬种如杜宾犬、达克斯腊肠犬与格雷伊猎犬更能懂得人类指示。研究者认为此结果与犬类的眼睛分布点与头颅形状有关。窄脸犬种的眼睛位于头的两侧，这虽然让它们拥有较为宽广的视野，但也让它们更易于分心。

宾州大学社会与动物互动所的研究者发现不同品种的狗有着相异的行为模式。他们发展出一套网络调查，检测狗对主人命令的服从程度，此调查称为犬类行为评价研究调查（Canine Behavioral Assessment and Research Questionnaire，简称 C-BARQ），此计划已有上千位狗主人参与，并建构了不同犬种行为差异的庞大资料库（若你是狗主人并且有兴趣参与 C-BARQ 测验，请输入网址：w3.vet.upenn.edu/cbarq）。

研究者对狗面对主人指示的顺从程度特别有兴趣，他们想知道哪些狗会在被呼唤时前来、有能力学习小花招并且保持专注。研究者分析 C-BARQ 测验所得包括 11 种血统的 1500 只狗的资料发现，有些狗较容易培训，而有些狗的智力则较为逊色。其中，拉布拉多犬是最容易训练的犬种，而巴吉度猎犬则堪称顽劣，约有 70% 的拉布拉多犬非常容易训练，而仅有 5% 的巴吉度猎犬可以接受训练。此外，几乎没有任何拉布拉多犬被归类为鲁钝，然而却有半数以上的巴吉度猎犬的测验结果为鲁钝一族。

不同犬种所带给人类伤害的频率也相差甚大。因为狗被塑造为"人类最好的朋友"，因此常常让人忽略它们也曾是依赖杀戮维生的动物。每年约有450万名美国人被狗类咬伤，其中伤害程度达到急诊室就医惨状的约有35万人次。有许多小朋友被狗咬扯脸部，而攻击人类致重伤的狗约有70%的比例可能为斗牛犬与罗威纳犬。此外，吉娃娃和腊肠犬主导的攻击事件仅占0.5%的比例。所以我们可以断言，斗牛犬与罗威纳犬天生叛逆，而吉娃娃和腊肠犬本质上较为乖顺，对吗？

宾州大学研究者使用C-BARQ测验评量出33个品种里的4000只狗的习性，观察它们是否会咬陌生人、攻击主人或向其他狗挑衅。令人惊讶的是，斗牛犬与罗威纳犬并不是最容易有攻击人类倾向的犬种——吉娃娃和腊肠犬才是。斗牛犬与罗威纳犬在攻击性上的得分大约与贵宾犬相差不远。

禁行或禁种

由于不同犬种对人类造成伤害的程度大为不同，因此也引发了人类与动物互动关系之间的热议话题：具有潜在危险性的犬种是否该明令禁养？过去斗牛犬曾经被视为忠实与勇气的化身，并且成为美国家庭的良伴。有只名叫小彼得的斗牛犬还曾经成为电影《小捣蛋》（*Little Rascals*）的主角。第一次世界大战时，斗牛犬曾经出现在募兵海报上。不过2009年在美军基地所发生的六件狗致命攻击意外后，军方明令禁止于军事基地饲养斗牛犬以及其他"具有攻击性或潜在攻击性的犬种"。

丹佛城直接禁止饲养斗牛犬。在俄亥俄州的法律之中，斗牛犬被定义为"危险性动物"，即便狗本身从来没有任何攻击行为亦然。俄亥俄州法律要求将斗牛犬圈禁在有锁的牢笼中，并以狗绳拴住，此外饲主还必须购入最高限额为 10 万美元的义务保险。由于多数饲主根本视法律为无物，因此辛辛那提市直接禁止饲养斗牛犬。

然而，其他社群为了应对来自动物福利行动团体与斗牛犬爱好者的压力，也支持废除歧视特定犬种的法律。支持废除斗牛犬禁令的阵营的口号为，"禁行不禁种！"（Ban the deed, not the breed！）此行动的高潮为一群西雅图居民抱着斗牛犬游行至市议会大门口抗议，要求废止饲养危险性犬种的禁令。2008 年 9 月 8 日，《西雅图邮报》刊登了一篇文章描述斗牛犬爱好者如何为此小型犬的自由努力而奔走。但是当《西雅图邮报》读者边喝咖啡边阅读斗牛犬有多可爱时，一名住在西雅图西塔克郊区的 71 岁越南女人李红（Houng Le）却被两只斗牛犬狠狠攻击。她的邻居赶忙抓了个干草叉希望帮李女士解围，但一直到警方人员来到并射杀斗牛犬之前，两犬丝毫没有停歇地继续攻击她。经过 10 个小时的手术，外科医师才将她的耳朵缝补归位，但其右手臂早已回天乏术。根据邻居的说法，以前那两只斗牛犬向来乖巧、温和。其中一位邻居说："它们总是很调皮，并且猛舔人。"

禁养危险性动物已成为美国最受争议的动物问题。斗牛犬爱好者对该品种的爱毫无保留。他们认为对斗牛犬的多数指控完全不实，许多狗从未有过咬人的记录，而斗牛犬禁养令根本是犬类世界的种族歧视。他们甚至将斗牛犬重新命名包装，称之为"美国犬"。而反对斗牛犬饲养的团体也毫不示弱，他们公布的数值显示自 1982 年至 2008 年间，美国与加拿大区域的斗牛犬共计造成 700 件重残事件以及 129 件死亡攻击（相较之下，在同一时期美国最受欢迎的拉布拉多犬仅造成 20 件攻击事件以及 3 件死亡案件）。至于人类 - 动物互动学家则对禁养令看法有分歧。据我所知，多数的研究人员反对因为特殊犬种的危险性而禁止人类饲养之法律禁令。但也有例外。举例来说，人类 - 动物互动学的领导学者同时也是普渡大学人类 - 动物互动学研究中心主任的艾伦·贝克（Alan Beck）就支持禁养令。他认为斗牛犬根本就是上了膛的机关枪。而英国人类 - 动物互动学者莎拉·奈特（Sarah Knight）根本就希望斗牛犬绝种。

如此极端的立场也出现在不同的动物保护团体之中。美国兽医医疗学会、美国预防虐待动物行为协会、美国人道协会共同游说议员反对针对特定品种的禁育令。你或许会猜想善于挥舞道德大旗的激进动保团体善待动物组织应该会站在斗牛犬的一方，反对禁令。结果不然。善待动物组织反倒希望斗牛犬消失。不过他们的立场是认为让斗牛犬消失为的是减少痛苦，而非歧视。善待动物组织批评斗牛犬正是美国人虐犬行为的最大受害者，而这还不是斗犬赛的缘故。据统计，斗牛犬为最容易遭受主人殴打、受饿以及彻底被忽视的犬种。目前有数份调查显示，斗牛犬饲主与反社会行为具有高度关联性。俄亥俄州一份调查显示，拥有高危险性犬也就是斗牛犬的主人与拥有其他温和犬种的狗主人相比，前者犯下暴力犯罪的比例是后者的七倍。最后，美国每年因为无人领养或被遗弃而遭安乐死的斗牛犬数约有 90 万只。

不过请记住，根据 C-BARQ 测验显示斗牛犬与罗威纳犬并没有比米格鲁犬来得更为凶恶。仅有 7% 的斗牛犬饲主表示狗曾经试图咬陌生人，相比之下，约有 20% 的腊肠犬主人表示狗曾经试图攻击外人。那么为什么这两种犬种必须为将近 2/3 的犬攻击致命事件负责呢？我承认如果是一只疯吉娃娃想抢走我的午餐，我可能会比较勇于反击，毕竟罗威纳犬或斗牛犬的体形较大，力道也较猛，它们若发动攻势，我进医院的可能性应该颇高的吧？

罗威纳犬或斗牛犬攻击事件暴增的其中一个原因是两犬种突然在近年间大受欢迎。1979 年时，多数人根本没听说过罗威纳犬。当时该犬种为全美排名第 41 名之犬种，每年仅有 3000 只新生幼犬在美国养犬俱乐部注册。而当时最受欢迎的德国牧羊犬则每年约有 6 万只登记在案。不过至 20 世纪 80 年代中期时，德国牧羊犬的饲养数目稳稳持平，反倒罗威纳犬的流行程度猛烈提升。在 1979 年至 1993 年间，罗威纳犬的登记数目狂飙到每年近 10 万只，成为全美第二大受欢迎的犬种，目前约有 100 万只登记在案的罗威纳犬居住于美国家户之中。

罗威纳犬浪潮让美国付出了相应的代价。1979 年至 1990 年之间，美国发生 6 起罗威纳犬攻击致死事件，该时期遭德国牧羊犬攻击致死的案件约有 13 件。然而，没多久后，死亡数据大幅翻转。在接下来的 8 年内，德国牧羊犬的咬人致死案件仅有 4 件，而罗威纳犬致死案件则为 33 件。基本上来讲，罗威纳犬死亡事件数目的攀升与其饲养总数的上升有关。即便特定犬种的性格维持相似状况，但是若其总数上升时，攻击事件必然也会随之增加。

1993 年时，罗威纳犬超越斗牛犬成为全美最危险的犬种。然而，这点或许根本是因为其饲养数目暴增所导致的后果。一连串的攻击事件造成罗威纳犬声名大坏，保险公司也开始取消为其饲主纳保。在接下来的十年内，新生罗威纳犬的数量从每年 10 万只陡降至 2 万只以下。其实，若选对主人，不管是罗威纳犬或斗牛犬都可以成为非常好的伙伴动物。可惜许多人因为罗威纳犬浪潮而一时冲动购买、饲养，但他们却没准备好面对当小毛球长成狂犬的那一天。

贵宾犬狂潮：当特定犬种突然流行

通常当某一犬种突然爆红又退烧时，这多半能反映人类社会气氛的转变。就拿丑陋滑溜的卡骆驰（Crocs）塑胶鞋做比喻好了，难道卡骆驰爆红的原因是因为它很便宜、舒适又对你的脚背很好等种种客观优点吗？或者它们横扫美国的原因其实和新型流感差不多少？

犬种流行的背后也有着类似原因。毕竟罗威纳犬饲养费用高昂，还必须剖腹生产，有较高概率罹患髋发育障碍疾病、糖尿病、白内障与低肾上腺皮质功能症。事实上，罗威纳犬并非美国狗历史中地位蹿升最快的角色。真正的强者是贵宾犬。自 1946 年至 2007 年之间，美国养犬俱乐部注册了约 550 万只贵宾犬，远胜于第二名拉布拉多犬的 200 多万只。贵宾犬风潮于 1969 年抵达巅峰，美国养犬俱乐部甚至必须雇请一名正职员工专门处理与贵宾犬相关的文书作业。贵宾犬的风潮瞬间席卷全美，自 1949 年至 1969 年之间，平均每年贵宾犬总数成长 12000%。美国人还不只是想拥有贵宾犬而已，女孩们还疯狂着迷于购买印有白色或紫色法国贵宾犬的裙子搭配白色短袜。直到今天，贵宾犬短裙仍是 eBay 上的当红商品。

让我们暂且回想一下英国玩具小猎犬。当贵宾犬如病毒一般入侵美国文化时，1949 年登记在案的英国玩具小猎犬数目仅有 123 只，而到了 1969 年，仅剩下 45 只。英国玩具小猎犬长得小小的还挺可爱的吧！看起来就像《小姐与流氓》里的小姐。根据美国养犬俱乐部官方出版的品种叙述，英国玩具小猎犬为："聪明有趣的小型犬，惹人疼爱，而且喜欢撒娇。"这听起来很完美啊。

贵宾犬与英国玩具小猎犬的饲养竞逐赛不仅反映了人类对于宠物的品位移转。相同的情况也发生在球鞋、料理、流行歌、配色、书籍与宗教上，当众人拥护特殊潮流时，某些选项却成为文化中的暗影并且默默地消失，这背后的道理究竟是什么呢？

一种可能的解释是，或许如同基因突变可以提高生物本身的繁殖能力，某些文化创意能够获得空前成功，正是因为其优点在竞争赛中胜出。我脑袋中立刻联想到易拉罐的发明以及 iPod。不过有些热潮就比较像是主流文化之外的另类选项，像鼻环和涮涮锅。贵宾犬成功大举进驻美国家庭是因为它们本身的聪明才智、听话或是比其他不受欢迎的品种更懂得让人怜爱吗？又或者，贵宾犬和帕丽斯·希尔顿（Paris Hilton）一样，会红都是没有原因的。

我开始对上述问题产生兴趣，是因为接受邀稿分析人类与动物关系中的演化心理学问题，并且因此决定不如一同探讨文化上的革命。当时我正百无聊赖地闲逛网站寻找人类对动物态度转变的例子，正好逛到美国养犬俱乐部网站，该网站公布了各品种近三年内的登记数目。我浏览数字时发现，大麦町犬的登记数目一路下滑。我打电话给美国养犬俱乐部董事之一，同时也是大麦町犬育种师的朋友，问她是否能帮我和俱乐部索取大麦町犬较长周期的登记记录。数个星期后，由美国养犬俱乐部曼哈顿总部寄出的厚重包裹出现在我的办公室里。资料的规模相当惊人，美国养犬俱乐部竟然给我提供了所有犬种近 60 年来的登记数目，共计 4800 万只狗。

这当然是好事。不过麻烦的是，我该如何套用此庞大的数据说明心理学历史之变化？我感到一头雾水，不过决定先将品种数值成长变化做成图表。我发现自第二次世界大战以来，仅有四种犬种曾经成为全美最受欢迎的狗，此四种犬种依序为：可卡猎犬、米格鲁、贵宾犬、可卡猎犬（没错，可卡猎犬再度强势回归）以及拉布拉多犬。这四种犬种有着不同的发迹方式。贵宾犬热来得快去得也快，在过去 40 年间，拉布拉多犬的饲养率持续以每年 10% 的速度增长，直到晋升第一名宝座为止。而米格鲁与可卡猎犬的饲养曲线则是有起有落。

我手中的图表还显示了许多犬种几乎从未进入美国家庭生活。你有朋友养奥达猎犬吗？该犬种于 1993 年出现，以混合 70 只小狗的血统而得，或是你听说过有人养猎兔犬吗？此犬种自 1934 年至今饲养数目一直在 6 只到 40 只之间徘徊。我很快地就着迷于分析美国犬种的数据。我晚上做梦会梦到狗数目图表，白天则是不断地检视手中的成长数据，然后喋喋不休地和朋友大谈狗经，一堆奇怪的犬种名占据了我的脑海——荷兰毛狮犬、舒柏奇犬、普利克犬。

很显然，我没有任何进展。

犬种与婴儿命名之相似处

某日下午，幸运之神降临。我在《生物学快报》(Biology Letters) 上读了一篇由两名陌生的研究者所撰写的文章。其中一名研究者为杜克大学生物系研究生马特·哈恩 (Matt Hahn)，另一位则是于伦敦大学学院 (University College London) 从事人类学博士后研究的亚历克斯·本特利 (Alex Bentley)。该篇论文主要研究人类如何为婴儿命名。

马特与亚历克斯来自不同的学科背景，不过两人的研究主题皆为：

演化路径如何被随意改变。亚历克斯所思考的是文化如何改变，而对马特来说，主题则是基因如何演化。他们假设人类历史上的诸多文化转变——从新石器时代陶器上的刻工设计到乡村乐流行金曲，事实上都归功于人类毫无主见的抄袭。两人以婴儿姓名作为检测学说的依据，并利用美国国家安全部门所成立的一网站，观察美国自 20 世纪以来每十年最热门的婴儿姓名。

马特与亚历克斯下载了大量的婴儿命名资料并开始进行研究。他们以研究基因频率变化的电脑模型分析婴儿命名的流行趋势，此研究法称为"随机变异"（random drift），通常为解释演化趋势的工具。两人的想法相当简单：他们认为人们总是无心地抄袭别人的风格，并促成文化变异。通常的情况是，有人发明了一个新的婴儿名字、吃了某种古怪食物或选了特殊品种的狗当宠物，至于这个选择会不会被他人模仿甚至变成广泛的流行，完全是概率问题。所谓的品位，根本就是盲目从众的游戏罢了。

我承认一开始我不太相信马特与亚历克斯能运用此数学公式证明婴儿名的流行风潮背后仅只是随机作用，但我还是抓到了一点他们研究方法的精髓。我猜想，说不定我可以使用流行犬种趋势再次检验他们的说法。我发电子邮件给两位研究者并附上了我的犬种图表。为了吸引他们的回应，我还加了一句："对了，我手上有 4800 万只狗的资料。你们会有兴趣吗？"

他们很快就给我回信了，还相当热情呢。"当然有兴趣！请把资料寄给我们吧。"据两人的研究结果，犬种流行果然和婴儿命名一样，如同投掷骰子般随机。人类对犬种的短暂喜好完全遵循数学模型"幂法则"（Power Law），通常在人类社会中，此现象会在大量人群互相影响抉择时出现。幂法则的数学曲线几乎和布朗库西（Brancusi）的雕像一样优美。曲线由左上方向右逐渐缓降。擅长讨论现实事件中的神秘暗示与行为科学的关联的《纽约客》作家马尔科姆·格拉德威尔（Malcolm Gladwell）就曾经将幂法则曲线与一根丢在地板上刀面向上的曲棍球杆相比。

幂法则的原理就是不管我们讨论畅销书籍、科学引述多寡、音乐下载频率、网页点击次数、婴儿姓名或犬种流行性，约有20%的选项会吸引近80%的选择者的注意，而经济学家称此现象为80比20法则。排在最流行的几个选择后面的选项其流行度将急转直下，甚至慢慢归零。这就是商业人士将幂现象称为长尾理论的意思。

长尾理论与犬种流行的关系如下。2007年，约有81%登记在案的狗来自最受欢迎的31种犬种。而其余的125种犬种则仅占不到20%的比例。最不受欢迎的50种犬种则吸引了仅仅1%的饲主。最受欢迎的拉布拉多犬注册数目与最不受欢迎的英国猎狐犬相比，竟然高了9 000倍。这就是长尾理论的必然性。

根据随机变异理论，由于各种创新不断地出现，因此流行趋势必然变化多端；就像是突然之间就有人发明了丑陋的塑胶拖鞋并以鳄鱼为命名灵感，又或者有人将小型雪纳瑞犬与约克夏混种。许许多多创新如同拍岸潮水来了又去，但总有些点子会大获成功。以掷骰子作为文化潮流的隐喻的话，最重要的一点是，不论是鞋子的样式、婴儿名、流行歌或受欢迎的犬种，我们都无法预测下一个大浪潮。

以美国养犬俱乐部犬种资料分析大众对犬种的品位说明了不管是选狗或是认为鼻环很性感，背后都与大众心理学脱不了关系。然而我所强调的是，对某种犬种的短暂热情有时会像文化病毒一般大肆传播，甚至瞬间泛滥成灾。通常大规模的流行不管是流感或是最新舞步都会经历三阶段：第一阶段为缓慢成长，接着第二阶段热潮会进入所谓的转折点，开始如大火燎原般扩展声势，最后第三阶段则是无可避免的死寂。

这和犬种流行浪潮不谋而合。20世纪50年代左右，每年爱尔兰猎犬登记数目在2000至3000只之间。1962年，爱尔兰猎犬饲养数目攀升到转折点后开始大肆流行。1974年，该犬登记数目飙升到6万只，等同于增长了23倍。接着突然在一瞬间，爱尔兰猎犬狂潮止息了。过了第三阶段后，该犬的登记数目仅有高峰时期的5%。爱尔兰猎犬的饲养数目曲线呈现完美的均匀对称形式。从开始到结束，它们所享受的短暂出名期有25年之久。

另外还有十多种犬类，包括德国短毛猎犬、老式英国牧羊犬以及圣伯纳犬等，都有着相同的发迹模式。

纯种犬兴衰录

上述犬种的流行热潮反映了文化风向对人类与动物关系的影响力。目前美国社会则陷入了追求纯种狗的犬类风潮。

1884 年 9 月，当一群运动员聚集在温暖的费城决心成立美国养犬俱乐部时，美国狗就此从伙伴动物与工作帮手的角色转化为时尚象征。当时英国早在十年前就已经成立了名称相类似的组织：犬类俱乐部。很快，美国养犬俱乐部接受了约 1400 只狗的注册登记，总计 8 种犬种。以前，犬选秀会为财大气粗的地主们的娱乐消遣，不过自 19 世纪下半叶起，中产阶级也慢慢跟上了狗的鉴赏热潮。犬热潮绝对可说是时尚界涓滴效应（trickle-down）的经典例子，奇妙的消遣习惯由富有阶级慢慢向下渗透至期望致富的中产阶级族群。

自 1900 年至 1939 年之间，美国养犬俱乐部登记数目从 5000 只狗激增至 8 万只。第二次世界大战后，人们热衷于纯种狗的概念，而纯种狗所占美国犬的比例从 5% 飙升至 50%，其登记数目的增长甚至比美国人口增长比例快 15 倍。

我追溯历史发现纯种狗的爆发期源于 1944 年颁布的《美国军人权利法案》，该法案让数百万美国人有能力购买有着宽阔后院并适合养狗的郊区住宅。我的家族也是典型的美国家庭，我父亲为战机飞行员，并于 1945 年退役返家，当时他们夫妻两人从退伍军人辅导会申请了低息贷款并买了一间有着草坪的房子，还买了一只米格鲁陪我和我的姊妹。当时我们还很骄傲，这只小米格鲁有美国养犬俱乐部的"官方身份文件"。事实上，我们根本没有人了解所谓的美国养犬俱乐部证明书到底有何意义，只不过觉得这听起来很帅而已，好像米格鲁是贵族绅士狗一样。

1970 年，美国养犬俱乐部每年的登记数目已增长至百万笔，并成为全世界最大的纯种狗注册单位。上世纪 80 年代与 90 年代为美国养犬俱乐部的蓬勃扩张期。1990 年，美国约有一半以上的狗都有美国养犬俱乐部的注册认证。2007 年，作为一个非营利组织单位，美国养犬俱乐部的营收为 7200 万美元，几乎有一半以上的收入都来自注册费用。

不过，美国养犬俱乐部毁誉参半，已经名声不佳的该组织于 1990 年被《亚特兰大月刊》（*The Atlantic Monthly*）刊文重炮轰击后，名声一落千丈，该文作者马克·德尔（Mark Derr）批评美国养犬俱乐部为精英化的秘密组织，并且相当短视地期望从过度培育外形讨好的犬种中获得不当暴利。1993 年，美国养犬俱乐部登记数目走势呈现死亡螺旋状一路下滑，自此声势难再。

在过去的 15 年间，美国养犬俱乐部登记数字已从 20 世纪 90 年代中期的巅峰状态锐减至一半左右，目前每年仅有不到 75 万只的登记数目。2008 年，董事会表示，若登记数目持续下降，未来每年登记数目将会仅剩 25 万只，美国养犬俱乐部将面临 4000 万美元的赤字。美国养犬俱乐部执行长罗恩·梅纳克（Ron Menaker）直言："很明显，我们所支持的犬类活动与美国养犬俱乐部已经陷入危机。"他警告与会成员如果犬只登记数目再不上升，美国养犬俱乐部的下场会和西屋、泛美航空与标准石油一样，进入倒闭消失的企业名单内。

事实上，由于美国文化不再崇尚纯种狗，因此连带导致美国养犬俱乐部的声势下滑。美国狗选秀赛是一个联结优生学与哲学的怪异展览，育种专家们不断地追求柏拉图式的虚幻理想。有些选秀赛参与者会说展览的目的是为了改进品种，并让狗更接近完美状态。狗选秀赛的世界以品种鉴定标准，一套撰写完备的检验方式来定义完美。根据美国养犬俱乐部标准，约克夏犬仅能在脸颊上拥有一个 2.5 厘米大小的白点，若白点超过 5 厘米则不能被称为约克夏犬。其中还有一个荒唐的标准，认定克伦伯猎犬必须带有"忧郁神情"。

虽然犬种鉴定标准也会论及狗性情,不过狗选秀赛真正在意的往往是狗的眼圈颜色、头颅形状,而非是否能与人类友善共处等特质。我在艾许维尔时问了一名交易商,购买一只参展等级的丝毛梗犬要价多少。他说价格在2000至3000美元之间,不过他说如果我真的有兴趣,他可以帮我介绍一位卖家,大约花800美元就可以买到一只适合当宠物的丝毛梗犬。对狗选秀世界来说,宠物等同于失败者的代号。

但是多数人还是对能当宠物的狗比较有兴趣吧。换言之,狗育种师所努力制造出的品种根本和消费者的期望背道而驰。其实,狗育种师所创造的动物根本仅拥有相当肤浅的美好外表,而且你必须依照美国养犬俱乐部的美学标准观看,才能品味其优点。狗选秀赛的荒唐莫此为甚。

我和玛莉·珍都很喜欢个性温和的大狗,那种令人信赖、有点像小孩的狗狗。因此我们的最爱当然是拉布拉多与黄金猎犬。我们共养过三只狗,也很爱它们。然而,美国养犬俱乐部注册证明文件所带给它们的实为不可承受之苦。我们的拉布拉多犬莫莉与泰莉都有髋关节发育不良的问题,其中泰莉的状况甚至严重到连每天起床都有困难,最后我们只得选择为它进行安乐死。黄金猎犬狄西则有所有黄金猎犬容易患染的疾病——皮肤问题、髋关节问题以及甲状腺机能衰退(特别是这疾病让它看起来郁郁寡欢),最后更因充血性心力衰竭(Congestive Heart Failure)而过世。对纯种狗来说,遗传疾病是无可避免的命运,而非偶发情况。狗所拥有的1.9万种基因之中约包含350种的潜在基因失序的可能,由于多数的基因问题的人畜共通性,因此纯种狗也常常被当作嗜睡症、癫痫与癌症的研究模型。

纯种狗比混种狗更容易受到基因失序的负面影响,部分是因为育种者本意即是造成畸形体态。其中最好的例子就是斗牛犬。斗牛犬育种者将蛮牛般的鼻子培育至家庭宠物身上。为达到其目的,他们选择顺从的狗进行交配,而非较为好动或较活泼的狗。一瞬间斗牛犬的怪异头部和缩皱脸颊成了时尚流行,而其颅部畸形背后的原因实为软骨营养障碍(chondrodystrophy)。斗牛犬脸部与头颅的变形造成了一大堆的后遗症，包括无法从产道自然生产、呼吸困难、打鼾以及睡眠中的呼吸中止等。同样的德国牧羊犬也有髋关节不良（育种者们热爱其圆滑的臀部曲线），腊肠犬则有背部问题，这都是人工育种所造成的骨骼变形。

然而，多数纯种狗的基因问题出自同系交配（inbreeding），而非因美学上的人为选择。目前已知的 400 个品种，多数出现于过去的 200 年间，由育种师使用少数种狗培育而成。美国养犬俱乐部登记在册的 2 万只葡萄牙水猎犬，其祖先来自 31 只狗，而其中更有约 90% 的水猎犬基因来自仅仅 10 只狗。在狭隘的基因库里进行同系繁殖，意味着新生狗将更容易遗传父母双方的隐性对偶基因。来自单系祖传的坏基因足以对狗健康造成严重伤害，这是众人皆知的基因问题。举例来说，史宾格猎犬有个恼人的习惯，就是老爱咬伤主人的手。康奈尔大学与宾州大学研究者将此一品种的侵略性追溯至单一犬种身上。事实上，这根本是用以配种的某只狗的性格使然（研究者还发现专为狗选秀培育的史宾格猎犬会比为狩猎培育的史宾格猎犬更容易攻击主人）。

若有 20% 的产品都有生产瑕疵，恐怕会引起消费者暴动。当纯种狗认证风潮一过，那些在 20 世纪 50 年代以前当红的混种狗立刻重回宠物宝座。20 世纪 80 年代时，动保团体开始鼓励人们领养收容所里的遗弃狗，此举让狗主人们拥有比购买宠物店纯种狗的人显得更有道德责任。2008 年末，当副总统拜登（Joe Biden）和家人们带着纯种德国牧羊犬进驻白宫时，善待动物组织网站立刻换了新标题："当拜登买新狗狗时，收容所就死了一只。"结果拜登家族立刻理解到最好赶快再收养一只从收容所来的狗狗。

好狗是否快绝种了

当人们对狗的品位开始转向喜好混种狗和收容所狗狗时，新的问题也随之来临:想领养流浪狗的人数不断增加,需求量却不断下滑。1970 年在美国动物收容所遭受安乐死处置的猫与狗高达 2300 万,到了 2007 年,安乐死动物数字下降至 400 万只。收容所动物数字的大规模减少归功于当代动物保护史上最成功的计划:卵巢摘除与阉割。

当我们急于将家里的宠物结扎时,却意外地让美国狗量下滑。一间拥有 3 亿美元资金并以终结收容所安乐死处置为目标的麦迪基金会(Maddie's Fund)执行长理查德·阿维奇诺(Richard Avanzino)担忧美国本土狗源不足将导致业者从环境堪忧的墨西哥狗场进口狗。至于流浪动物收容所工作者们则不认为有狗短缺一事,他们认为仍有许多待收养的狗,只不过它们离潜在饲主的位置有点距离罢了。

据估计,约有 90% 的美国东北区域待领养动物曾为南方家庭的宠物。我所居住的州几乎每年都会出口 200 只待领养狗至北部区域,而亚特兰大人道协会(Atlanta Humane Society)则每年送走约 600 只狗。宠物宝慈善基金会(PetSmart Charities)分支狗狗拯救计划则每年将 1 万只狗从被遗弃的地方送往其他区域。南方区域的动物收容所狗满为患同样反映出南北区域的动物照护文化之差异。同时节育计划在东北区域、中西部与西岸区域也比在我所居住的地方有着较好的成效。举例来说,北卡罗来纳州收容所动物接受安乐死处置的比例比康涅狄格州高了 40 倍。本地的动物保护团体企图游说市议会立法强制执行动物绝育手术,结果奇惨无比。基本上来讲,美国南方乡村并不喜欢狗节育、都市分区、枪支管制,或任何阻止他们开着卡车上街后头载着一堆小鬼头的限制和法律。

我的好友吉尔(Jill)的工作是在大学教授美国通识历史课程,但她真正的重心则是为遗弃狗寻找收养家庭。多年下来,她至少拯救了两千只狗狗。几乎每个月她都必须扮演一次上帝的角色。这绝对令人心碎。吉尔会带着橡胶手臂走进本地的动物收容所。如果她发现有哪只狗有让饲主爱上的潜力,她就会让狗狗进行标准行为检视测验。这就是她为什么要揣着一只假手臂的原因。吉尔会把一碗食物放在狗狗的鼻头前,在它开始吃的时候，用假手臂一把把食物拨开，如果狗咆哮或是猛抓假手臂，那就再见了。

大部分的狗都会被淘汰。许多狗会咬塑胶手臂，有的因为外形太丑或年纪太大而不太可能被未来的狗主人挑中。因为小型犬较流行，因此大狗，特别是黑狗，根本是难逃生天。她也尽可能不选斗牛犬，她说，通常斗牛犬都会被不适宜的主人带走。其他所有没有被她挑选中的狗都会被安乐死。而选中的狗则必须接种狂犬病与肠炎疫苗。两周后，这些狗会被安排送上卡车，沿着I-95道路，俗称狗的秘密高速公路，通往纽约郊区家庭。

不过并非所有被吉尔选中的狗都一定表现良好。去年她曾经接到康涅狄格州格林尼治区域的动物收容所的电话，对方对吉尔送过去的混种澳洲牧羊犬不太满意。虽然它通过了塑胶手臂测验，不过当卡车一穿越"梅森－狄克逊线"（Mason-Dixon Line）时，它就开始躁动狂吠不止。收容所给了她两个建议：一就是过去接走，二则是对方将会为它进行安乐死。吉尔赶在当天傍晚驾车花了14个小时到达该区域，接到狗后，掉头再开了14个小时回家。但此举于事无补。北方佬说得没错，这狗狗太危险了。一个月后，吉尔只得将它处死。

复杂的人狗关系

距今1.5万年至2万年之前，狼类的命运就被交付在人类手中，这点实不知是好是坏。在过去的人类历史中，狼族后代深受人类喜爱，并且成为人类社会的一分子。好处是，它们无须再担忧食物来源，温暖篝火也让它们不再受冻。虽然狗们的双足恩人偶尔也会烤烤小狗来吃，不过对比狼族后代所得到的家庭安全性与炉火的温暖，这交换似乎还算划算。不过，之后人类又发明了狗链、颈链、斗狗赛、行为训练学校与收容所。最后，则是令人反感的基因改造毁灭赛，人类将基本的犬种转变为代表优雅与速度的新犬种，而新犬种则有着在大自然界绝对不会看见的体形、毛色与尺寸。人类将犬类基因改造为令人眼花缭乱的品种，但如同超市番茄一样，肤浅华丽的外观相较于内涵，形式终究取得了胜利。现在当我们选择宠物时，其实和选择最新流行衣服款式与婴儿姓名一样，都符合一套消费者心理学。动物从人类的工具转变为朋友，而现在则是彻底成为时尚宣言。

不过，我们确实仍旧爱着狗。我们把心交给它们，帮它们带回圣诞节礼物，带它们去度假，为它们架设网站，基本上狗狗就像是我们的小孩。它们也会蜷曲在我们的被窝中。当狗过世时，主人总是悲伤不已。其实，在极度热爱宠物的主人身上，往往最能凸显人类与动物关系之矛盾性。这些主人确实深深爱着狗，他们的爱是真心。但是当育种师努力追求犬种的完美性时，却连带制造出上百万只皮肤红痒、头颅过大、心脏过小，并且老是屁股疼痛的动物。简言之，就是活在痛苦之中的小生命。

让狼犬尽可能活得开心应该是南希·布朗的生活重心。但可悲的是，这些介于驯服动物与野生动物之间的狼狗必须在牢笼与锁链之中度过余生。

吉尔知道，她所照护的北卡罗来纳州动物收容所之中，约有一半以上她经手过的狗会被安乐死。而她必须担负判生判死的沉重角色。由于她全心投入在狗救援工作上，她的生活圈与工作都大受影响。吉尔总是忧容满面。她说得很对："这是一件你无法不全心投入的工作。"

我和狗狗的关系也很复杂。我深爱每一只养过的狗，包括帕皮，一只6年前我们从收容所里救回的狗狗，它长得好像班吉（Benji）[1]。帕皮是我遇过最聪明的狗。然而，它虽然长得很无辜，随着年纪的增长，脾气却越来越暴躁。它让我们的老拉布拉多坐立难安，所有的家人都被它咬过数次。我请教过数个全国最好的动物行为专家，但所有医师都无能为力。有一天，帕皮又突如其来地攻击了家中的访客，这成了压垮骆驼的最后一根稻草。我们的兽

---

[1] 电影《丛林赤子心》（*Benji the Hunted*）的主角，该片多数角色皆由动物演出。主要叙述小狗班吉于丛林中与主人意外失散后，机智应变生存，并帮助林中幼豹找到母豹，最终和主人重逢的感人故事——编注

医希尔兹（Dr. Shields）要我面对现实。我只能让它离开。

开车去兽医诊所的情景历历在目。虽然它已经离开四年了，但它的死仍旧是我无法承受之重。这或许也是我们现在改养猫的原因吧。不过，我确实很怀念家中有狗的日子。

05

谁更爱动物

性别和人类与动物关系的关联

社会要求女性对动物的悲苦感同身受，我们认为那是女人的"天性"。

布莱恩·勒克（Brian Luck）

男人享受狩猎与杀戮，当生活中不再需要如此暴力后，我们将之投注于体育赛事中。

舍伍德·沃什伯恩（Sherwood Washburn）

我是因为发现男人与女人面对动物截然不同的态度，而开始对人类动物关系学产生兴趣的。举例来说，有次我到兽医学院访问学生关于动物道德的问题，像是他们对健康的动物施以安乐死的看法。有位女学生伊丽莎白（Elizabeth）说："第一次我哭了，不管发生几次我都很想哭，这不会因为你习惯了而没有感觉，只是我开始学会在客户面前隐藏情绪，客户需要我的坚强。"她的男性伙伴威廉（William）的态度则是大不相同。"确实我有时会多想一会儿，不过说实在的，这好像没什么。"

在结束了一轮访问以后，结论很明显，那就是女性对动物比较仁慈，而男性……好像还好。接着，我又开始对不符合男女性别角色期待的人感到好奇，像是伊芙琳·克兰西（Evelyn Clancy）这样的女人，或是像比尔·吉布森（Bill Gibson）这样的男人。

当刻板印象瓦解：特殊的性别个案

有天下午，有位叫作艾米·厄尔利（Amy Early）的研究生走进我的办公室，并且表示自己希望能以女性猎人当作论文主题。这个论点很棒。当时我刚读了北卡罗来纳州一份小报的报道，故事描述一位年轻女性在16岁生日时，用枪射杀了一头野鹿。她除了是技巧精湛的猎手以外，还曾经是学校毕业舞会的皇后。这篇新闻报道让我好奇女猎人如何平衡自己的照护者天性与杀戮动物的欲望。

当艾米跟我提出论文主题时，我眼睛一亮立刻说："好棒的计划，一起来做吧！"

她的第一位受访者是伊芙琳·克兰西，一位中年主妇，她很爱动物，但也热爱狩猎。她对大型狩猎活动特别有兴趣。伊芙琳已经和先生参与过数次非洲狩猎旅行，但她从未猎到过斑马。有天下午她和狩猎教练安东尼（Anthony）遇见了一大群斑马。她悄声询问教练应该瞄准哪只。教练指了指一只巨大的公斑马。她将子弹上膛，将公斑马放在瞄准镜的十字星位置，深呼吸，紧握枪杆并且按下扳机。斑马应声倒下。

安东尼转头说道："不是那只啊。"两人一起走向被击毙的斑马，当她发现死的是只母斑马时，伊芙琳泪流满面。

"我杀了一只母斑马，"她这么对艾米说，"我哭了一整晚。隔天早上醒来，眼睛里仍然满是泪水。这是我第一次失手。我很难过竟然杀了它。它或许也有自己的小孩呢，或许小斑马老在它身边跑来跑去。它也可能有孕在身。杀错斑马让我心如刀割。"

伊芙琳的故事说明了性别也在我们与动物的关系中扮演了相当独特的角色。一开始她非常兴奋生平第一次猎到斑马，但等她发现自己射杀失手时，心里悔恨莫名。有男性猎人会因为误杀而在夜晚哭泣吗？就算有，他们会承认吗？

比尔·吉布森也不太符合人们对男性的期待。他是个多疑、严谨的心理学研究者，办公室就在我隔壁。有天下午我恰巧询问他桌上放着的一张狗的褪色照片的背后故事。比尔是个数学家，凡事以左脑思考。他设计了一套可以分析大脑皮层过度使用的电脑软件。但是当他开始谈狗狗大蓝（Blue），一只哈士奇与牧羊犬的混种狗时，他整个人就融化了。

他跟我说，取名大蓝的原因是因为它的眼睛一只是蓝的，一只是褐色的。比尔在1984年时向经营动物繁殖场的男人买下了大蓝。在漫长的14年间，大蓝就是比尔最好的朋友。"大蓝会深深地凝视我的眼睛。它懂很多事情呢。"比尔说。

他告诉我，最后大蓝罹患大肠癌，病情不断恶化。

"我一直陪它到最后，"比尔说，"我把一条很好的毯子铺在它的身上，跟它吻别，并悄悄说话。我把大蓝火化。我一直保留那些骨灰，最后将它撒在山里。当时我真的很悲伤,常常突然大哭,好尴尬。"

比尔开始清了清喉咙。"我还是每天都会想到它,我爱它远胜过世界上的任何人。我想,也许在临死那天我还是会想着大蓝吧。"

不管是比尔或伊芙琳都说明了我们很难以性别、动物的大帽子概括一切。这样的个案让我感觉自己最初的假设似乎设定错误了,性别角色和动物关系没有必然的关联,有很多男人比女人更会为动物感到哀伤。不过,仍旧有其他许多例子证明性别的不同,确实会对行事判断有所影响。举例来说,所有我认识的斗鸡手都是男性,而多数的动物权行动者皆为女性。我决定采取更为系统化的研究方法检视性别如何影响我们与不同物种的关系。首先我研究了手边所有的相关报道,不管是动物行动主义或是恋兽色情狂(zoophilia),我都来者不拒。我发现,以某些角度来看,人类与动物的关系确实与性别息息相关。不过另外我也发现,男性与女性在人类与动物的关系上所表现出的差异,也与所讨论动物的种类有着连带关系。

男性或女性最爱宠物

令人讶异的是,其实男性、女性在与宠物建立亲密关系这点上来看,几乎没有太大差异。美国宠物主人的男女性别比例约为5比5,而不管哪种性别的主人都喜欢为宠物准备圣诞礼物。若要讨论会不会让宠物上床这个话题,男性女性更是没有任何差别(女人会答应让宠物上床,但男性点头的比例也半斤八两)。不过,男性也和女性一样和宠物拥有极度亲密的关系吗?

人类-动物互动学家已制定出一套标准问卷,调查人们有多么爱自己的宠物。举例来说,有一份相当常见的范本如此问受测者,你是否同意以下观点,"我愿意为宠物做一切的事"以及"我的宠物比我的朋友还来得重要"。虽说女人看似比男人更爱宠物,但是实际差异其实相当微小。没错,女人确实在宠物之爱的测验上得分较高,但若比较男女平均值的话,差异微乎其微。

不过假使论及照顾宠物的方方面面，我们确实可以察觉性别所造成的差异。我想你早就猜想到女人比男人更爱为宠物穿衣服，这差距确实有两倍以上。美国约有 3/4 的饲主家庭由女性负责喂狗、清理猫砂，而兽医诊所内的饲主约有 85% 为女性（许多兽医甚至告诉我许多男性带宠物就医时，还会带着太太亲手写的纸条，解释小斑点或球球到底发生什么事了）。

原本我一直以为男性与女性会以不同的方式和宠物玩耍。毕竟男生不都倾向于和宠物玩摔跤、格斗等打闹游戏吗？我的家人们确实会因为性别而与宠物有着不同的游戏方式。举例来说，玛莉·珍和我的女儿贝特西、凯蒂喜欢轻轻拍打狗的头，而亚当和我则喜欢和狗玩摔跤、赛跑或是拉扯游戏。

不过，证据显示我的假设只适用于赫尔佐格一家。意大利研究者发现男性与女性都以类似的方式与动物玩耍，另一份研究兽医诊所等待室男女饲主如何和狗互动的报告也发现，性别并没有造成互动的差异性。发展心理学家盖尔·梅尔森（Gail Melson）要求家长们评选孩子们比较喜欢和以下哪种对象游戏：其他较小的孩童、婴儿、绒毛动物、娃娃以及宠物。你可能预期女生可能比男生对婴儿、娃娃或绒毛动物更有兴趣。结果，出乎我的意料，她发现不分男女，小朋友们都以类似的方式照顾宠物或与宠物玩耍。盖尔相信，对小男孩来说，这恐怕会是他们唯一的照顾另一个生物的机会。

女人确实对外形可爱的生物会比男性来得更有反应。英国研究者最近发现有两种类别的女性最容易因为婴儿的可爱而做出反应：处于适合怀孕年纪的女性和正在服用避孕药并因此拥有较高荷尔蒙激素与雌激素的女性。可爱的动物对女性而言也很有吸引力。加州大学圣芭芭拉分校的研究者们对一只叫作歌蒂（Goldie）的黄金猎犬的可爱度与其年龄增长的关系感兴趣。该研究持续了整整五个月，每天主人（由研究者所假扮）会带着歌蒂坐在校园里人流量最多的地方，并记录有多少人会停下脚步拍拍歌蒂的头或是跟它玩。随着歌蒂从幼犬转变为成犬，它吸引陌生人停下脚步的机会也越来越低。而当歌蒂长大后，女性对它的注意力大幅降低。在歌蒂最可爱的时期，女性陌生者与它互动的频率比男性陌生者高出两倍。当研究进入尾声时，会停下脚步和它说说话、摸摸头的女性仅剩原先人数的 5%，此时，男性女性与歌蒂互动的频率也达到 5 比 5 左右，性别的差异已经消弭于无形。

性别差异与对待动物的态度

耶鲁大学斯蒂芬·柯勒特（Stephen Kellert）的整个学术生涯都在研究人类面对其他物种的态度。他发现，女性向来比男性更在乎动物保护议题。不过同时女性惧怕蛇与蜘蛛的程度也较男性高了三倍。虽然男性比女性更为了解其他物种的生物学与生态学，但是柯勒特认为他们更容易因为动物的"功能与娱乐"价值而欣赏动物，换言之，男性比女性更容易认可因为娱乐或利益而杀害动物的举动。

对待动物态度上的性别差异也存于其他社会之中。芝加哥科学学院的琳达·皮弗（Linda Pifer）访问居住于美国、日本以及 13 个欧洲国家的成年人，如何看待使用大猩猩与狗进行科学实验，以获得人类疾病的治愈方式。结果，在所有国家中，持反对意见的女性都多于男性。瑞士的研究者分析了全世界关于不同性别对待动物科学实验态度的报告，结果没有任何一国的女性比男性更为支持动物实验。

然而过度随意地将性别差异与对待动物的态度做配对也很可能出错。事实上，若比较如何看待使用动物的公众态度，不同性别之间的差异并不大。举例来说，全国民意调查中心（National Opinion Research Center）进行大规模抽样，访问男性与女性对以下陈述的看法："如果可以拯救人命，我们是否可以使用动物进行医疗测验。"研究者发现，两性中表达"强烈赞成"的男性多于表达"强烈赞成"的女性。而表达"强烈反对"的女性则多于有同样观点的男性。然而，多数人倾向于对此陈述句保持中立态度，有些女性比起男性更为支持动物实验。此研究展现了性别差异的一个重要观点，那就是以心理学特质而言，男性女性互有重叠之处。这表示，通常相同性别之间的个体差异往往比不同性别之间的差异来得大。

女人发起行动

不过，虽然男性女性面对动物福利议题的态度大抵相同，但是若问及是否愿意付诸行动的话，男女则是大大有别。

2005年9月12日，人类－动物互动学者莱斯莉·艾尔文和她的三位好友一起踏上飞机从丹佛出发前往路易斯安那州。众人的目的地为冈萨雷斯的拉马尔－迪克逊博览中心（Lamar-Dixon Expo Center），也就是卡特里娜飓风后的动物救援组织基地。一行人对即将到来的巨大混乱毫不知情。当晚艾尔文写下如此悲伤的田野笔记："谁能想象当数千只狗一起吠叫时的声音？在今天以前，这问题恐怕听起来会是个永远的谜题。不过现在我知道一千只狗叫起来是什么声音了。我希望，每个人都可以听听看。那听起来像是混杂了无用、无助以及对一切感到绝望的声音……我相信，在未来很漫长的一段时间里，这都会是我挥之不去的梦魇。"六天以后，艾尔文也成为卡特里娜飓风的受害者。她在六天六夜不眠不休的动物抢救过程中遭受了极大的心理与生理伤害，她病倒了，被火速送进医院。三年后，她仍旧可以在脑海里清晰听见数千只狗同时嚎吠的声音。投入卡特里娜飓风动物救援工作的多半为女性，她们成为（试着）拯救动物的英雄。

女性比男性更容易因为受苦的动物而改变自己的生活。当代动物权运动的主要生力军皆为女性；所有的动物解放社会学研究都发现女性投入马戏团、动物实验抵抗游行或是在保险杠上贴"肉食是谋杀"（Meat is murder）的数量较男性多了三四倍。有趣的是，动物保护运动内的行动者性别比率已有 150 年未变。即便在维多利亚时期，当时大英帝国或美国的动物福利组织内的女性成员约占总数的 4/5。

不过，除了动物解放运动者以外，其他领域的女性仍旧较男性更为关注动物的状态。华盛顿特区国立动物园内有数百位贡献心力的义工，这些义工每天花数小时和游客耐心解释动物知识，其中多数义工为女性。她们会向游客解释：看起来像是被苔藓包裹住的花岗岩其实是一只数百斤重的大鳄龟，大象安比卡（Ambika）已是 60 岁的奶奶，以及侏儒河马与河马宝宝的差异。而多数的动物照护员也为女性。我在 1 月雪季中的动物园漫步时巧遇一位动物园员工。她告诉我在大猩猩园区里所有负责照料黑猩猩、大猩猩、红毛猩猩的工作者都是女性。

女性几乎主导了草食性的动物保护运动。美国两大主流保育组织——美国预防虐待动物行为协会、美国人道协会中约有 85% 的成员是女性；在救狗员中，男女比例为 1 比 11；在高中生里，每年拨通全国反活体解剖热线的女学生比男学生多了三倍，她们多半因道德因素希望关闭生物解剖实验室。而因为道德因素放弃肉食的人之中，更是女多于男。

依附关系中的黑暗面：动物虐待事件中的性别差异

但若因此认为所有女性都对动物很仁慈的话，那就错了。

2006 年 1 月某个清晨，乔安妮·希诺乔莎（Joanne Hinojosa）和丈夫在家门前争吵，两人感情向来不睦。两人的争执愈演愈烈，乔安妮重重甩了丈夫一巴掌，而丈夫则跑到街上找警察。这时，乔安妮把矛头指向了他的狗。她把一只 9 公斤重的混种母狗马蒂（Marti）抱回屋子，并开始捅它。警方随后发现马蒂倒在血泊之中，一把匕首插在它的左侧身躯上。马蒂身中 27 刀。警方火速将马蒂送往班怀特动物诊所进行急救，但为时已晚。乔安妮的律师声称他的客户罹患创伤症候群，后来乔安妮因虐待动物被判有罪，必须服六个月的刑期并且接受情绪管理课程治疗。

令人讶异的是，与配偶相关的动物虐待事件频繁发生。宠物时常在家庭争吵时遭殃。发展心理学者同时也是丹佛大学人类－动物关系所所长的科恩发现约有 70% 的受暴女性表示她们的伴侣曾经或曾威胁要虐待或杀死动物。他们的暴行包括开枪射杀家中的狗、放火烧死小孩养的猫等。乔安妮的案子真正不寻常的地方只在于她的性别。

受虐宠物网站追踪媒体所报道的动物受虐事件，其资料库供我们了解动物暴行中的性别差异。该网站所追踪的 1.5 万起动物受虐事件中，有 70% 的加害者为男性。不过，此数据似乎有误导之嫌。若比较因为散漫、判断力错误、愚蠢所造成的忽视宠物状况的问题而非有意虐待动物的话，男女犯错的比例不相上下。不过若我们忽视此一面向的情况，那么几乎所有针对动物的丑陋犯行者多为男性；94% 的殴打、91% 的烧伤、84% 的绞伤、94% 的吊死、92% 的踩踏致死、94% 的枪杀与 95% 的刺杀动物事件，犯者皆非女性。

太爱宠物的人：性别与动物囚藏

唯独某一种动物虐待的行为，其施暴者为女性多于男性。女性被抓到囚藏动物的比例比男性多了三倍。某个夏天我邀请一位女性到我授课的课堂演讲，课堂结束后，她提起自己有兴趣把房子卖掉。当时我和玛莉·珍正四处看房，因此兴致勃勃。隔天我就开车到这位女士家中，房屋地点在绿溪附近的半山腰上。那间房子不但隐蔽，朝南，还能远眺北佐治亚州的景色。这根本是我们梦寐以求的房子。我期望满满地敲了敲前门。

我想，房子中的屎尿之臭已经超过"无法呼吸"可以形容的了。客厅里满是猫咪与衣服。一包 18 公斤重的猫饲料半倒撒在地板上。环顾四周，无处可坐。昨天在课堂上看起来再正常不过的那位女士此时焦躁不安。她很不安地向我道歉，称事情有点超过她的掌控之外，原本她打算在我来访前好好地整理一番。我算了算屋里大约有两打多的猫，树林里或许还有更多猫在徘徊。我无法久待，也没有买那间房子。说不定我可以用便宜的价格买下它呢。

兽医流行病学学者盖瑞·帕特罗尼克（Gary Patronek）所主持的跨系所研究"动物囚藏研究小组"（Hoarding of Animals Research Consortium）估计，美国每年约发现两千件动物囚藏案件，其牵涉的动物高达 20 万只。人们通常不认为囚藏动物与暴打、枪杀动物一样残忍，但是站在动物的角度来看，囚藏的情况或许更糟，而其受虐状态可能长达数年。

大众对动物囚藏的印象八成是个疯癫的老女人独自一人居住，有天邻居们终于受不了噪声和恶臭，向给健康部门检举。这刻板印象和事实相符吗？有些时候，还真的没错。基本上约有 75% 至 85% 的动物囚藏者为女性。她们多数独居，有半数以上超过 60 岁。据《关于动物囚藏：芭芭拉·埃里克森与她的 552 只狗》（*Inside Hoarding: The Case of Barbara Erickson and Her 552 Dogs*）一书作者爱尼·阿尔鲁克（Arnie Arluke）与塞勒斯特·基伦（Celest Killen）的结论，我所看见的女屋主或许可归类为初期囚藏者，当她的生活挤进二三十只动物时，一切开始快速走样。囚藏者所圈禁的动物可能超越你我的想象。最著名的记录为"2006 年兔子大拯救"案件，当时救援队从杰基·德克尔（Jackie Decker）位于内华达州雷诺的两幢小公寓中救出约 1700 只兔子。

近日一项针对动物囚藏所造成的大众健康危害所做的调查指出，所有囚藏数量超过一百只动物的事件，其囚藏者皆为女性。通常囚藏者居住环境不是相当糟糕就是极端恶劣。若囚藏者为独居，那么环境多半超越常理界限。有超过半数的囚藏者家中没有瓦斯炉、热水、堪用的洗碗槽或冲水马桶。约有 40% 的囚藏者家中没有暖气，80% 的囚藏者家中没有淋浴设备或冰箱。对生活于其中的动物而言，此类环境相当骇人——不管是猫咪、狗狗、大肚猪、兔子都骨瘦如柴而且满身是病，已陷入疯狂状态。通常当救援队首次踏入囚藏者家中时，必然会遇见被吃到剩一半的动物尸首。

临床医师试着对人们的囚藏行为做出解释，其中最古怪的一个理论认为针对猫的囚藏起因于猫咪体内含有的弓形虫病（Toxoplasmosis）。虽说认为脑内寄生虫导致囚藏行为这点尚未被科学界证实，不过这引发了我的好奇——被寄生虫寄生的老鼠突然深受猫咪的吸引，甚至被猫尿趋引。以人类来说，毒物感染往往会引起心理疾病或神经过敏症（neuroticism）。不难想象，被寄生的大脑有可能会使人对猫群的判断力大幅降低，甚至可能因为神经元细胞被摧毁，以至于他们对公猫的尿以及其他人避之唯恐不及的臭味不以为意。不过，比较合理的解释则认为动物囚藏与痴呆症、强迫症、容易成瘾的性格、社会网络断裂与妄想症有关。动物囚藏者往往认定他们的动物非常快乐，甚至认为自己具有与动物沟通的特殊能力。

虽然人类－动物互动学者无法厘清动物囚藏的真正原因，研究者认为要治愈此类失常几乎毫无可能，囚藏者再犯的概率高达百分之百。以内华达州雷诺的例子而言，援救者约四年前才救出近五百只遭监禁的兔子。尽管这些兔子几乎都难逃安乐死的下场，但是地方法官以相当戏谑的态度审理此案，甚至驳回一项法庭命令的请求——阻止囚藏者再次获得动物。

我个人推测囚藏的起因或许是出于复杂的善意，希望解救动物，但却无法划下道德的界限。这也让对动物解救问题更为关切的女性容易成为潜在的囚藏者。过去数年来，我与我的学生持续访问动物援救单位。虽然多数的救援者都挺正常的，许多人根本堪称圣人等级，不过我们不时也会遇见一些危险人物。我们常在访谈中间对方拥有多少动物，通常的答案都会是："两只狗、一只猫和一只鹦鹉。"不过有时候，某些援救者一听到这个问题时，就会低下头、微笑着说："嗯……可能……太多了。"很明显，受访者听起来就不会让我们登门造访。

曾经有那么一次我突然瞬间了解了为什么有人就是要带一只或两只动物回家。当时我正在参观市立动物收容所。我看到一只侧躺着的小斗牛犬在隔离区的笼子里喘着气。它抬起了头，用全世界最悲伤的眼神望着我，好像在说："你可以把我带走吗？拜托你。"我感到胸口一紧，知道事情不妙了。我想如果不是因为它有传染病不能收养，我一定会立刻把它带回家。

每年会有约 8000 只狗与猫进入收容所，约有 40% 的小动物会和挂着满脸微笑的主人一起回新家；其余 60%，多数为猫以及几乎所有的黑狗、混种斗牛犬的前腿静脉则会被注射数 cc 的巴比妥钠，并在数秒钟后昏昏睡去。

我的导游也就是收容所负责人贝琪（Becky）已在此服务了近 15 年，她深爱动物，此话真的不假。当我们挤进放着一排又一排的不锈钢铁笼的通道时，她指着一只猎浣熊犬说这只猎犬当初在大橡树沟（Big Oak Gap）附近走失，接着她又转头和一只橘色猫咪打招呼并呼唤它的名字。后排的笼子更显拥挤，我耳里传来连绵不断的吠叫声。我们根本无法交谈。有些动物看起来情况还可以，有些则是吓坏了。

贝琪的任务就是想办法让这些被遗弃动物过得更好。她自己也有宠物——三只猫、三只狗和三只鸟。当我问她这几年来共安乐死多少动物时，她的职业矛盾感立显无疑。

她看着我，好像我问了一个蠢问题一样。

"超过一千只吗？"我很怯懦地开口。

她沉默了好一阵子说："至少吧。"

"你怎么保持平静的啊？"

"总有人得做这件事。我不会过度感伤。"她回答。

接着她给我看一封数天前发出的邮件，邮件发信者为另一个收容所的负责人，她几乎每晚回家都泪流满面。那位女士内心相当纠结。"我恨我的工作，"她这么写，"我恨这些事情，这些人永远都不会懂把宠物丢进收容所会如何影响它们的生命。我尽我所能地拯救每个生命，但是每天总有更多的动物被送进来，而收养者的数量远远不及于此。"贝琪跟我说，她认为这位女士根本不该担任收容所负责人。

贝琪面对工作的热情与开朗深深地印在我的脑海里。她真的选对工作了。然而，并非所有她管理的义工，都有和她一样好的状态。她必须悉心观察，并留意潜在的囚藏者，她得多多注意无法承受这份工作的道德重量的人。

先天与后天环境造成的性别差异

在阅读数百篇关于性别差异与动物互动关系的论文后，我得到几项结论：首先，一般来讲，女性比男性更容易对动物产生情感。其次，我们通常对于两性如何与动物相处有着既定的刻板印象，虽然这确实符合部分事实，不过男女两性不管是在选择与宠物同住或幼童时期如何与宠物玩耍等，几乎都没有太大的差异。唯独当我们讨论大众如何看待动物实验等议题时，性别差异才会表现出来，然而两性之间又有着意见重叠之处。实际上，只有当我们分析较为极端的例子，例如动物权行动主义者或动物施暴者时，才可看得见明显的性别差异。

所有人都想知道，所谓的性别差异究竟是来自先天还是受后天的影响。此问题背后显然包含着既定成见；当哈佛校长劳伦斯·萨默斯（Lawrence Summers）表示女性在科学研究上表现较为逊色的原因很可能来自生理学的差异时，他立刻被革除职位。此般提问也违背知识原则。若希望将人类对动物的情感等类似的复杂问题归因于先天或后天因素，无疑是过度信赖单一的主因。事实上，不同性别者对待动物的差异态度为诸多因素影响之结果。部分社会科学家认为女性对动物权议题有感的原因是因为不管女性或是动物，都是男性霸权剥削的牺牲者，也因此女性比男性更具备对动物的同理心。其他学者则将性别差异与社会化相联系，举例来说，布莱恩·勒克曾于著作《暴行：男子气概与动物剥削》（*Brutal: Manhood and the Exploitation of Animals*）中表示，在我们的文化里，男孩几乎从出生开始就被灌输漠视动物的观念。

当然不管是社会化过程或剥削行为，都间接造成不同性别对待动物的差异态度。不过生物学也在人类－动物互动关系中扮演重要的角色。举例来说，几乎在所有的人类文明中，狩猎都被视为男性活动，嗯，差不多是全部的人类文明吧。只不过在刚果共和国的爱图利雨林里班姆布堤族（Bambuti）的侏儒妇女会帮忙驱赶猎物入巢，而亚马孙盆地的玛塔斯族（Matses）妇女通常会参与丈夫的狩猎行动。当她们发现猎物后，会以矛与大砍刀杀死动物。由于狩猎旅行通常会远离部落，因此部落男女时常会在猎物销声匿迹的空当享受丛林性爱。也因此，实行一夫多妻制的玛塔斯族男人多半仅会携带一位妻子狩猎，而当其他妻子参与狩猎的次数不够多时，还会引发抱怨。不过，类似的女性狩猎文化极其罕见。对多数的人类社会来说，狩猎活动的性别单一程度大概和绿湾包装工队（美式橄榄球队）中场休息时的更衣室差不多吧。

许多发展心理学者认为人类行为极早就出现了性别差异，因此性别差异并非社会化的结果。大约在三个月大时，男婴就比女婴更擅长精神旋转（mentally rotate），此外更有数项研究显示（我知道这很难令人相信）公猴会较喜爱男孩喜欢的玩具，而母猴则对女孩喜爱的玩具爱不释手。公猴喜欢"男生"玩具（例如卡车），而母猴则喜欢柔软、适合抱在怀里的物品。有时，我们也会在婴儿身上看到人类的差异反应。举例来说，女婴比男婴更快地将蜘蛛、蛇与恐惧经验相连。

我们身体中的化学物质也会影响我们与其他物种间的互动，有数种荷尔蒙会影响我们对其他人或动物产生同理心。其中一种就是催产素，会激发人类的母性本能，促进个人与社会的关联性。催产素会在怀孕期急遽增加，并于生产、哺乳与性高潮时达到高峰。催产素也造成两性在同理心上的差异表现。好比男性较女性更不擅长解读对方所隐藏的情绪，但若有微量催产素于男性身上出现时，他们会暂时提升情绪智商，也会比较慷慨。

所以，催产素是否正是人类与动物之间关系的黏着剂呢？梅格·达利·奥尔默特（Meg Daley Olmert）相信此说法。她于著作《天生一对：人类动物关系中的生物学》（*Made for Each Other: The Biology of the Human-Animal Bond*）中指出，宠物为"催产素的泉源"，而喜爱动物的人每天都会因催产素而容光焕发。很可惜，此说法源于仅有 18 人参与的单一实验研究。没错，研究者确实发现当人们与狗狗接触后催产素会升高，但是他们同时也发现，即便默默坐着读书也可以让催产素等量上升。近年来的实验则认定催产素对于人类与动物互动关系有着综合性的影响。有一份研究发现当女性与狗玩耍时，荷尔蒙会逐渐上升，但当男性做相同的事的时候，荷尔蒙分泌量反而会减少。一群日本研究者却发现，饲主的年纪以及狗与饲主的眼神接触程度才是决定荷尔蒙是否会上升的关键。密苏里大学的研究者则发现与宠物的互动和催产素多寡毫无关联。因此，尽管催产素或许和人类－动物互动关系有所关联，但我们仍需要更多的科学佐证，才能了解催产素在人类动物亲密关系中所扮演的实际角色为何。

男性荷尔蒙睾固酮则让人缺乏同理心。不管是男性或女性，当血液中的睾固酮提高时，攻击性也会提高，而同理心则会下降。睾固酮也会影响饲主与宠物的相处状况。得州大学的亚曼达·琼斯（Amanda Jones）与罗伯特·约瑟夫（Robert Josephs）则发现男饲主唾液中的睾固酮含量多寡会影响他如何对待刚结束竞速比赛的狗。若男饲主含有高睾固酮分泌量，那么他会对比赛失败的狗进行惩罚甚至拳打脚踢，相反，拥有低睾固酮分泌量的男饲主则会以爱与包容面对狗，不论成功或失败。

钟形曲线中的性别差异

我们几乎可以认定人类与动物互动关系中的性别差异为政治、文化、演化甚至生物化学等各方面的综合影响结果。那么除了先天或后天因素等陈腔滥调的刻板讨论外，我们还有其他方式能解释男人与女人对待、思考动物或巨大或微小的差别方式吗？当然有的。

多年前，我曾在《纽约客》杂志上读到《引爆趋势》（*Tipping Point*）作者马尔科姆·葛拉威尔（Malcolm Gladwell）所写的一篇较冷门的文章。该文标题为《运动禁忌：为什么黑人比较像男孩而白人像女孩》（*The Sports*

Taboo: Why Blacks are Like Boys and Whites Are Like Girls)。葛拉威尔在文中写道，在我们期望了解种族与性别差异之前，必须先明了统计学家称作常态分布的钟形曲线。钟形曲线可以解释许多心理学与生理学的现象。其概念相当简单。不管是性格的外向性或是金翅雀鸟喙的尺寸，多数结果都会落在钟形中央顶点的两侧，当你往两个末端移动时，落点将越来越少。我们可使用 IQ 测验来解释钟形理论特性。美国人平均智商为 100，50% 的人拥有超过 100 的智商，但仅有 2% 的人智商超过 130，而在每 1000 人之中仅有 1 人智商超过 145。

钟形理论有时会被曲解为带有种族歧视意涵，那是因为 1994 年心理学者理查德·贺恩斯坦（Richard Herrnstein）所出版的书名相当直白的《钟形曲线》（*The Bell Curve*）中，曾使用该理论说明种族之间的智商差异，政治科学家查尔斯·穆里（Charles Murray）更曾附和此说。不过，钟形曲线只是形状而已，根本无法说明不同族群间的基因或环境差异。虽然钟形曲线无法说明性别差异为何存在，但是它能帮助我们理解为什么多数的动物权行动主义者都是女性，而多数的动物施暴者为男性。

我的观点是，许多性别差异包括面对动物的态度仅只是心理学者感到陌生的统计学原则。让我试着说明：当两条钟形曲线交会时，即便平均值仅有微小差异，但当逼近两条曲线末端时都将有着极大差异。

身高就是个极好的证明。在美国，男性的平均身高比女性高出 8%；这听起来或许差别不大，但是性别差异在身高最高与最矮的区块会显得更为巨大。举例来说，在身高超过 1.55 米的人之间男女的比例为 30 比 1，但是若我们比较身高超过 1.83 米的性别人数的话，男女比例会升至 2000 比 1。

此统计原理，即平均数所表现的细微差异，会演变成尾端部分的极大差异现象，说明了很多人类行为中的男女差异性。好比女性因厌食症导致死亡的概率比男性就高了十倍，这极端的结果其实肇因于美国女性平均起来较男性更为在乎身材一点点。而男性犯下杀人案的比例较女性多了六倍的原因，其实仅仅来自美国男性平均起来比女性较为具有一点点攻击性（其程度极其微小）。

所以，赫尔佐格版本（从葛拉威尔那儿偷来的）的人类与动物关系性别差异理论如下，假设我们将"喜欢动物"视为心理特征，分析全美人口的喜好差距，我们会得到一条钟形曲线——多数人会落点在中央，少数人会以近乎变态的方式溺爱着宠物，而极少数的人则是痛恨动物。假使女性平均较男性更为喜欢动物一些，两条钟形曲线将会有许多部分重叠，这也是确实的情况；若我的钟形曲线概念确实正确，那么当曲线趋近喜欢动物或痛恨动物的尾端时，两性别间的差异会更加明显。

当然，上述为已知的结果。在极端热爱动物的人之中（那些快要超出钟形图外的囚藏者），女性与男性比例为 10 比 1；至于在极度痛恨宠物的人之中（病态的虐待动物者）男女比例甚至更为剧烈。重叠的钟形曲线也说明了为什么多数动物权行动者为女性。民意调查显示，女性往往比男性更在意动物福利，只不过两性间的差异相当微小。事实上，同性别间的个人对待动物的态度之差异远较不同性别间的个体来得更为明显。不过，若我们再次往尾部移动，我们会观察到极其剧烈的两性差异。若比较极端爱护动物的人，女性赞助美国预防虐待动物行为协会、抵制马戏团或出现在动物权利游行现场的概率较男性高了四倍。至于在痛恨动物的族群里，多数男性比女性更容易因为猎杀动物而感到满足。

钟形理论可以为人类–动物互动关系间的性别差异找到解答。不管为什么六岁小女孩第一次参观动物园时心里会想"我为那关在牢笼里的可爱猴子感到悲伤"，无论其原因来自文化或演化，钟形理论依旧成立。反观男孩也是，在他们青少年时第一次和爸爸出外狩猎——慢慢深呼吸，握好枪杆，准备扣扳机，发射！

旁观者所见

斗鸡和大餐，何者较为残酷？

那种任凭两只动物互相残杀的人本身根本没胆成为恶霸，
他们是懦夫中的懦夫。

克里夫兰·阿摩斯（Cleveland Amory）

斗鸡是最人道甚至是唯一人道的游戏。

斗鸡手菲茨 - 巴纳德（L. Fitz-Barnard）

　　我开车驶上 40 号州际公路前往纳克斯维尔市，准备访问多年前撰写鸡的行为与斗鸡手的心理状态博士论文时认识的老斗鸡手艾迪·巴克纳（Eddy Buckner）。在离田纳西线十来公里处，我发现有众多白色羽毛从我的挡风玻璃前飞扑而过。我加速超越了几辆 18 轮的牵引式挂车，来到两台平板拖车的正后方。每部拖车都装有 34 个铁线笼，里头装满了鸡，正风驰电掣地前往屠宰场。铁线笼约有 1.2 米长、0.9 米宽、0.25 米高，里面装了近三四十只鸡。我在脑内盘算了一下：如果每 3 只鸡占据 0.09 平方米的笼内面积，那么每台卡车上约有 1000 只鸡，这些鸡根本就像浸泡在罐头油水里的鳀鱼一样。现在室外温度约 13 摄氏度，鸡就暴露在高速公路的噪声与凄风苦雨间。拖车以时速 80 公里的速度越过州界线进入被称作"公鸡镇"的地方。受飞车震颤，鸡们把头埋在翅膀下，惊恐异常，羽毛漫天纷飞。我心想，为什么联邦动物保护法不管管公路上的商业家禽运输呢？

　　我跟着拖车行驶约 32 公里路，过了威尔顿泉出口，与 2005 年时早已荒废的 444 斗鸡场仅有投石之距，当时联邦调查局全力施压田纳西以东的斗鸡场。虽然 30 年间有不少鸡丧命于 444 斗鸡场主斗场内，不过有更多更多的鸡因为成群前来大烟山观光并在麦当劳狼吞虎咽六块鸡套餐的游客而丢了性命。我心里不免浮现了强烈的矛盾感，斗鸡比赛和鸡块餐何者更违背道德呢？

　　如果不是因为我的拉布拉多犬莫莉热爱生鸡蛋的美味，我永远都不会发现我所居住的小小社区里竟然有非法的地下斗鸡活动。在我们搬到山上不久，莫莉就成了小偷儿，开始从邻居霍巴特（Hobart）的鸡舍窃取生鸡蛋。有天下午我从工作地点开车回家看到莫莉匍匐在草地上，一只脚受伤了，还有一颗鸡蛋打在它脸上，我知道事情不对劲。隔天，玛莉·珍在杂货店遇见霍巴特的太太莱妮（Laney）时，顺便提到莫莉不知何故受了伤。莱妮说："噢，霍巴特抓到莫莉又来鸡舍偷鸡蛋，就朝它屁股射击。别担心啦，只是用猎鸟枪而已。"

我不怨恨霍巴特，毕竟是莫莉先偷蛋的。但是我知道我得赶快解决问题。我想到的方法是，自己买鸡养鸡，教育莫莉别找鸡的麻烦。我开始搜寻"家禽"信息，很快就找到了我想要的资讯：鸡——每只 2.5 美元，请亲取，请致电石叉区霍尔科姆先生（R. L. Holcombe）。价格不错，而且石叉区也没多远。我跳上卡车开过山头。霍尔科姆的院子至少有半打的鸡四处奔跑，其中有几只褐色小母鸡以及外形较为抢眼的公鸡。霍尔科姆说它们是斗鸡，以前他曾经对斗鸡赛事非常热衷，但现在他手边只剩几只鸡当作宠物。我在霍尔科姆的后院乱跑了将近一小时才抓到一只公鸡和几只母鸡，不过更重要的是，霍尔科姆不吝分享他的斗鸡经验。一直到那时我才发现，我生活在一个隐形于我或是其他大学教授的世界里。

霍尔科姆先生说如果我想要更多了解斗鸡的话，应该去和北卡罗来纳传奇斗鸡赛手法博·韦布（Fabe Webb）聊聊。我拨了电话，而且出乎我意料，法博竟然邀我碰面。他年约 70 岁，一头红发，身材高大，脸色红润。我沿着泥土小径往山里开了约 2 公里路，法博的白色小屋三面都被皮斯迦国家森林公园包围。从山径上看不到法博小屋，不过却听得见鸣叫声。他养了十来只斗鸡，全都光彩夺目——有些色彩艳红逼近紫色，有着灿烂的绿色颈羽；有些全身雪白；有些则是浑身黑亮配有橘色颈羽。所有的斗鸡都被养在铁线笼里。

法博谈起斗鸡来滔滔不绝，因此，我一有时间就来请教他。他会带我到鸡舍，讲解每只公鸡的血缘。他随手撒点谷类，并且对着鸡发出咯咯叫声。有时他会指着战痕累累甚至一眼失明的斗鸡，骄傲地吹嘘说："它可是六连胜的冠军。"不过事实上，法博在我拜访他的好几年前就已经退出赛事，虽说他偶尔还是会出现在赛场，坐在露天看台上，下个几注。

我百思不得其解。为什么有人明明那么爱鸡，却又要参加这种非法暴力的活动，因为几乎每场赛事都以悲惨死亡作结啊。某天下午当我在法博的厨房喝着最上等的北卡罗来纳州私酿玉米威士忌时，提出了这个明显很矛盾的问题。他立刻提议带我去看看斗鸡赛。他说他不认为斗鸡是像我这类型的都市男人们口中的残忍比赛，要眼见为实。我们没去成，因为我再三推辞。直到有一天我在报纸上读到法博过世的消息，我记得应该是心脏病发吧。

法博过世不久后，聘请我为兼任讲师的大学校长要我到他的办公室一趟。他希望我能接受一份终身教职，不过前提是我必须先取得心理学博士学位。突然之间，观赏向霍尔科姆买来的鸡已经不再是休闲活动，而是取得终身教职的门票。当时我已研究家禽行为许久，因此向教授询问是否接受我以"鸡"作为博士毕业论文的主题。我对由品种差异所造成的幼鸡行为的差异特别感兴趣，其中也包括了斗鸡在内。两个月后，我开始在自家地下室设置孵化环境。虽说要从大学家禽科学院取得罗德岛红鸡和白种来亨鸡的鸡蛋并无困难，但是要取得纯种的斗鸡鸡蛋可没那么容易。我通过各种人脉渠道，终于联系上几位住在田纳西的斗鸡手，他们很乐意帮我的忙。其中有一位叫吉姆（Jim）的男人，邀请我参加不久后在北卡罗来纳州举办的赛事。

这次，我同意了。

麦迪逊郡的五鸡赛事

比赛在麦迪逊郡一所废弃的艾伯斯教会学校附近举办，赛场外观看起来像是大型谷仓。我们付了门票，吉姆立刻趋前与朋友攀谈，我则是努力让自己看起来不要太突兀。空气中弥漫着浓浓的雪茄烟味，还不时飘来小吃部传来的咖啡与铁板煎汉堡肉的香味。现场有 150 人左右，大家都坐在露天看台上或是四处闲逛。人群中有位坐在轮椅上的男人，旁边则是他的太太和大概 12 岁大的儿子。在一阵嘈杂声中，主办人通过扩音器要求紧接着上场的斗鸡主人在场边待命。

每一个斗鸡手带来的斗鸡长相都十分怪异，因为它们的肉冠以及肉垂均已被人工摘除，身体背面及侧面的羽毛也经过悉心修剪，所以打斗时身体不会过热。其中一只斗鸡身子呈深红色，而它的敌手则是通身黑色。斗鸡和高中摔跤赛一样，会依体重而分类。打斗中令斗鸡丧命的，是用皮革与蜡线系在对手双脚后跟突刺的弧形钢刀。阿帕拉契亚山的古时传统斗鸡则是将 6 厘米长的鱼叉状钢刀绑于后脚，进行长刀战斗；而北方则喜欢使用短鱼叉刀身；菲律宾民族与西班牙斗鸡人则偏好仅绑于左脚的锋利刀片。

一位坐在看台上的秃头男子大喊，"我用二十五串二十赌灰色那只赢"。一位坐在场子对面的年轻男子指着他说，"算你一注"。吉姆向默默窝在角落的一小群人点着头说，他们都是经常下大注的老手。

比赛裁判是一位约 50 岁、人称"教授"的黑人男子达克，白天他是学校工友。他负责下令："停止下注。"此时斗鸡手带着鸡笼子走入场中央。比赛场地直径长 4.6 米，周围的围篱约有 1 米高。当斗鸡看到对手接近时，立刻暴躁地将颈羽竖立成喇叭状，充满敌意地互相窥伺。在两只斗鸡短暂地互啄头部后，斗鸡手迅速地将两方分离，并退后至划在泥地上的起跑线。斗鸡手抱着他们的斗鸡蹲下来等待。达克发令"开战"，斗鸡手立刻松开斗鸡，比赛正式开始。我只看到满场乱飞的羽毛。

10 分钟后，红色斗鸡的斗鸡手把那只已松垮的斗鸡尸体丢进专门收集鸡尸的大桶子里。在赌资结算后，另外两只斗鸡已经准备好进入新一回合的战斗，我听见达克再度下令："开战！"

凌晨 3 点，我拖着疲累的身躯回家，彻夜辗转难眠。我试图为眼前的景象寻求解释。有句鲍勃·迪伦的歌词这么唱着："有些事在眼前发生，但你不知道该怎么形容，琼斯先生，你知道该怎么说吗？"这就是本人当时的心情。

隔天早上，我和玛莉·珍说自己要暂时转换跑道当民族学学者。当然我绝对不是第一个想要了解斗鸡的学者。许多人类学家试图为斗鸡活动背后的意义进行解码——图腾、神话与符号学。1942 年，格雷戈里·贝特森（Gregory Bateson）与玛格丽特·米德（Margaret Mead）曾著书研究巴厘岛斗鸡："斗鸡与性征的关联来自抱着鸡的男人、场上流窜的性俚语、关于性的唱词以及遍布岛上的公鸡与男人的雕刻。"英国人类－动物互动学者盖瑞·马尔文（Gary Marvin）认为西班牙斗鸡的功用是庆祝男性文化，而普林斯顿社会学者克利福德·格尔茨（Clifford Geertz）则认为巴厘岛斗鸡活动的功用在于奠立男性在乡村的地位。近年来加州大学人类学者阿兰·邓迪斯（Alan Dundes）在《公鸡即阳具》（*Gallus as Phallus*）中指出，斗鸡根本就是"有着自慰感的类男同性恋赛事"。

虽然这类准弗洛伊德的观点相当有趣，不过上述文章无法解释我在乎的问题——为什么这些再普通不过的男人会投入被美国人包括我在内视为虐待狂的活动呢？为了理解这些好人从事恶行的背后原因，我必须先了解他们的游戏才行。我必须扮演神经病学家奥立弗·萨克斯（Oliver Sacks）所称呼的"火星来的人类学家"。接下来的两年内，我驱车来回往返于东田纳西的偏远区域以及西部北卡罗来纳州之间访问斗鸡手，为他们与他们的斗鸡以及孩子拍照，并在隐秘的斗鸡赛事中采集数据和统计资料。慢慢地，我开始了解人们的想法，同时还得忘掉动物所遭受的虐待。

斗鸡文化：入门篇

让鸡相斗绝对是世界上古老而普遍的传统活动之一。我们所熟知的鸡禽类约于 8000 年前在亚洲野生丛林驯养而来。这种禽类天性善斗，人类很有可能在驯养鸡以便获得鸡蛋与鸡肉时，就举办过让公鸡打斗的比赛。斗鸡赛事源于东南亚，不久后传到中国、太平洋岛屿、中东，最后遍及希腊与罗马。年轻人被要求参与斗鸡赛事，以学习勇敢精神。这种比赛也周转流传至欧洲，尤其在西班牙、法国与英伦诸岛更为流行。之后，连哥伦布也携带鸡甚至斗鸡活动进入新世界，使其快速风靡北美与南美洲。

若想了解斗鸡，你必须先了解鸡。斗鸡人也相当迷信鸡的血统。他们老爱把混种的好处、同种异系交配以及同系繁殖挂在嘴边。他们像学校生物老师一样，可以向你解释 F1 和 F2 的差别。当我拜访斗鸡者时，他们会拿出已传用数十年的破笔记本。他们知道谁生了谁、哪只母鸡的蛋会孵出好的防守者或攻击者。现在他们已经把这些记录在电脑里建档。

斗鸡品种有上百种。它们的名字都很拉风：蓝面舱、凯尔索、阿肯萨斯旅游者、艾伦圆颅党、麦德齐灰草、屠夫、红葡萄酒。当斗鸡手培育斗鸡时，总希望所培育的斗鸡完美包含以下三种特质：首先是攻击力，斗鸡必须能精准地攻击对手身体，准确地刺穿对手的心脏或肺部；第二是翅膀必须强而有力；第三个特质则是最重要并且能让斗鸡手为之精神大振、大呼过瘾的胆子，也就是俗称的勇气。我问第三代斗鸡手约翰尼（Johnny）我要怎么向我的动物权行动者朋友形容所谓的勇气是什么。"勇气，"他说，"就是它们的心，它们愿不愿意战到最后一滴血。你养的那种只能在谷仓旁玩耍的就是弱鸡。它们没有得胜的天分。勇气就是要拿来打败敌人的。只有真正会拿到冠军的斗鸡才有这种天分，它随时准备为战而死。"

虽然斗鸡人也和英国狗会的成员一样在乎血统谱系，但他们认为基因好不代表可以培养成伟大的斗鸡冠军。你还得好好地养它。对于斗鸡版的"究竟好斗鸡是天生的还是后天养成的"这个问题，约翰尼的论点是：斗鸡的完美战斗力取决于85%的遗传基因与15%的后天训练。在正式比赛的几个星期以前，斗鸡人会让斗鸡进行特别的赛前营养"补给"。几乎所有的斗鸡人都有自己的一套法门。约翰尼通常会让补给期的斗鸡吃点维生素，每天还会给它好几个小时的自由时间在草地上找虫子吃。有些斗鸡人会在补给期给斗鸡吃士的宁（strychnine）[1]，他们认为此药可以让斗鸡的血液变浓。有些人则会让斗鸡吃一点抗生素、睾固酮或兴奋剂。（约翰尼也试过让斗鸡服用中枢神经刺激剂，不过却发现这会让斗鸡在场上失控，所以只能作罢。）

斗鸡人把斗鸡视为运动员，也因此研发出赛前的体能训练方法，以增强斗鸡的耐力及敏捷度。约翰尼每天早上与傍晚会进行斗鸡训练。他有一个内含柔软填充物的长凳可供练习，他会让斗鸡平躺在长凳上，以便学习快速地

---

[1] 一种白色、无嗅、味苦，含有剧毒的结晶粉末，可口服，吸入或混入溶液、直接从静脉注射——译注

飞立起来。他还会把斗鸡"掀倒"，以训练它们翅膀与背部的肌力。约翰尼的斗鸡和世界健身俱乐部的举重选手一样，会进行不同肌群的训练，他还会记录每只斗鸡的当日训练。在逼近比赛的几个星期时，约翰尼每天都会花六小时训练斗鸡。

斗鸡规则

所有的比赛都有规则，而全世界不同的斗鸡文化也有着自己的传统，用以规范斗鸡们的战斗。举例来说，安达露西亚斗鸡手不会在斗鸡脚上系上鱼叉，所以西班牙式的斗鸡赛通常都不致命。而在南美洲的斗鸡赛事普遍被称作斗鸡大会。在斗鸡大会中，每一只斗鸡都会进入预先排程的循环赛事。基本的比赛规则称为奥森规则（Wortham's Rules），此规范从 20 世纪 20 年代就已拍板定案，在肯塔基山区或得州西部平原的赛事都依循此原则进行。

斗鸡规则相当复杂，绝不是把两只斗鸡丢入场中就可以了事的。比赛进行时，场中会有两只斗鸡、两位斗鸡手以及一位裁判。裁判负责控制场面，而斗鸡手通常不会是斗鸡的主人。他们会先将两只斗鸡带到足够互啄脸部的距离。接着，把斗鸡放在距离 2.4 米远的地方，两两迎面而立。当裁判一下令，斗鸡们就会被瞬间松开。它们快速且安静地冲向彼此，克利福德·格尔茨如此形容："一种借翅膀扑动、鸡首冲刺、脚爪狠踢所呈现的动物愤怒爆发。它是如此纯粹、如此绝对，并呈现出一种空虚的华丽，像是一种柏拉图式的憎恨。"

大约在 20 秒或 30 秒间，其中一只斗鸡甚至两只斗鸡就已被刀片刺入身躯，它们瘫软在地，化为鸡尸。裁判指示斗鸡人走上去将两只缠斗的斗鸡分开，接着斗鸡人有 20 秒的时间准备进入下一回合的战斗。好的斗鸡人懂得鸡的身体结构，因此能够判别它受伤的严重程度，就像拳击选手在角落稍做休息便可重返战场，受伤的斗鸡仍可能继续返回决斗。通常斗鸡人会在斗鸡脸上泼水、会对着它的脸吹气让它冷静下来，也有可能会让鸡待在地上，让它独处，此时斗鸡可能会从喉咙里吐出血块。当休息时间终止时，斗鸡返回赛场。这个程序会来回反复直到冠军出现为止。

有时候其中一只斗鸡有可能会直扑对手并且一刀毙命，也有时会借由连番重击伤害对手，此时对手方的斗鸡人很有可能会直接弃权投降。不过通常得胜的方法是根据一套复杂的"得分点"取得胜利。除此之外，斗鸡界的最高标准仍是战斗精神，不管斗鸡是否被刺破肺部、脊椎碎裂或失明都无碍得胜。而得分点系统确保继续战斗的斗鸡能够赢得胜利，而停止战斗的斗鸡则落入失败方。当一只公鸡因为受伤或疲累而停止战斗时，对方斗鸡手就会对裁判说，"加我一分"。如果此只斗鸡连续四个回合都没有发动攻击，那么原本喊分的斗鸡人就会被判为冠军。不过如果原本已经鲜血淋漓甚至濒死的斗鸡突然向对手发动攻击，即便攻势薄弱，原本的喊分就会立刻失效。通常刺刀比赛会持续十分钟左右，当然有时候，某只公鸡幸运地一刀深刺对手要害，那么比赛就会立刻结束。不过，多数的比赛都会持续数个小时甚至更久。为了不让观赛者感到烦闷，延长赛会移驾到第二斗鸡场或"闲场"，而主赛场会保留给新登场的斗鸡。

近年来，斗鸡比赛和其他美国文化一样，都受到移民文化的深刻影响。新的斗鸡手在乎的不是血统而是刀片的选择，这类型的人造鸡距并非旧式的有着冰钻外形的刺刀。菲律宾人爱用长刀，外形仿若卢斯克里斯牛排屋拿来切上等后腰牛排的牛排刀。墨西哥人喜欢 2.54 厘米长、两端皆有锋利刀片的短刀。但是像约翰尼或艾迪这种老手对新式武器就不太热衷，他们认为刀片会让战斗力薄弱的斗鸡纯因运气而得胜。

不过斗鸡赛并没有你想象的那么血腥。艾迪的太太是食品业经理，她如此描述第一次和艾迪去唐雷洛赛场观赛的经验："我还挺惊讶的。斗鸡看起来并没有那么激烈和血腥。而且观赛席的气氛也挺冷静的。那里的食物和厨房都很赞，是相当朴实的料理。"

赛事确实并不血腥。钢制鱼叉刀身制造的伤口不太会造成外出血，而羽毛也会遮盖外渗的鸡血。此外，斗鸡的血液通常较混种鸡更容易凝结。以斗鸡手的术语来说，斗鸡可以"吃进很多钢刀"。斗鸡手有一套丰富的词库形容受伤，当斗鸡被钢刀刺入肺部并发出诡异的风箱声时，称作"嘎嘎"（rattles）。当斗鸡被斗翻并造成脊柱碎裂时，称作"脱坠"（uncoupled）。有次我把在赛事中过世的斗鸡带回国立兽医病理学实验室进行解剖验尸——结果发现那位负责验尸的病理学家小时候在俄克拉荷马州也玩过斗鸡——当他划开鸡身时，显见有 19 处穿刺伤，而最致命的一击则在喉咙处。

其实斗鸡赛还挺直白的，几乎所有的输家都无法活着回家，只有赢家得活。不过偶尔也会有违反常理的事发生。有时候，会有斗鸡拒绝战斗，它在场上神色忧虑地晃荡。也有时候，斗鸡选择不战而逃，咯咯叫着边绕着场子狂跑，让主人丢尽颜面。也有的斗鸡反而喜欢和人类争斗，它们对场上的对手兴致缺缺，反而争啄对手斗鸡主人的脸。有一晚我目睹一只灰鸡将 6.35 厘米的冰钻插入一位斗鸡手的大腿深处，那位斗鸡手立刻面色苍白昏倒在地。斗鸡趣事就此再添一桩。

斗鸡和赌博密不可分。在斗鸡大会，有两种金钱流动的方式。首先，每位斗鸡手必须付一笔入场费，接着，赢得最多比赛的玩家可以将其全部捧回家。通常小型的阿帕拉契亚斗鸡场每次约有 20 名斗鸡手参加五鸡赛事，入场费为 200 美元，这意味着当晚的赢家可以带回大约 4000 美元的奖金。另外，场外亦进行针对比赛结果的下注活动。虽说每场比赛斗鸡手都会彼此下注，但是真正精彩的仍是场外博彩。每当斗鸡手带着斗鸡进入主场时，外围群众会开始大喊注码。通常群众的押注判断来自养鸡者的名声以及斗鸡本身的神采。当裁判判赢时，所有赌客会立刻得到注金。

当我开始遁入神秘的斗鸡世界后，其中一个令我感到诧异的现象就是该活动的透明坦荡。许多阿帕拉契亚地区的斗鸡选手根本毫不掩饰自身与斗鸡活动的关联，尽管该活动属非法行为。当我开车经过此区域时，看到上千只斗鸡在草原上乱窜，有些以木筒圈养成一区，有些则是住在类似童子军营地狗舍一样的木板屋子里。从州际公路望过去一览无遗。为什么这些斗鸡人都不会惹上麻烦？

道理很简单。在 1970 年，在阿帕拉契亚山区参加斗鸡活动的违法程度大概和随手丢垃圾差不多。确实，不管是北卡罗来纳州或田纳西州都禁止斗鸡，只是警察对这等程度的小事也不太会放在心上。即便在极少几次取缔的情况下，警察也顶多开个 50 美元的罚单，这对大伙来说根本不痛不痒。没有人会因此入狱。确实有些警长想进行调查，不过大部分的警长认为行之有年的斗鸡场对治安有益而无害，毕竟所有人都在下注，谁敢轻举妄动? 斗鸡场往往都有一套潜规则，以避免纷争：赛场内禁止喝酒、嗑药、不准赖账以及万事听从裁判判断。赛场主人通常也很会和邻居打交道，免生事端。以前艾伯斯教会附近的斗鸡场主人每个周六晚上还会为附近的浸信会募款呢。

　　简单来讲，地方势力发现让斗鸡场好好营运绝对比将其边缘化来得更好。我想他们的判断无误。斗鸡活动混合了睾固素以及金钱，其爆炸性不言而喻。我只在某次斗鸡活动时感到害怕，当时并非正式比赛，而是个类似会外赛的局，这种比赛称为"决斗赛"(brush fight)。通常决斗赛为举办在谷仓或松树林的非正式比赛，只消几通电话就可以办成，不需要入场费，也没有付费的裁判、观赛者，还可以借酒助兴。我在一个炎热的纳克斯维尔下午参加了决斗赛，所有人都在喝啤酒。裁判是从观众群里随便抓出来的，他根本不知道自己要干什么。两位喝得醉醺醺的斗鸡手则针对裁判的决定大吵了起来，这要是在一般的斗鸡场里，肯定会立刻被轰出去，不过在决斗赛这里不会。两人吵得面红耳赤，最后其中一位斗鸡手顺手砸碎酒瓶，准备拿破酒瓶攻击对方，他一手狠狠地抓住了他的肩膀。那男人被刺后，大红鲜血滴落在手臂上，他带着鸡仓皇逃跑。我听见他大吼："我要给这混账一个教训。我卡车上有猎枪。"我转头开始找逃跑的路线。很不幸，当天我很早就来看比赛，车子被数十辆卡车堵在最里面。不过，所有人都和我一样想赶快逃离携带猎枪的醉汉。短短几分钟内，车主们一哄而散，我也跳上了车。我头冒冷汗，心脏怦怦地跳，双手抖个不停，当时心想，我可能不是当人类学者的料。

将不合理之事合理化

在很多人的想象中玩斗鸡的人都是些社会边缘人，他们平常除了从虐待动物中得到乐趣外，就是在路上卖安非他命。不过我却发现，真正最让人感兴趣的斗鸡人的心理特质，就是他们都出人意外地正常。几乎我认识的所有斗鸡人除了有这项残酷的嗜好以外，其他方面都寻常无奇——他们有房，有老婆，有小孩，还有正当工作。

我认识的路易斯安那州的动物权行动者苏西（Suzie），为推动禁止斗鸡立法而努力了许多年。她所认识的南方斗鸡手和我所看见的相差无几。她非常鄙视斗鸡活动，然而，就像浸信会教徒所说的，他们痛恨罪行而非罪人，苏西倒是颇尊重斗鸡人。她曾经向我说过："很多我认识的斗鸡人都敬畏上帝，有礼貌，重视家庭活动，他们从不碰海洛因或吸食可卡因。我坚决反对斗鸡活动，但是我并不认为斗鸡人就是坏蛋。"

如果斗鸡人都是嗜好虐待的变态狂，那我们或许可以比较容易解释为什么他们喜爱投入这项残酷的暴力运动。不过假使他们都是再正常不过的家伙，那么为什么会参加非法的而且被全美国人所唾弃的败德活动呢？结论是，所有的斗鸡人在心里都建立了一套道德标准，里头包含复杂的期望心态与逻辑，从而将斗鸡活动合理化。这点和其他任何剥削动物的人一样——猎人、马戏团训练师甚至科学家与肉食主义者。斗鸡人有一套说法将这种被许多人认定为悖德的活动合理化。

最人道的活动

大部分的斗鸡人都不认为斗鸡很残酷。他们认为打斗仅只是斗鸡的一小部分而已。他们会说光是从孵育到养成斗鸡就要费时两年，而比赛往往只持续数分钟之久，所谓的比赛对斗鸡手而言，只是部分过程。

不过难道斗鸡不痛也毫无伤残吗？我的朋友约翰尼认为刺刀降低斗鸡的伤

害性。他认为，刺刀让决斗更公平，并让鸡获得公平的对决机会。他说，如果没有刺刀，鸡必须以脚上 7.62 厘米长的鸡距战斗到最后一刻。有天早上当我和邻居保罗·莱德福德（Paul Ledford）一起喝咖啡时，我问他普通的斗鸡赛到底会给鸡带来多少伤害。他摇摇头说："鸡没有痛感，它们没那么聪明。"

有时候你又会听到完全相反的说辞，鸡只是选择奋战至死的道德代理人。根据此般说法，若不让斗鸡遵循天命，于斗鸡场奋力一搏，反而更加残酷。斗鸡手菲茨－巴纳德如此描述："若代理人愿意，那么就没有残酷与否的问题。对斗鸡而言，战斗的乐趣就是它生命最大的乐趣。"菲茨－巴纳德认为斗鸡远较狩猎、钓鱼更具道德优越性，毕竟你所杀害的白尾鹿或是土褐色鳟鱼并没有决定权："若参与者并没有参加意愿，那么残酷必会产生……毕竟没有人能假装鱼喜欢因贪吃活生生的饵而被钩刺致死，或喜欢狐狸被猎捕并被撕成碎片，又或宣称喜欢鸟和野兽中弹重伤而亡的感觉。"

我一点都不同意斗鸡能在比赛中获得飞禽类的自我实现的说法。这是完全错误的，斗鸡会加入战斗是因为它们的大脑经过数千年的演化与天择，必定会将鸡距刺入其他公鸡的身躯。即便它们希望不战而逃，但是斗鸡场的狭窄范围也由不得它们选择。不过呢，巴纳德将斗鸡与狩猎相比确实让人感到矛盾。每年美国境内约有 30%、近 1.2 亿只野鸟在意识清醒的状况下遭捕猎者射杀而坠落地面。有些比较幸运的鸟会很快地被发现并快速地被杀死，但是大部分的鸟将缓慢地死去。巴纳德说得没错：合法的狩猎娱乐活动比非法的斗鸡运动会造成更多的伤害。

这没什么

另一种为斗鸡辩护的人认为这项活动没那么残忍的原因是斗鸡天生就是战斗好手，好比狮子天生就是斑马的克星一样。此为自然主义谬误（naturalistic fallacy）的一种。约翰尼向我解释："我们只是在可控制的环境中重演自然，不管我们在不在现场，斗鸡们都会战斗。我们尽可能让两只斗鸡在最公平的状况下重现大自然里本来就会发生的杀戮。我们并没有强迫斗鸡战斗，它们为自身而战，这也是它们的天命。"我碰到过的大部分斗鸡手都是用这说法否定斗狗赛，就像艾迪太太说的："斗狗和斗鸡不同。斗狗人刻意让狗变得凶狠。但是鸡天生好斗。不管你在不在现场，它们都会一决生死。"

我常会听到这种自然主义谬误的说法。有次我碰到一位反对动物实验的行动者对我说，艾滋病正是大自然减少人类数量的方式。我有次在派对上碰到一位女性对我说："我真搞不懂素食主义者，人类已经吃动物数百年了。基本上牛和鸡会存在这世界上就是因为我们要吃它们，不是吗？"我没有跟她解释她的合理化方式听起来与斗鸡人约翰尼很像。我猜她应该无法体会两者之间的相似性。

世界上最善良的人

所谓的斗鸡规则并不是为了避免动物受苦而制定的，而是为了不让赌徒们起争执。一直到现在，斗鸡仍然会让人联想到其他犯罪行为。举例来说，美国人道协会认为斗鸡往往与性交易、身份盗用、抢劫、墨西哥毒品制造、非法赌博、贿赂、黑道活动、逃税、洗钱、非法移民、手榴弹、谋杀等联系在一起。

当然，斗鸡人不会认同这样的说法。他们认为自己是一帮信守同一套价值观的兄弟，他们在乎劳动、竞争，尊重文化传统以及热爱鸡的一切，并认为所有关于酒精、药品、性交易或洗钱的罪名都是无中生有的。约翰尼向我解释他们和动保分子的关系："他们有点口无遮拦，称我们为皮条客和药头。对他们而言我们是社会上的败类，他们比较优越。他们也懂得如何在不认识我们的群众前塑造我们的形象。"好吧，他也承认斗鸡人里面有几个害群之马——有人作弊，在刀片上涂抹毒药或违反规则把长刀磨利。不过那是少数人而已。约翰尼认为，几乎99%的斗鸡人："都是超级大好人。你看过有任何地方的人像斗鸡人一样，能不吭一声地将赌输的钱双手奉上吗？斗鸡人都是十足的绅士！"

大好人的说辞

斗鸡人也常常会用社会心理学者称为"与有荣焉"（reflected glory）的观点为"绅士说"辩护。他们的逻辑有点像这样："如果某某某也玩斗鸡，大家就会接受斗鸡了。"通常的那个某某某包括了乔治·华盛顿、亚历山大·汉密尔顿、约翰·亚当斯、亚历山大大帝、伍德罗·威尔逊、安德鲁·杰克森、亨利·克莱、汉尼拔、恺撒大帝、托马斯·杰斐逊、本杰明·富兰克林与亚伯拉罕·林肯，而据传林肯确实曾经担任过斗鸡比赛的裁判。有时候甚至还有斗鸡人会提起成吉思汗与海伦·凯勒，虽然我真的怀疑后者对斗鸡会有哪怕一丝兴致。此外，现代斗鸡人也很爱提起英国皇室，他们认为斗鸡正是"贵族的运动"。

斗鸡让人越挫越勇

当北卡罗来纳州格林斯伯勒的鲍勃·基纳（Bob Keener）被问起为什么独爱斗鸡活动时，他这么回答："应该是因为斗鸡会战至无力可战的那一刻的精神吧。我们有多少人可以做到这点呢？斗鸡会奋力一搏至死方休。这就是所谓的勇气或勇者之心。我觉得这点特别有意思。"我称此为道德楷模防御说辞（moral model defense）。对斗鸡人而言，斗鸡是地表最强生物。这就是为什么南卡罗来纳大学足球队会选用斗鸡作为球队标志。有一位斗鸡人在《精神与钢铁》（Grit and Steel）中如此采用道德楷模防御说辞："斗鸡对自己与家人都很忠诚——为付出那份忠诚，它必须有十足胆量……要有胆量，才能忠诚以待，不管是对自己的理想、对太太、对丈夫、对你的朋友或国家皆然。"

我爱我的鸡

以鸡的角度来看，当只斗鸡是挺不赖的。公鸡必须满两岁才能比赛，在此之前它们过着仿若纯种赛马的生活。当鸡八九个月大时，可以在院子里自由地奔跑。当公鸡进入发情期时，就必须单独关养，因为养鸡人希望它们能多多运动。通常养鸡人会把它们拴在两米大小的地方或是关在足以四处移动的大笼子里。约翰尼不但会到有机食品店买有机玉米给斗鸡吃，早餐还有水煮蛋、水果、绿色沙拉蔬菜，中餐则会吃一点薏米。每隔两天，约翰尼还会喂斗鸡吃山羊乳酪汉堡，补充营养。约翰尼小抱怨了一下："我们给斗鸡最好的食物、最好的空间、最好的母鸡……却还要被说很残忍。"

艾迪·巴克纳和所有我认识的斗鸡人一样，都热爱自己的鸡。他说自己非常爱这些鸡，这我完全相信。他和法博·韦布一样，只要一谈起斗鸡，眼神中就闪烁着光芒。

"不过，艾迪啊，"我说，"你说你爱这些小家伙，你亲手花了两年把它们养大，每天花好几个小时照顾和训练它们。然后周末你带它们到斗鸡场，知道至少有一半的斗鸡都无法活着回家。然后你就把它们往场上丢去。这我真的完全不懂。"

"你必须知道界限在哪里。"他说。

"但你不是很爱它们吗？"我问。

"对啊。"

"你会给它们起名字吗？"

"当然会。"

"你看过斗鸡手因为斗鸡死掉而哭吗？"

"从来没有。"

"我真的不懂。"我跟他说。

动保分子与斗鸡手：不平衡的恨意

斗鸡手对上述说法深信不疑，他们不但真心这么认为，还老爱一脸严肃地告诉我，他们很愿意带动物权行动者去看看斗鸡赛，让他们认识到那是多么伟大的运动。当然，这想法有点滑稽。我所认识的动保分子都认为斗鸡相当残忍，而且他们的想法绝对不可能动摇。这导致了不平衡的恨意——动保分子对斗鸡手的敌意远大于后者对动保分子的不满。

家禽福利联盟为全美唯一的家禽权相关机构，创办人凯伦·戴维斯（Karen Davis）非常排斥斗鸡活动。她认为该运动和竞争无关，反倒是男性不安全感的展演场。她对我说，男子气概最矛盾之处就是男人彼此间的互相畏惧，他们害怕让其他男性窥见自己阴柔特质的一面。对她而言，斗鸡仿若成人版的校园霸凌："我爸可以痛扁你爸一顿。"

当我问她对斗鸡人的看法时，凯伦说："一只鸡不过到你膝盖的高度，而它们所仰赖的巨大男人却只会惩罚它们的肉体。然而最终极的惩罚莫过于将它们丢进赛场内让它们捉对厮杀。斗鸡人将自己的野蛮与嗜血性格强加在动物身上。然后他们还宣称自己爱慕并且深爱这些公鸡。我不认为天底下有哪只鸡会感谢他们。"

她说得对吗？这世界上有任何公鸡会心甘情愿成为斗鸡吗？当我在I-40公路上追逐着运鸡车时，我又再度思考了凯伦提的问题：我会选择当一只奋战的斗鸡还是商业用肉鸡呢？为了要回答这个问题，我们必须先了解工业用肉鸡的状况。

你想当斗鸡还是肉鸡

现代的肉鸡绝对是科技进步的结晶。我在公路上看到的鸡非常类似科布500型（Cobb 500）肉鸡，这算是全世界最受欢迎的肉鸡种类。科布500型肉鸡由跨国企业科布·凡特斯（Cobb Vantress）培育而成。该组织成立于1986年，为两大企业巨头泰森食品（Tyson Food）与厄普约翰（Upjohn）联合实验的基地。科布·凡特斯企业于欧洲、亚洲、南美洲和非洲都有分部，此外，该企业也推出鸡胸特别发达的科布700型（Cobb 700）肉鸡。科布·沙索150型（Cobb Sasso 150）肉鸡则为针对喜好有机食品与天然放牧的消费者而开发的产品；科布禽鸟 48 型（Cobb Avian 48）的广告词为"特别活泼"的鸡，转攻特别喜好活鸡的全球性区域市场。

这些鸡根本就是机器。科布 500 型母鸡在 12 个月大被"退场"之前平均可产出 132 只小鸡。通常小鸡的寿命比母鸡寿命还来得短。1925 年，人们需要花费 120 天的时间以及 4.5 公斤的饲料才能养成一只瘦弱且仅有 1.1 公斤重的小鸡。现在，小鸡在六七周大时就会被屠宰，每只鸡重约达 2.3 公斤。科布 500 型肉鸡的成长速度大约比你外婆在谷仓养的鸡快上五倍，而且所需饲料也较少。科布·凡特斯让工厂只需花费 680 克的饲料就可以生产出 454 克的鸡肉。若从工厂的角度来看它们能带来更多的利益，当科布 500 型被拔除羽毛、切除脚部与头部、清除内脏与放血后，73% 的身躯都可作为"可用屠体"（eviscerated yield）。

但廉价的肉背后必然有其惨重的代价。肉鸡的骨架根本无法承受极速发育的肉体。巨大的鸡胸压垮了肉鸡的脚，造成气力衰弱、肌腱断裂以及跛脚。剑桥大学动物福利系教授唐纳德·布鲁姆（Donald Broome）表示，肉鸡所遭遇的脚变形痛楚为全世界最严重的动物福利问题。工业养殖肉鸡普遍有关节炎、心脏疾病、猝死症以及代谢失调等问题。

这些注定会变成"六块鸡"的肉鸡生活在类似但丁所描绘的地狱般的地方。它们从未见过太阳或天空。由于它们上身过重，因此多数时间都平躺在肮脏的屎尿排泄物之中。通常，肮脏的环境让肉鸡们有胸部水泡、脚踝灼伤以及双脚酸麻等问题。普通的养殖鸡舍约有 180 米长、18 米宽，可容纳约 3 万只肉鸡。肉鸡鸡舍往往非常潮湿，空气中弥漫着鸡尿中的细菌所产生的阿摩尼亚味以及数千万只鸡所排出的粪便臭味。瓦斯会灼伤肺部、灼伤眼睛并造成慢性呼吸疾病。

当肉鸡长到两三公斤重时，就会被送往屠宰场。不过首先你得先把鸡抓起来。廉价的捕鸡劳工会趁黑夜时前来。他们戴着口罩、穿着免洗制服，以鸡脚为抓取点，每手各抓五只鸡，并将它们塞进铁箱。如果想将 3 万只鸡都放进铁笼，那恐怕需要出动一整个小队彻夜不休地工作才能完成，这代表捕鸡人每晚共捕捉约 15 吨重的尖叫扑翅的鸡。通常捕鸡人浑身是伤、满是啄痕与鸡粪喷溅。据估计，约有 1/4 的鸡会在捕捉与装箱过程中受伤。布鲁斯·亨德森（Bruce Henderson）是我的昔日同事，如今已成为发展心理学者，他高中时曾经打工跑去当捕鸡人，结果只做了六天就离职了。

我们有更好的方式去捕鸡吗？答案就是机械采集装置。市面上有数种巨型机器可供选择，其中一种甚至还有超大的橡胶手指。南卡罗来纳州尼茨维尔的路易斯／摩拉（Lewis/Mola）公司开发的 PH2000 为最普遍的机型。此机器有 12.8 米长、7257 公斤重，并且可以在短短 3.5 小时内将 2.4 万只鸡移出鸡舍。机器造型看起来颇像双头畚箕，两侧称作"捕捉头"的金属隔板会谨慎地将鸡赶进倾斜跑道。倾斜跑道的设计与输送带类似，并将鸡集中直接送进运输用的铁笼内，再运往处理厂。美国人道协会表示，机械采集装置会比徒手捕捉来得人道。毕竟鸡不会喜欢被人类抓住酸痛的双脚、头下脚上地摆弄。而且当鸡不明所以地经由 PH2000 的输送带进入运输牢笼时，看起来也较不紧张。据路易斯摩拉公司的报告指出，机械采集装置可降低 60% 的鸡翅折裂以及 99% 的脚骨断裂。尽管机械采集装置相比之下先进许多，但是美国多数的商业肉鸡都还是以徒手法进行运前捕捉。

当所有的鸡进入运输笼后，卡车会立刻出发，将科布 500 型肉鸡送往处理厂。抵达目的地后，鸡会被倒出运输笼，脚上系上咬得死紧的金属铸，头上脚下地送上运输带。然后，头下脚上、翅膀混乱拍振的鸡的头会被浸泡到通电的水里。电流会穿透它们的身躯长达 7 ~ 10 秒，如果幸运的话，鸡会在此时被电晕。接着，它们会通往割喉机器，滚动的尖刀会瞬间切断它们的颈动脉。在鸡大失血的同时，身体会被丢进烫毛水槽里。通常极富效率的双线鸡屠宰系统可以每分钟处理 140 只肉鸡，然而，机器并非永远都可靠。有些鸡会在没有被电昏的情况下被割喉，也有些没有被尖刀切断颈动脉的鸡则是在有意识的情况下被丢进热水槽。

你懂了吧？两岁大的田纳西斗鸡至少还有两年的幸福时光。在最初的六个月里，它可以自在地奔跑。而且，还可以在草地上游荡，并且有单独的休息空间。斗鸡们可以拥有极大的运动量，吃得比一般人类好，还有闲情逸致可以追逐母鸡。唯一的缺点是，在某个周日晚上，它会被墨西哥短刀深深地刺进身躯，疼痛难忍；它也有可能会被长刀直直地切入喉咙，它会在短短的数秒钟或数分钟内战死斗鸡沙场。此时，旁边戴着棒球帽的男人们还会兴高采烈地大声喊注。斗鸡能活着看见明天早晨太阳的概率是 5 比 5。

相较之下，我们的科布 500 型肉鸡则始终生活在脏乱之中，双脚疼痛、肺部灼伤。它们从未见过蓝天，也没有行过草地，它们没有性爱欢愉，也没有捉食过虫子。在肉鸡们一息尚存的 42 天里头，每天都吃着索然无味的鸡饲料，直到它们被丢进铁笼，送上平板大拖车，直直送入处理厂被倒吊、电击、撕裂喉咙为止。它们看见隔日太阳的概率是零。

凯伦·戴维斯说，不会有鸡愿意当斗鸡。我用二十五串二十赌她错了。

经济与社会阶级如何影响我们对残酷的认知

以客观的角度来看，我们对鸡肉的贪婪欲望所造成的伤害远远大于斗鸡之害。当 1 万至 2 万只鸡被屠宰场机器断喉时，仅仅有 1 只斗鸡于战场死去。而且事实的真相是斗鸡的寿命比商业肉鸡长了 15 倍，而且其一生也远比肉鸡快活。那么为什么法律允许我们每年屠杀 90 亿只肉鸡，而玩斗鸡却会让你身陷囹圄呢？

事实上，这一切与金钱和权力有关。全美养鸡委员会为家禽工业的贸易商会，旗下成员负责生产近 95% 的国内食用肉鸡，而该会存在的主要目的就是确保美国政府维护其利益。因此，养殖工厂内的肉鸡完全不在任何美国动物保护法律的规范之内，包括 1958 年国会通过的《人道屠宰法》（*Humane Slaughter Act*），该法案确保人们晚餐食用的肉类在屠宰时不会遭受不必要的痛楚。

当全美养鸡业委员会追求自身利益极大化时，家禽福利联盟、善待动物组织、动物庇护所与美国人道协会则誓死捍卫美国鸡的权利。在此之中，美国人道协会拥有最大的政治影响力，该会拥有 1 亿美元的资金和价值 1.9 亿美元的资产，可说是动保运动界的超级天王。

1998 年美国人道协会决定对付斗鸡者。由于动保团体施加的极大的政治压力，几乎各州都屈服了，仅剩路易斯安那州坚持不从。卡特里娜飓风后，路易斯安那州亟欲挽回自身形象，因此斗鸡者的游说活动暂告失败。2007 年路易斯安那州州长凯瑟琳·布兰科（Kathleen Blanco）正式签署法案，让鸡重新回归该州动物保护法规范之内。2008 年 8 月 15 日，全美正式禁止斗鸡活动。然而各州的斗鸡法并不一致。佛罗里达州的斗鸡者有可能会遭到 5 年以内的刑期并支付 5000 美元罚金，但是邻近的亚拉巴马州斗鸡的罚金仅有 50 美元。目前，美国各州皆明令禁止斗鸡，而美国人道协会的下一个目标就是让每一州的法律都将斗鸡视为重罪。

斗鸡之战的主轴是残忍，但真正的潜台词却是社会阶级。18 世纪动保运动反对的主要为无产阶级喜爱的斗牛与斗鸡活动，而绅士名流喜爱的狩猎狐狸活动则未予反对。今日的情况仍旧相当类似。斗鸡活动的主要参与者本就是当局感到碍眼的对象：南美洲人或住在乡下的劳动阶级白人。相反，动保分子则是住在都市的中产阶级与知识分子。在后者的眼中，斗鸡人都是混混或非法移民。

杜克大学的凯希·鲁迪（Kathy Rudy）为狂热的动保分子与狗狗救援工作人员，她对于动保分子与劳动阶级之间的壁垒分明感到忧虑。她在亚特兰大猎鹰队四分卫迈克尔·维克（Michael Vick）因参与斗犬而遭到判刑时，在《亚特兰大立宪报》（*Atlanta Journal Constitution*）撰文表示，美国社会较容易将少数族群或贫穷阶级所犯下的动物虐行视为犯罪行为，而对富有阶级的制裁则远不及此。喜剧演员克里斯·洛克（Chris Rock）也在全国性电视节目为此打抱不平，洛克拿出阿拉斯加政府官员莎拉·佩林（Sarah Palin）的照片，佩林同时也是大狩猎的爱好者。他问莱特曼（Letterman）："她手上提着的是血淋淋的麋鹿。迈克尔·维克应该会想，'噢，那为什么我在坐牢? 这位白人女性可以射杀麋鹿，但黑人男人就不能杀狗? 这根本就是犯罪吧? '"

纯种赛马也有同样的问题。根据美联社的杰弗里·麦克默里（Jeffery McMurry）报道，2007 年全美每天约有 3 匹马因赛马活动而死，2003 年至 2008 年之间至少有 5000 匹马死于赛事。2008 年，当名马爱特·贝尔（Eight Belles）于肯塔基赛马会中摔伤并立刻接受安乐死后，盖洛普进行民意调查，其结果显示多数美国人反对禁止纯种赛马活动。赛马和斗鸡一样，都牵涉赌博与动物虐待，唯一不同的是，赛马是有钱人的游憩活动。

斗鸡与人类道德

人类与动物的道德关系时常让我感到矛盾。不过，我对斗鸡的看法从没变过。在田野调查过程中，我遇见许多很棒的斗鸡人，但是这就和蓄奴议题一样，斗鸡仍旧是非常残忍、不可理喻的过时活动。人们确实该关闭斗鸡场，并把"长刀"、"刺刀"换成高尔夫球竿或是钓鱼艇。

不过，我对美国社会看待斗鸡活动背后所隐含的伪善态度，以及人类与动物关系如此悖反常理的状态感到忧心。当嗜好吃鸡肉的美国人（我也算一分子）知道斗鸡活动终于被禁止而安然入梦时，暗夜中工作人员正成队地进入养殖工厂并将 3000 万只仓皇无助的肉鸡塞进铁笼，准备第二天一早立刻送往屠宰场。

从前因为论文而研究斗鸡活动时，我曾经带国际特赦组织（Amnesty International）的组织者托尼·邓巴（Tony Dunbar）到艾伯斯教会附近的斗鸡场。白天时，托尼的工作是抢救已被判死刑的谋杀犯。凌晨两点当我们带着满身的汉堡油味与雪茄味开车回家时，我问他一整晚和卡罗来纳州西部最顶尖的斗鸡手厮混的感觉如何。他停顿了一下说："对我来说，斗鸡所牵涉的道德问题不大。"

我想很多人会不以为然。不过我发现我实在很难否定他的结论，相比之下，生产麦当劳六块鸡套餐所造成的苦难其实更为巨大，托尼说的一点也没错。

美味、危险、恶心与死亡

人类与肉品的关系

如果有人问我为什么拒绝吃肉，我只能说，我很讶异有人敢把动物的死尸放进嘴里。为什么你敢咀嚼被屠杀的肉体、喝下死亡的汁液呢？

库切（J. M. Coetzee）

没有人不爱吃肉，孤僻的人才吃沙拉。

荷马·辛普森（Homer Simpson）

史黛西·吉亚尼（Staci Giani）41 岁，不过她本人看起来比实际年龄少了 10 岁。她在康涅狄格州长大，目前与伴侣格雷戈里一起住在北卡罗来纳州老碉堡以北约 20 分钟车程的深山中，与追求生态永续的生态公社共同生活。史黛西散发着活力，而且每当她开始讲起食物议题时，都会显得特别神采奕奕。她是意大利裔美国人，非常有魅力，当你和她讲话时，脸上很难不挂着陶陶然的微笑。她和我说，自己和格雷戈里亲自造房，甚至包含锯木、伐木。我心想："天啊，这女人可以把我折成两半。"

史黛西并不总是如此神采飞扬。在她 30 岁的时候，健康状况濒危。当时她已茹素 12 年，并开始有贫血、慢性疲劳症候群等状况。每次她用完餐都会胃痛，且时间长达两个小时。"我变得超级虚弱，"她告诉我，"接着我就改变了饮食习惯。"

"那你现在饮食状况如何？你今天早餐吃什么？"

"半公升的生牛肝。"她说。

动保分子常会说美国社会对碳烤肋眼牛排和水牛城鸡翅的喜爱，远胜过鹰嘴豆泥汉堡和豆腐坚果吐司。确实，现在有越来越多的人相信动物应享有基本权利，包括不被宰杀制成肉品的权利；不过，尽管我们嘴巴上说爱动物，但是每年全美共消耗 327 亿公斤的肉类，而且只有极少数的美国人为真正的素食主义者。每当我们使用 1 只动物进行实验时，同时就有 200 只供食用的动物被杀；当我们杀死 2000 只食用动物时，同时将有 1 只狗在收容所进行安乐死；当我们杀死 4 万只食用动物时，就有 1 只格陵兰幼海豹在加拿大冰河遭乱棒打死。而且，和我们所想的恰好相反，过去 30 年来动物权运动几乎没有改变我们将其他动物当作晚餐的习惯。

对世界上许多文化来说，肉类为富裕的象征，而当社会发展得更进步的时候，众人就会希望吃到更多的肉。自 1960 年以来，日本平均每人每年消耗肉量已增长了 6 倍，而在中国更增长了 15 倍。《纽约时报》美食评论员弗兰克·布鲁尼（Frank Bruni）曾经如此形容他在曼哈顿高级牛排馆所享用的 90 美元的牛排晚餐："这块你梦寐以求的高档牛排会在几个小时后进一步升华，当你唠唠叨叨不停地向朋友描述它的美味时，他们会开始担心你的智商而非胆固醇。"

某次我和玛莉·珍以及几个想庆祝人生大事的好友一起去高档餐厅用餐时，被宴请的我突然理解到肉食所带给人类的崇高的欢愉感。我们的桌边有两位专属服务生，侍酒师为我们选择了适合当天料理的五支酒。在我们准备享用鲜鱼之前，服务生为我们准备了一小匙的柠檬冰沙，以确保味蕾的敏锐。我们吃的是无菜单料理，并可以自己选择开胃菜。玛莉·珍选了油封鸭，我则选择猪脊肋肉。

我从没吃过猪脊肋肉，我只记得以前的地方乡村电台会在中午农场单元时播报猪脊肋肉时价。在我眼前盘子里放着的是一块毫不掩饰的肥滋滋的红烧猪脊肋肉。只消一口，我就对美食有了新的定义。以前我曾经在美术馆前瞪着马克·罗斯科（Mark Rothko）的画长达十分钟之久，当时我不懂为什么一坨涂在画布上的黑颜料会被称作艺术。不过，我突然灵光乍现，了解了罗斯科的美。这种感觉也发生在我与这块猪脊肋肉之间。猪脊肋肉与罗斯科的画都有着同样的柏拉图式的纯粹。一个是粹然的黑，另一个则是纯然的肉。

究竟为什么肉类会造成我们与其他物种间的矛盾与冲突呢？问题在于，肉类或许美味，但也相当不健康；肉类不但恶心，而且与谋杀动物脱不了干系。

为什么肉类如此美味

盖洛普调查曾经做过一项调查，询问受访者，对他们而言完美大餐是什么？结果选择肉类主菜的人比选蔬食主菜的人多了 20 倍。

　　与人类有着最接近的亲属关系的黑猩猩，也爱吃肉。哈佛大学灵长类动物学家理查德·兰厄姆（Richard Wrangham）已研究黑猩猩数十年之久，他说他还没碰过到任何一只野生黑猩猩不爱吃肉的。母猩猩向来愿意以性爱换得肉类。南加州大学人类学者克雷格·斯坦福（Craig Stanford）表示自己曾经目睹小黑猩猩饥渴地望着树梢的大猩猩狼吞虎咽，并卑微地盼望会有肉汁滴落下来。成年黑猩猩会猎食老鼠、松鼠、小食蚁兽、狒狒甚至出生不久的黑猩猩，不过它们最爱的还是红疣猴的肉。黑猩猩是野蛮的肉食动物。象牙海岸塔伊国家公园的黑猩猩会在猎物死亡前就吃光它的内脏，而坦桑尼亚的贡贝溪流域的黑猩猩还会虐待猎物，它们会把猎物的胳膊扯断、将猎物掷向树干或岩石以击碎它们的头部。乌干达基巴莱森林中的黑猩猩通常会在猎物活着的状态下生吃内脏。

　　奇怪的是，虽然黑猩猩确实爱吃肉，但它们吃的量并不大。肉类仅占黑猩猩每日饮食的 3% 或 4%，即便最饥饿的黑猩猩一天也不过只吃几十上百克的肉，哪怕是 250 万年前的原始人类都比现在的黑猩猩吃的肉更多。人类转向杂食动物后造成头脑与体格上的变化。与猿类比较，人类拥有相对较小的内脏、较短的结肠与较长的小肠。我们的牙齿骨骼也反映了多肉的饮食。人类早期的灵长类动物祖先和黑猩猩、大猩猩一样，并没有凶猛的食肉动物所拥有的凹面带切割利牙，他们大而平坦的臼齿是为了咀嚼硬质植物以及坚果的外壳。现代人的牙齿则更像是包含切割、裂解以及咬合功能的多功能瑞士刀。

　　杂食性倾向所带来最重要的变化即是人类大脑的演化。大多数人类学家相信，接受肉食是过去几百万年间人类大脑容量发展成三倍大小的关键因素。我们早知人类系由贪嗜肉类的猿类所演变而成。1924 年，雷蒙·达特（Raymond Dart）首度于南非发现被称作唐孩儿的猿人化石。达特描述人类祖先为嗜血的狩猎者，"喜欢狼吞虎咽、大嚼鲜血淋漓并且正在隆隆震颤的尸体"。近年来科学家对肉类在人类进化中所扮演的角色已推展出比达特更为精实的理论，不过基本概念并没有改变。克雷格·斯坦福相信，人类、黑猩猩、狒狒和僧帽猴不但是食肉量最多的灵长类，同时也是最具社交手腕的动物，此间必然有着缜密的关联。上述灵长类动物都善于结盟与欺诈，它们善于处理复杂的个体关系之间的细枝末节。克雷格·斯坦福认为交换肉类促成的群居智能提升了大脑进化的程度。

人类祖先恐怕历经多次的饮食变化，一开始他们以高纤维蔬菜饮食为主，接着转换到包含更多肉类的餐食。而后，当人类进入农耕时代，饮食习惯又回归到较多蔬果类的组合。狩猎采集时代显示人类可以适应多种组合的食物，不过，基本的肉类摄取往往是必需的。在雪车与卫星电视进驻北极生活圈以前，北阿拉斯加努纳姆（Nunamuit）居民以动物制品如鲸皮与鲸油、鱼、海象、发酵海豚鳍肢来获得 90% 的热量。另外，在波札纳喀里沙漠的居民却可以 85% 皆为植物的饮食过活。科罗拉多州立大学罗伦·科丁尔（Loren Cordain）在研究了数百个狩猎采集社会后发现，上述族群至少有2/3 的热量来自肉类摄取。基本上来讲，没有任何一个狩猎采集社会的肉类摄取量占总营养摄取量的 15% 以下。

李波波（Bobo Lee）本名李·罗伯特（Robert E. Lee，我没开玩笑），他认同肉食为自然定律的理论。李波波和太太潘（Pam）在南加州距离查尔斯顿 45 分钟车程的加油站旁开了间庖猪烤肉（Po-Pigs BBQ）店。在开店之前，波波是期货交易员。我在开车经过南加州人称为低地区域的地方时，看见了这间小店。当时我不知道街头美食家简与迈克尔·斯特恩（Jane and Michael Stern）早已将此店誉为全美五大烤肉餐厅之一。

以我个人经验来讲，大部分的烤肉餐厅都不怎么样，但庖猪烤肉例外。店里气氛不赖——桌上铺着方格塑胶桌布，门前挂着手绘的"仅接受现金与支票"的告示牌；最重要的是，餐厅里没有窗户（这绝对是好的烤肉餐厅才有的特征）。刚出炉的烤肉让人神魂颠倒——多汁、带着烟熏味与甜味。桌子上摆着四罐蘸酱，不过最好别碰那东西，烤猪肉本身就够赞了。我大肆夸奖了波波一番，他要我明天早上再来找他，我们可以好好谈谈猪肉。我早上 9 点出现在店里时，一位带着浓浓口音的退伍陆军中士伙食官乔治·格林（George Green）带我到厨房后头，并将炊具锅子打开。透过厨房浓浓的烟雾，我辨识出炊具里装着数十个在 200 摄氏度高温下熬煮了整夜、骨头已呈现赤褐色的猪臀肉。把猪臀肉从火炉上移开，静置半小时后，波波和乔治一起戴上隔热厚手套，将热气蒸腾的猪肉撕开，然后与混着醋汁与辣椒粉的自制皮迪（Pee Dee）酱料一起搅拌。波波说，如果你的猪肉只能用牛排刀才切得开，那就是料理得不够久。

我问波波，为什么人类那么沉迷于肉类的美味。

"我们的祖先就是这样才生存下来的啊，"他说，"他们靠杀动物而活，连乳齿象都吃。我们脑中本能地相信，能坐下来好好饱餐一顿美味的肉类料理就代表一切顺利。肉让你身心感到舒服，让你的胃欢愉。没有一件事比得上一块温热、带血的三分熟牛排更能让我感到满足。"

不过波波的太太潘连一点肉都不碰，她对肉连正眼都不瞧一眼。"潘，"我问，"十年来你每天都至少烤个上百公斤的肉，但你自己却不想吃？"

"嗯，我吃鱼。"

她说："我从来都不喜欢肉的味道。小时候我妈把肉放到我嘴里，我根本不会吞下去。我觉得跟味道无关，是肉的质感。反正现在有素热狗，我已经置身猪肉天堂了。"

"那你喜欢自家的烤肉吗？"

"我没吃过。"

贪食肉类所造成的危险

以人类演化的过程来看，会被肉类吸引是很正常的。以生物学观点来看，肉类极富营养价值。不过缺点是，肉类是所有食物中最具危险性的。当美国广播公司（ABC News）针对"病从口入"进行调查时，85% 的人会提及肉类，而仅有 1% 的人会将蔬菜制品列入危险食物清单。

我们对肉食的恐惧并非空穴来风,因为我们自己也是由肉所组成的,也因此我们很容易得到所食用动物身上所含的滤过性病毒、原生病毒、阿米巴原虫以及寄生虫的相关疾病。鱼的身上至少带有50种传染性病毒。而牛、猪、山羊、绵羊身上极有可能带有导致全球每年40万人死亡的大肠杆菌。部分研究人员相信,人类首次感染艾滋病病毒是食用猴子肉的下场。恐怖而微小的感染性蛋白即使不含基因成分,仍具有超强的能力可以在人体内复制病毒。同样,感染性蛋白质是使牛科动物脑部海绵化(简称狂牛症),并使脑部逐渐成为瑞士起司的原因。感染性蛋白质也会导致一种出现于新几内亚福尔族(Fore)人身上的库鲁(kuru)神经疾病,此疾病源自福尔族人会在葬礼仪式中吃掉死去亲人的脑部组织。

不过或许你会问,为什么狮子或狼不会因生食肉类而致病?哈佛大学的理查德·兰厄姆认为这与烹饪方式有关。他认为,两百万年前,直立人开始使用火进行烹饪实为人类的一大进步,此后不但可食用的选择变多了,也让人类大脑容量得以增长。烹饪除了让非洲羚羊里脊肉更美味,同时也破坏了会让我们祖先致病的病原体。也因此,人类并没有演化出抵抗肉类所含致命病毒的生物防御机制。

人类烹饪所使用的香料也能降低肉类的危险性。康奈尔大学生物学家保罗·舍曼(Paul Sherman)对于为何人类是所有动物中唯一会在食物中添加调味料,特别是加入我们天生排斥的物质如会让人嘴巴发烫、让人泻肚的红辣椒,感到非常好奇。舍曼和其学生发展的假说认定人类是因为某些香料中含有可杀死微生物的物质,因此辗转发展出对香料的喜好。为检验此说,他们分析了全世界上千种传统料理的食谱。在所有的国家里,肉类料理的调味都比蔬菜料理重。此外,热带或潮湿区域的居民会比寒冷地带的人民更为偏好能够间接杀菌的辛辣食物。印度、印尼、马来西亚、阿尔及利亚与泰国的每道肉类料理都相当辛辣(此外,最有杀菌效果的香料为大蒜、洋葱、多香果与俄勒冈叶)。

虽然辛辣香料降低了肉类料理的危险性,但吃肉仍有其风险,此中尤以怀孕妇女为最。动物骨头中的病原体例如弓形虫、李斯特菌、大肠杆菌、痢疾杆菌和钩端螺旋体可导致自发性流产、死胎或早产。不过人类也对可能会危及腹中胎儿的食物演化出抵抗机制——呕吐或对食物的排斥等。许多女性在怀孕初期的前三个月会对可能含有毒性物质的食物特别敏感，并因此孕吐或感到恶心。保罗·舍曼认为由于肉类为最危险的营养来源而水果则相对拥有最高的安全性，因此怀孕期排斥肉类的状况应较排斥水果更为严重。为此他检验了 1.2 万名怀孕女性，并验证了此说。怀孕期妇女厌恶肉类的程度为厌恶水果的 10 倍。

为何羊脑在贝鲁特被视为美食，在波士顿却乏人问津

怀孕妇女并非唯一厌斥肉类的族群。事实上，全世界皆然。我最喜爱的关于肉类的论文为丹麦人彼得·朗德·西蒙斯（Peter Lund Simmons）于 1859 年所发表的小册子，书名为《不同民族从动物界获取食物或极品佳肴的诡异故事》(The Curiosities of Food or the Dainties and Delicacies of Different Nations Obtained From the Animal Kingdom)。西蒙斯详列了人类所吃的肉类种类，其中有很多我连碰都不敢碰的肉食。他详细描述了大象脚趾的美味（你必须先用浓醋和辣椒酱腌渍）以及其他古怪食物的美味，包括海豚、袋鼠、棕鼠、蟾蜍、蜜蜂、蜈蚣、蜘蛛、海蛞蝓和红鹤（它的舌头相当肥美，堪比野山羊）。

假使以品尝新奇料理的冒险性来评分的话，满分十分，我给自己七分。我品尝过羊脑的美味（我在贝鲁特时还常吃，油炸比水煮赞），还有猪大肠、海蜇皮、麝香鳖、羊杂、蚱蜢、动物胸腺、烤黑熊臀肉、鳄鱼以及晒干的鬃蜥蜴卵。不过，我觉得酸乳酪很恶心，寿司则是相当乏味的料理。我不会想尝试鸭仔蛋——一种菲律宾美食，你必须从蛋壳裂缝咋舌吸食翅膀发育到一半、毛茸茸的幼鸭胚胎；我也不想和纽约名厨安东尼·布尔丹（Anthony Bourdain）一样大口吞下还在活蹦乱跳的响尾蛇心脏。不过，尽管我无缘成

为终极饕客，世界上仍有许多人愿意享用上述佳肴。

不过，虽然可食用的动物种类繁多，但是为什么我们却仅钟爱几样？其中一个答案恐怕是取得的方便性。贾雷德·戴蒙德于著作《枪炮、病菌与钢铁》（*Guns, Germs, and Steel*）中指出，尽管多数动物是可食的，但只有少数种类可供人类大规模农业养殖。举例来说，全世界 148 种大型陆地栖息哺乳动物，仅有 14 种被驯养成功。而你所摄取的肉食来源也取决于居住的位置。我家附近超市的肉品专柜仅有最普通的选项——牛肉、猪肉、鸡肉，以及少量的羊肉与几种鱼肉。勇敢一点的人可以带点肝脏回家。但是如果你住在巴塞罗那，你可以漫步去拉兰布拉洞穴状的中央市场波盖利亚看看，右手边有整排肉脏摊位；如果你早点到，可以见着一整排闪闪发亮的动物脏器——胃、大脑、舌、肠、肺、心脏、肾脏，甚至一颗刚剥好皮的山羊头颅。

不过，有时候人们避免食用某些肉类的理由并不只是因为取得不易。个人经验也是其中一个因素。人类和老鼠一样，针对某些味道演化出恶心与呕吐的本能反应。心理学者马丁·塞利格曼（Martin Seligman）在某次生日时大吃浓酱佐料牛排，病毒上身后呕吐了一整晚，并因此发现此本能反应运作的方式。这并不奇怪，因个人经验而排斥肉类的现象，比厌斥蔬菜高了 3 倍，更比厌斥水果高了 5 倍。

不过真正决定我们为何觉得某些食物美味、某些食物恶心的最关键因素，其实是文化。加州大学洛杉矶分校的进化人类学家丹尼尔·费斯勒（Daniel Fessler）专门研究人类社会里的食物禁忌。费斯勒推断，由于肉类物质较蔬菜更具危险性，因此，肉类禁忌应比蔬菜禁忌来得普遍。他与研究生卡洛斯·纳瓦雷特（Carlos Navarrete）着手研究 78 个不同文化中的食物禁忌。他们发现完美可食的肉类被禁止的情况远比蔬菜、水果及谷类高。

为何可供食用的肉类比可食植物更容易受到文化禁止？这是人类学者们喜爱探讨的话题。多半而言，人类学家仅能得出缺乏数据佐证的臆测。某些坚守功能主义观点的人类学者认为禁忌往往极具弹性。举例来说，猪肉为伊斯兰教徒与犹太人禁食的食物之一。许多功能主义者认为这是为确保人类不受旋毛虫病之害。其他功能主义者则认为禁止食用猪肉为演变而来的禁忌，因为猪与人类所食用的食物显为同属。人类学者马尔文·哈瑞斯（Marvin Harris）针对信奉印度教的印度人不食牛肉提出了非常类似的论点。他认为印度教徒对牛的崇拜之所以发展起来，是因为作为耕种、产奶和生产燃料（干粪）的牛比纯粹作为蛋白质来源的牛更有用。

近年来，功能主义者的肉类禁忌解说似乎不太能被学界接受。举例来说，他们根本无法解释地理位置与食物禁忌之间的关系。好比他们无法解释为什么巴基斯坦食牛，但是在隔邻的印度牛却成为人类获取乳类与燃料的来源。他们也无法解释为什么美国西南方那瓦霍族（Navajo）印第安人与非洲牧羊族群马赛人（Masai）禁吃鱼肉。其他学者则认为肉食禁忌来自人类心理上的怪癖。我认为，多数的肉食禁忌根本就是文化传统反复无常与人类彼此模仿下的混乱结果。

假使我的说法无误，那么在正常的情况下，我们认为某种动物是否可食的观点应当时常变动，就像最新流行的婴儿名一样无常。而尼泊尔塔鲁人（Tharu）对水牛肉的看法就如我所述的那样摇摆不定。人类学者克里斯蒂安·麦克多诺（Christian McDonaugh）于1979年至1981年间造访塔鲁村庄。在那里他和村民们频繁食用猪肉、山羊肉、鱼肉、鸡肉甚至鼠肉，不过，村民从未吃水牛肉。当时水牛和其他某些动物一样，为献祭牺礼。不过通常在祭典后，死水牛会被丢弃，而祭拜过的鸡肉、猪肉或山羊肉则会成为村民的晚餐。12年后，当麦克多诺返回村庄时，村民在傍晚喝了无数啤酒后端出了水牛肉，此举让他相当惊讶。看起来，塔鲁人似乎改变了食物禁忌。麦克多诺认为，水牛肉禁忌的变动源自数种原因。首先，由于其他肉种价格上涨，因此让水牛肉显得廉价。其次，阶级制度的转变也有影响。当时村庄人口已经变得较为多元，而塔鲁人也与其他食用水牛肉的人相识。最后，该村庄的民主性业已提高，塔鲁人拥有了较高的自由度以表达个人的政治观点与想法。也因此，他们开始选择自己想食用的肉类。

狗肉饼干、炖狗肉：饮食禁忌案例

当某种肉类成为社会禁忌时，食用此肉将给人们带来恶心的感受。对美国人来说，食用狗肉极度恶心，不过以考古学证据来看，人类食用狗肉已长达数千年之久。在许多国家与文化里，人类都曾经将狗当作行动食粮，它们会在营养资源充沛时吞咽人类剩食，到了食粮不足的时候，就会被炖煮成晚餐。阿兹特克人甚至培育了一种专供食用的无毛狗，在北美印第安族群中狗肉也曾被视为主食。尽管食用狗肉于 1998 年在菲律宾遭禁，但是狗肉仍为许多菲律宾人的午餐，某些非洲狗会被阉割、增肥，以确保肉味肥美。此外，你也不会想成为刚果盆地的狗，在那里，狗会被缓慢毒打致死，以确保狗肉软嫩弹牙。

狗肉特别受亚洲人的欢迎，每年亚洲人平均进食 1600 万只狗与 400 万只猫。剑桥大学人类学者安东尼·波德伯斯切克研究亚洲狗肉产品交易数年。中国人吃下的狗肉最多，狗肉火腿通常被视作极品。狗肉和牛肉一样昂贵。2004 年新鲜狗肉每公斤 4 美元。内脏通常较为便宜：狗脑大约每颗 1 美元，而狗鞭一条则约 1.45 美元。中国人向来以松狮狗作为肉狗，不过在 20世纪 90 年代时，狗农夫（或许该称为狗牧场经营者）希望能培育出成长更快速且肉质更佳的狗，在他们试验大丹犬、纽芬兰犬与西藏獒犬后，他们认定圣伯纳犬为最佳的育种血统。由于圣伯纳犬脾气好，又能够快速地生出一大窝小狗，所以被育种者认定为最佳肉狗。不过由于圣伯纳犬的肉味太过平淡，因此养狗的农夫通常会安排它们与土狗交叉配种，以产出更美味的肉。肉狗幼犬通常于肉质最为鲜嫩的六个月大时被屠宰食用。

韩国人吃狗的历史也非常悠久。韩国人和中国人一样，都相信狗肉具有疗效。不过中国人多半在冬日食肉，而韩国人则在夏季大啖狗肉。尽管狗肉在韩国被认为是传统料理，但是吃狗肉也已在现代韩国社会中成为争议话题。韩国平均每年每人食肉量为 22.7 千克，不过由于该国人口近5000 万人，因此总数依然不可小觑。根据韩国农业部统计，1997 年该国共食用近 1.2 万吨狗肉，而且需求依然不断攀升。2002 年，国家狗肉餐厅协会组织了起来，开始推销狗肉及相关产品的消费。其中包括狗肉面包、狗肉饼干、狗肉美乃滋、狗肉番茄酱、狗肉醋、狗肉汉堡。你也可以买到一包包的"消化狗肉"（digested dogmeat，我不太确定那到底是什么），此外还有一种据说可以改善风湿病的补药称作"gaesoju"，也是以狗肉提炼而成的。

　　当韩国人每年吃进 100 万只狗的同时，也有许多狗成为他们的宠物。马尔济斯、西施犬、约克夏犬为最受欢迎的犬种。因此，韩国人也愈发对食狗肉的传统感到尴尬。近年调查发现约有 55% 的韩国人不赞成吃狗肉。不过，同项调查也发现，仅有不到 25% 的韩国人认为应该禁食狗肉。

　　吃狗的禁忌根源于人类与动物关系的一体两面——人类不吃他们鄙视的动物，也不吃他们喜爱的动物。不吃鄙视动物的原则解释了为什么印度和中东区域几乎无人吃狗肉。在传统印度教里，狗是动物界的边缘角色。它们因为近亲交配并且因吃呕吐物、排泄物与尸体而受到鄙视。狗类受到低阶级的种姓群众喜爱，但对高阶级的族群而言，连狗的出现都会令食物蒙受污染。伊斯兰教义也往往将狗视为不洁的存在。印度教徒与伊斯兰教徒不吃狗肉的原因和美国人不吃鼠肉一样——它们是有毒的生物。

　　然而，美国人和欧洲人却因为截然不同的原因拒吃狗肉。对美国家庭来说，狗不是动物，而是家庭的一分子。也因为家庭的一分子指称人类，所以吃狗等同于食人行为。

　　那么要如何解释某些文化既可以把狗当作家庭成员，却又坦然将其烹煮入腹呢？这些社会通常以分类法解决潜在矛盾问题。对韩国饕客而言，适合烹煮的狗类为黄狗，一种有着黄色皮毛的中型犬。黄狗不是宠物，而在宠物狗与肉狗混卖的市场里，黄狗与肉狗会分别被关在不同的笼子里，以作区分。美国南达科他州松岭保留区的沃格拉拉族印第安人（Oglala Indians）会在宗教仪式中食用狗肉，而狗也是他们的宠物。一窝狗崽的命运往往在出生时就被命定。宠物会被起名字，而拿来炖肉的狗崽儿则没有。

肉是死尸，并且十足恶心

另一个使人类与肉类关系趋于模糊难辨的原因来自人类杀生的罪恶感。几乎全世界的猎人部落都有狩猎赎罪仪式。多数的美国人多半以不去思考晚餐的来源来回避与肉类相关的罪恶感。一直以来我都成功地躲避了食肉的道德谴责，直到 36 岁，当我拿着刀准备分解一头重达 590 公斤的食用牛时，我仓皇地从现场逃离了。

当时，我们住在艾西郡沃伦威尔逊学院的校园里。该校园拥有自己的牧场，其中也饲养肉牛，每年至少会屠宰 30 只牛。这些肉牛过着乡村农庄的生活，并且以无痛方式死去，其生活方式恐怕连动物解放哲学家彼得·辛格（Peter Singer）也难以批评。它们绝对不需居住在拥挤的工厂，也不会被塞进牵引挂车内，或是遭受屠宰场内的机关折磨。不，沃伦威尔逊学院的牛从出生到死亡都被农场学生员工呵护着。当它们在早晨被屠宰时，员工会拿着鲜草诱惑它们走进狭小的屠宰场，在它们尚未意识到什么时，就会头部中弹而亡。

某天下午，农场的学生员工得知我在研究人类与动物互动后，邀请我参与隔天的屠宰工作。我支支吾吾了一会儿，勉强地答应了。晚上我难以成眠，早晨七点我准时出现在屠宰场门口，一小时后，我的双手已经在肉牛的身躯内了。我花了整整两天协助员工们，将巨大的肉尸包装成冷藏肉品。

第一只肉牛是这样倒下的。其中一名学生桑迪·麦基（Sandy McGee）将牛牵进屠宰房，把缰绳绑绕在地板上的金属环中。农场经理恩斯特·劳尔森（Ernst Laursen）走进房内，以一把点二二的手枪毙杀了肉牛。接着员工们开始工作，他们真的熟门熟路。其中一位割开了肉牛的喉咙放血，另一位负责锯掉动物的头和四蹄。他们将一条锁链接在肉牛的腿上，接着在天花板上吊起屠体。不知从哪儿来的手推车突然出现，我看不出它有何用途。接着，桑迪用一把18厘米长的剥皮刀快速地纵切了一个开口，肉牛从肋骨到肛门都一览无遗。多达数升的内脏轰然落进了手推车内。美国农业局稽查员检查了心脏、肝脏、肾脏后，在畜体身上盖了个小印章，以示天下此肉可食。

你应该听过这说法，如果我们亲手屠宰，那么人人都会吃素。农场学生们提供了一个检验此说的机会。他们多半为在郊区长大的中产阶级小孩，在进入大学以前，从未有过与猪或牛真实相处的机会。为了确定屠宰者是否真的会演变成素食者，我和桑迪对曾经实际亲手屠宰或解剖的学生们进行问卷调查。我也访问了数名学生。

我的访问结果否定了屠宰与茹素之间的关联：没有一位参与屠牛的学生放弃肉食。然而他们对于屠宰一事确实有着相当复杂的情绪。他们几乎都认为屠宰与切割肉类是相当有意义并且有趣的经验，有些人承认当他们在屠宰时或屠宰之后，感到腹中翻滚恶心。有一半以上的农场员工表示，他们会在屠宰猪或牛的一两天后避免吃肉，不过多数人都认为他们从屠宰中获得了美好的经验，其实他们的回答颇为世俗。举例来说，有人认为从学习肉类的不同裁切部位，甚至亲手感触它，帮助他们成为更好的消费者。有些兽医学系的学生说，屠宰帮助他们了解解剖构造。不过对其他人来说，屠宰经验有着更深沉的意涵。这是厘清价值观的练习。他们学到了，肉是怎么来的。它是尸体。

食物心理学家保罗·罗津相信动物与死亡和人类内心世界深有关联。罗津认为许多人认为肉类令人感到作呕的原因是因为动物提醒人类其道德态度。他如此写道："人类必须吃、排泄、性交，和动物一模一样。所有的文化都规定了上述活动适当的方式——举例来说，禁止将多数动物视为营养来源，也禁止将多数的动物或人类视为性交对象。此外，我们人类就像动物一样虚弱，当包覆我们的身躯碎裂开来，柔软的内脏与血液就会一览无遗，这提醒了我们人类与动物的相同之处。人类的身体和动物的身体一样，都会死亡。"

人类真的觉得动物肉体恶心吗？没错，而且这样的看法似乎越来越强烈。举例来说，研究者发现若肉制品越鲜红，或看起来越有畜体形状，就越不讨普通消费者的喜欢。这无疑给了肉品工业一大难题。通常消费者都喜欢看起来新鲜、多汁与自然的食物。不过对消费者而言，新鲜、多汁与自然的肉类，也往往让他们深感恶心，其中尤以女性的反应更为明显。研究者建议肉品工业降低产品的畜体感——小包装、腌制过并且缺乏鲜红血色的即食品，简单来讲，就是让肉类看起来不要太过恶心。

鸡肉制造商老早就知道这些奥妙。1962 年，几乎所有的美国鸡肉都是连着心脏、肝脏与鸡胗合体卖出。你必须自己下刀分离鸡体。不过现在还有谁会这么做啊？今日，在超级市场里贩卖的 90% 的鸡肉都令人难以联想到活生生的鸡。零售鸡工业里发展最快速的环节正是"加工"部门——一片片透明无骨的鸡肉、看起来像是培养皿培育的食物以及用矛盾修饰法标示的"嫩鸡条"或我最喜欢的"鸡手指"等奇妙说法。

肉类这么恶心，为什么却很少人吃素

原本被视为中立的行为转变为不道德的过程，我们称之为"教化"（moralization）。比如人们对蓄奴的态度已历经教化过程，而最近的教化实例则是吸烟。你会以为食肉也会很容易被教化。我的办公室地板上堆满了警告人们不要再吃肉食的杂志，反对肉食的说法至少可归纳成让人难以辩驳的四项结论。第一，当你吃下动物时，你等同剥夺它的生命。第二，几乎所有食用动物都在饲养、运输、屠宰的过程与环境中忍受极大的痛楚，而负责养殖工业的员工们也得在恶劣的环境下充当道德屠夫。第三，当人类饮食从植物转换至肉食时，造成了自然环境的剧烈破坏并且极端违反效率原则。第四，肉食导致肥胖、癌症与心脏疾病。再加上肉食不管在道德或健康上都明显地站不住脚，我们会以为人们很容易被说服并且开始拒绝食肉。你错了。肉类教化运动面临空前的巨大失败。

现在，特别是对很多年轻人而言，宣称自己不吃肉，是很帅的举动。近年调查发现约有 30% 的大学生认为每餐都应该要有素食的选项，全美素肉销售量以 35% 的成长率逐年攀升。不过，我们并没有发现任何证据显示素食主义运动正席卷美国。美国素食者最佳的预估数值来自 15 年来委托素食者资源社团（Vegetarian Resource Group）所做的一项调查。该调查随机访问成年人所进食的食物。民意调查的结果显示 97% 到 99% 的美国人都吃肉。

动物权利运动已经成功地转变美国人对待其他物种的态度。不过，讽刺的是，当集体社会意识更为在乎动物福利议题的时候，我们想吃肉的欲望也攀升了。1975 年，现代动物权利运动开始酝酿并发展成正统的社会运动，美国人平均每人每年吃下 80 公斤的肉。目前，美国人平均每人每年吃下 109 公斤的肉。而每年屠宰的食用动物数量攀升得更为惊人。过去 30 年来，人类消费的动物数量从 30 亿只跃升为 100 亿只，而每年每一个四口之家消费动物的数量从 56 只跃升为 132 只。

为什么动物权利运动完全无法遏止人们嗜吃动物的欲望呢？讽刺的是，当动保分子致力改善农场动物的生活时，消费肉类也变得越来越合乎道德。举例来说，2003 年至 2007 年之间，有机鸡肉的销量增长了 4 倍。对具有社会意识的消费者而言，他们现在可购买无激素、无抗生素、无残酷对待的自由放养鸡。换句话说，这代表无涉罪恶感的肉品。即便在我居住的小小城镇（人口仅有 2454 人）也有贩卖美国人道协会高度推崇的肉品。我可以购买店家告诉我"有过着好生活"的鸡，"百分之百天然""以全素饲料饲养""在低压力环境下生长""无剪喙""优良通风设计环境"与"多重饲料仓以保饲料新鲜"。大型速食连锁店也看准了时机蜂拥加入战局。麦当劳、温蒂、肯德基与哈蒂汉堡都设有规模庞大的动物福利顾问理事会，并且引进人道屠宰与动物福利概念。

不过美国屠宰动物总数上升的最大原因在于人类从嗜吃哺乳类动物转而消费更多的鸟禽类动物。多年以来，我时不时都会满怀罪恶地偷偷开车去汉堡王吃起司华堡。我喜欢浓稠黏腻的美味奶滋酱、卷心莴苣以及我稍后发现完全来自化学工厂加工的多汁肥美的炭烤肉片。然而在我阅读过艾瑞克·施洛瑟(Eric Schlosser)所著的《速食共和国》后,我就对华堡免疫了。这本书很轻松地就使我相信可乐和海洛因一样容易上瘾、麦当劳高层密谋维持最低薪资的门槛、速食工业对年轻人的伤害比哥伦比亚毒枭还剧烈。当我发现一片牛肉汉堡肉包含了上百只牛的肉碎片,而其中任何一只牛都可能带有疾病,更别提它们生命中的最后两个星期都站在与膝同高的粪堆里,从此,我便不再觉得华堡美味。

许多人和我一样刻意减少牛排与汉堡的摄取量。自1970年开始,美国每人平均牛肉消费量逐年下降,已达20年之久,起因为美国食品药物管理局告知大众须减少摄取饱和脂肪。然而人们对牛肉的热情下滑也反映在对鸡肉的替代消费上。1975年至2009年之间美国每年屠宰牛下降了20%,而鸡肉消费量则成长了200%;其分水岭为1990年,该年为历史上美国第一次吃下的鸡肉量超过牛肉的黄金时刻。赫尔伯特·胡佛(Herbert Hoover)竞选总统时曾经抛出"每口锅一只鸡"(a chicken in every pot)的口号,当时平均每个美国人每年吃227克鸡肉,现在数字已经成长至40 823克了。

美国人从嗜吃牛肉转吃家禽类有几个原因,但这一切与我们是否关注动物福利议题无关。第二次世界大战后禽类科学的进步与鸡肉工业的垂直整合使得鸡肉比牛肉更为省钱。1960年,生产1公斤鸡肉所需花费为等重牛肉的一半,现在则仅要1/4。此外,牛肉也常与糖尿病、心血管疾病与癌症相联系。早期有许多人使用假的科学理由反对牛肉,不过目前的流行病学研究确实证实牛肉对身体有害。2009年一项横跨地理区域并包含50万参与人次的调查发现,食用较多红肉或加工肉类跟摄取较少红肉的人比起来,比较容易死于癌症或心血管疾病。调查者估计,假如减少红肉摄取量的话,美国男性死亡率可下降11%,女性死亡率可下降16%。

我的营养学家好友凯西(Cathy)的做法是,建议客户只吃水里游的和有翅膀的动物。不过以动物福利的观点来看，少吃牛肉反而造成了巨大的灾难。平均来讲，受屠宰牛体总重约 499 公斤，其中约有 62% 的屠体可供食用。科布 500 型肉鸡相较之下只能产出约 1.4 公斤的食用肉。这代表你必须屠宰数百只鸡才能得到与一头牛同重的食用肉。此外，肉牛的生活远较生活于繁殖工厂的鸡来得愉悦。科布 500 型肉鸡得 24 小时吸入带有阿摩尼亚酸臭味的空气，而普通肉牛则可以花一年半的时间在草地上嚼食鲜草、晒太阳，直到被拉去屠宰场"收割"的那日为止。虽然麦当劳卖的烤鸡肉对你的健康较好，但是以动物受虐的观点来看，其背后的罪行要阴暗深重得多。

　　当然，要是按上述逻辑判断的话，那么 40% 的动保分子最能接受的肉食选择应该会是水里游的吧。毕竟 7 万只鸡的肉量等同于一只 100 吨重的鲸。善待动物组织的合伙创办人英格里德·纽克尔克（Ingrid Newkirk）同意这说法。2001 年善待动物组织在部分支持者的推动下，推出支持人们食用鲸肉的推广计划。纽克尔克为我解释该组织的理念："我们开启了'吃鲸'运动，让大家注意到若我们选择食用体积较大的动物，那么它可以提供较多的总体食用肉量，也可以减少受虐动物的数目。以鲸来说，鲸以自由自在的方式生活，它不会被切断尾巴、阉割、剪耳朵或剪喙，也不会被塞进笼子里受皮肉痛，也不会在气候恶劣的状况下运输往返等。所以，没错，为了要减少受苦动物的总体数量，而你确实这么执意要吃肉的话，如果你无法因为怜悯与其他高贵情操或为了健康或环境考量而放弃肉的美味的话，那么真心建议你食用身边能取得体积最大的动物的肉。"

　　我觉得蛮有道理的。不过我的女儿贝特西在日本乡下住了一年后跟我说，鲸鱼肉又硬又油又恶心。

言行不一的人们：吃肉素食者的实例

　　虽然动保运动没能成功教化食肉的生活方式，但是全美国仍有上百万人坚称自己为素食主义者。这也是米歇尔（Michele）的说法。她一边吃炙烧鲔鱼一边跟我说她不吃肉。很多人和她一样，多数的美国素食者都吃过动物的肉。

不过齐·格林（Che Green）和这些人不一样。齐是个银行投资者，也是人道研究委员会的创办人与执行长，该组织以市场调查方法取得大众对动物议题的意见风向。齐和许多动物保护分子一样，从小就拥有一颗柔软的心，对动物感同身受。当他还小时，确实吃肉，虽然他总是选择看起来比较没有动物感的肉。高中时，某年暑假在阿拉斯加罐头工厂的打工生活彻底改变了他对肉的看法。他的任务是把大鱼丢进处理机里，数秒钟后，处理机会吐出一个个的鲑鱼罐头。虽然他努力挨过了那个暑假，但是那场鲑鱼大屠杀在他心底留下了阴影。两个月后，他成了素食主义者，两年后，他成了纯素食者。

齐对于美国人的饮食流变无所不知。他手中有份针对美国国内素食主义者进行调查的报告书。报告数据显示了人性心理的复杂面——人们总是言行不一。举例来说，2002 年《时代》杂志报道显示 6% 的美国人认为自己是素食者。然而，同一篇文章指出上述的素食者里有 60% 的人承认自己在过去的 24 小时内吃过红肉、鸡肉或海鲜。我的营养师好友凯西认为自己是"弹性素"，而且确实还有人发明了一个词"弹性素食主义者"（flexitarian）用来形容自我认同为素食者但却时不时开荤的人，通常他们选择的肉类为鱼肉或鸡肉（有项调查发现，青年素食主义者所吃的鸡肉量超过非素食主义者的同侪）。

据人道研究委员会推测，全美真正的素食主义者与纯素食者在 200 万至 600 万人之间（哈佛大学医学系团队研究则显示不到 1/10 的美国人为真正的素食主义者）。人们因为许多原因放弃食肉。多数调查发现对许多素食主义者而言，健康因素为茹素的主要动机，因为道德或环境因素而选择茹素的人则在少数。一开始，齐选择吃素的原因是内心的憎恶，后来则是道德上的反弹。他在鲑鱼罐头工厂的经历让他觉得人类每年屠杀数十亿只动物以满足口腹之欲的行为，实在令人感到恶心。

我的朋友彼得成为素食主义者的故事则与齐大大不同。彼得的父母亲为末日基督教派的信徒，他们原本就因为宗教因素而拒吃肉类，不过他现在则是因为全植物饮食的益处而放弃肉食。和齐相比，彼得的茹素与动物权或其他物种的受虐状态毫无关联。他也会使用哈瓦哈特（Havahart）活动陷阱人道捕捉入侵他家后院的野生动物。

接着，他会射杀入侵动物。

彼得住在艾斯郡北边附近的迷你农场里，他负责种植给自己家人食用的蔬菜。五年前，他开始对不断入侵并偷食玉米、南瓜、豌豆、大豆与蓝莓的动物感到厌烦。他购买了一些活动陷阱器，并在数公里外释放入侵的小动物。当他发现这根本行不通时，彼得买了一把枪。今年他已经猎杀了两只浣熊、好几只火鸡与一只小负鼠。彼得并不喜欢狩猎，他也不时改善花园外的围篱与网子的设计，希望减少枪杀动物的数目。不过，至少到目前为止，浣熊仍不肯善罢甘休，不断地破坏他的玉米作物，因此彼得至今仍是素食主义者猎手。

彼得和齐是两个相反的例子，证明了素食主义者对待食肉可能采取完全相异的道德判断。保罗·罗津和他的同事们发现，以道德为出发点的素食主义者更容易因肉味而感到恶心，而吞嚼肉类也会让他们感到不舒服。不同于以健康为出发点的素食主义者，道德素食主义者视肉类为道德不纯洁的存在，同时他们认为肉食者含有某种侵略性。此外，他们也比健康取向的素食主义者拥有更为强大的拒绝肉类与肉制品的观点。换句话说，道德素食主义者比健康素食主义者更将肉类视作道德行举的指标。

为什么有这么多人能够选择拒绝吃肉，而其他的人却不顾良心地继续大口食肉？《素食主义：一世或一时？》（*Vegetarianism: Movement or Moment？*）的作者唐纳·毛瑞尔（Donna Maurer）指出，典型的素食主义者通常有以下背景：自由主义者、白人、良好教育背景或中产阶级或中上阶层的女性，并且他们比一般人更具有不愿与传统价值观妥协的态度。通常她会先放弃红肉，接着再慢慢避开鸡肉或鱼肉，而后，她还可能拒吃鸡蛋与奶制品，成为纯素食者。素食主义者的动机与时俱进。一开始因为健康因素而放弃吃肉的人，很可能会将拒绝杀生的价值观慢慢内化吸收。同样，一开始因为动保观念而茹素的人，也可能会慢慢察觉全素饮食的健康益处。

个性也有可能影响一个人是否会走上素食主义的道路。我和劳伦·戈登（Lauren Golden）一起研究第一章提及的五大性格与对待动物态度的差异。我们通过脸书与 MySpace 等社群网站邀请动物权运动者、动物使用相关族群（猎人和农人与研究者），以及对动物议题并没有太多关注的人进行线上调查，了解他们的饮食习惯以及对待动物的差异理念。此调查约有 500 人参与，近四成为素食主义者。相较于肉食者，素食主义者多半更具创造性、想象力，并且更勇于尝试新的体验。不过，他们也有容易焦躁与忧虑的倾向。

上述结果带出了一些有趣的面向。多数调查发现素食主义者比肉食者拥有更好的体魄，而且许多素食主义者认为自己不但改善了健康状况，也拥有较好的生活品质与精神状态。不过，是不是所有人都适合放弃肉食成为素食主义者呢？

拒食肉类与饮食障碍：素食主义的另一面

我不知道罗里·弗里德曼（Rory Freedman）和金·巴努因（Kim Barnouin）是不是婊子，不过她们看起来真的挺瘦的。这两位时尚工业的名人（罗里是经纪人，而金则是模特）开始了纯素食饮食之旅，并于 2005 年出版了一本乱七八糟的素食书《瘦婊子》（Skinny Bitch），还登上了《时代》杂志畅销排行榜。她们写的标题都很有力，像是"糖是魔鬼"和"腐烂的死臭肉晚餐"，这本书与其后的系列出版成为媒体宠儿。《瘦婊子》的目标群众为希望能变得和作者一样有魅力的少女和年轻女性。书开宗明义地问读者，"你已经厌倦又累又胖了吗？"如果你是住在美国的年轻女性，恐怕都会回答是，如果是的话，那么作者将会告诉你，"停止吃动物吧"。

　　我之前访问过的史黛西·吉亚尼，也就是现在开始吃生牛肝的前素食主义者，她认为《瘦婊子》所传递的"吃素、减重"信息对少女而言非常危险。她记得 16 岁放弃肉食的时候，当时对自己身体形象的认知非常错乱。"吃素对我而言是控制身体的一种方式，并让我不再进食脂肪。脂肪成为万恶之首。以精神状态来讲，17 岁对我而言是很艰难的时刻。素食主义成了支持我的信念。素食主义的绝对正确令我感到欣喜。我在那年纪时需要的正是如此清楚、坚定与正确的信念。"

　　史黛西的决定是危险的一步。哈里斯民意调研（Harris Poll）显示素食主义者中最重要的族群即是少女，也是与饮食障碍攸关的族群。我花了许多年时间访问素食主义者，不过我从没想过，作为健康生活代表的素食主义也有着黑暗面。《瘦婊子》一书会不会让读者陷入饮食障碍的危险之中？思及此处，我立刻着手开始寻找素食主义与饮食障碍关联的研究。我被我所发现的资料给吓了一跳。

　　《瘦婊子》一书让年轻女性幻想只要停止吃动物的肉，就可以拥有健美的身材，不过全素饮食并没有减重的效用。雪莉·柯洛普（Sheree Klopp）于美国饮食协会期刊发表的《自称素食主义者的大学女性具有罹患饮食障碍的潜在风险》（*Self-Reported Vegetarianism May Be a Marker for College Women at Risk for Disordered Eating*）一文中指出，她与研究伙伴发现，茹素的素食主义女大学生并没有比食肉的同侪更为苗条。然而，素食主义者会比同侪更容易在餐后有罪恶感，并且更注重体重。她们更倾向使用泻药或极端的运动方式进行减重，甚至会在餐后催吐。

　　不只有这份报告提出了素食主义与饮食障碍的关联性。明尼苏达大学的研究者发现茹素的青少年进行节食的概率比食肉的同侪高了 2 倍，催吐的机会更是高了 4 倍，使用泻药进行减重的机会则是高了 8 倍。2009 年调查发现茹素的青少年与成年人比起食肉的同侪们显现出暴饮暴食行为的概率为 4 倍（史黛西也有同样的症状）。澳大利亚与土耳其的研究者则发现茹素的青少年比食肉的同侪更加注意自己的外貌，也比同侪更有可能进行极端的节食方式。

赫尔辛基大学心理学系的玛利亚纳·琳德曼（Marjaana Lindeman）认为有时吃素代表潜在的情绪问题。她还发现吃素的女性除了有较高比例罹患饮食障碍外，也比食肉的同侪更有可能产生沮丧、信心低落或较为负面的想法。

最后，宾州大学的研究者发现，在大学生之中茹素者比肉食者更容易因为体重而焦虑，并更频繁地节食、暴饮暴食与催吐。或许，在所有发现之中最悲伤的是，茹素者比其他肉食者更能认同以下陈述："如果能够以一颗药丸安全并且有效率地解决我的营养需求，我愿意服下这颗药丸。"听起来很糟吧。

我的同事坎迪斯·波恩（Candace Boan）是一位在大学服务的学生咨商师，她特别专注于年轻女性的饮食障碍问题。波恩已吃素15年。我问她，是否曾经注意过抗拒肉食与饮食障碍之间的关联。

"有啊，"她说，"我每个学期开始时都会和学生们聊这个问题。"

"她们的反应呢？"我问。

"没有人相信。"

波恩指出了问题的核心。"素食主义并不会让人们罹患厌食症或是暴食症。不过有些人，特别是具有上述倾向的年轻女性，会用吃素来掩饰饮食障碍问题。而且她们本人说不定根本没有意识自己正在企图掩饰什么。"

波恩说得没错。对很多人来说，茹素代表着健康的生活方式。确实，科学研究发现全素饮食比吃过量的肉好得多。我不是在暗示素食者和厌食症有着密切关系，不过我们的确不能忽视有十多项科学研究报告确实发现素食主义与饮食障碍的关联，特别是年轻女性的族群。就像童年时期的动物虐待经验与成年后的犯罪行为之关联一样，重点在于这当中的关联性到底有多强，以及为什么会有此关联性存在。

饮食障碍是个必须严肃看待的问题。全美国约有700万名女性与100万男性深受贪食症、厌食症、暴饮暴食之扰。由于神经性厌食症高达10%的死亡率，因此它也被视为最严重的心理疾病之一。很明显，我们需要更多的科学研究以了解真相，不过《瘦婊子》一书所说的，成为素食主义者就等于健康、等于瘦身的公式，完全是个谎言。

为什么很多素食者又重新开始吃肉呢

史黛西克服了她的饮食问题，现在几乎天天吃生肉，特别是生牛肉。她并不是特例。很多素食者都会回头吃肉。根据 2005 年 CBS 新闻台调查，全美前素食主义者的人口为现任素食主义者的三倍。可能因为我小时的成长环境为南浸信会教徒吧，我对那种曾经见过一丝光明又选择变心的人特别有兴趣。有天下午当荣誉研究生摩根·奇尔德斯（Morgan Childers）跑进我办公室讨论研究计划时，我提起了调查前素食主义者的点子。我们一起设计了一份网络问卷，由摩根负责在社群网站如脸书和 MySpace 的相关社团征求参与者。

我们在几个星期以内就募集到 77 位前素食主义者参与问卷调查。平均而言，他们都曾经茹素十年，最后又选择回头吃肉。杰弗里·穆萨耶夫·马森（Jeffrey Moussaieff Masson）曾在著作《你盘中的脸：食物的真相》（*The Face on Your Plate: The Truth about Food*）中赞扬避免肉食对健康带来的正面影响。他这么写道："我长年茹素，生病好像根本不在我的字典里。现在我已 68 岁，坚持纯素食生活好多年，我想这是我一生中最健康的时刻吧。我的体重比 30 岁时轻，却比 40 岁时还壮，我比 50 岁时更少感冒或生小病。基本上，我一生中未曾受病痛折磨过。"

他挺幸运的。虽然许多素食主义者因为健康因素而放弃吃肉，但是我们的研究显示，重返食肉生活的素食主义者们往往也是因为健康状况堪忧而不得不这样。史黛西是因为老是生病而继续吃肉。许多参加我们问卷调查的人也面临同样的状况。有人这么写："我感觉很虚弱又很不舒服。虽然我已经听从善待动物组织的茹素指南还是没用。"另一个人这么写道："我病得很重，虽然我一直在打铁剂和维生素的营养针。最后因为病情每况愈下，医师要求我得吃一点肉才行。当时我想，如果只吃鸡肉或鱼肉就太假了，毕竟它们和猪和牛一样，都是动物。因此我从无肉生活一下又跳回毫不忌口的生活。"不过某人的回应才是最一针见血的:"我宁可吃一头死牛,也不想贫血。"

当然也有其他原因让素食者恢复吃肉。参与调查计划的前纯素食者与素食主义者们表示,他们已经对维持茹素生活感到疲惫——住家附近找不到品质好的或便宜的有机蔬菜,没有时间自己煮全素料理;又或者,他们已经厌烦了素食主义者的生活方式了。哲学家盖瑞·斯坦纳(Gary Steiner)曾经如此描述此中之不便:"如果你没有尝试在嗜肉如渴的社会里当一个素食主义者的话,你真的不知道什么叫作痛苦。原本日常一件超级简单的事,现在却变得难如登天。"

也有些素食主义者只是纯粹怀念肉味。有些参与我们调查的前素食主义者回忆只要闻到铁板上的培根香味就会抓狂,还会不停地进食蛋白质食物。有人这么写:"我真的很饿,而且那种饿就是非得吃肉才行。"另一个人的回复也很简单明了:"一个饿到前胸贴后背的大学生+学期结束回到老友身边+堆得像座小山的水牛城辣鸡翅=投降。"

肉是身体与心灵的战场

当心理学家乔恩·海德特(Jon Haidt)读研究生时,他拜读了彼得·辛格的著作《实用伦理学》(*Practical Ethics*),并马上认同食品工业以完全不道德的方式对待动物。虽然他深知工业化农业的残酷事实,然而,他并没有打算放弃肉食。他是这么写的:"从那天开始,我打从心底反对工业化农业。然而,这仅是我的道德态度,而非实际行动。我没办法放弃肉的美味。在我读完那本书以后生活上唯一的改变就是每当我点汉堡时,都会在内心疯狂地数落自己的伪善。"

我的状况和乔恩差不多。我们全家都喜欢吃马铃薯和肉,小时候我们一天三餐都会吃肉,而且开头都是 B 字母,培根(bacon)、牛肉(beef)。现在不会了,我和玛莉·珍偏好地中海料理——马铃薯、柠檬与番茄的风味,再配上意大利面或米饭，这些都是对身体很好的食材。我们确实也会吃肉，只是比以前少得多，而且多半选择会飞的或会游泳的动物。

我也较偏好对待动物友善的农业产品，好比我会和好友琳达（Lydia）买些混种阿拉卡那鸡与芦花鸡的鸡蛋。我也会花三倍的价格买贝尔与伊文（Bell and Evans）品牌的鸡肉，他们的网站强调："鸡们沐浴在温暖的阳光底下。"偶尔，我会煎一些尼门牧场（Niman Ranch）买来的牛排，该品牌强调"牛肉皆来自以人道永续方式饲牛的美国家庭牧场"。我知道，根据消费者报告，通常这些"天然""人道"根本都是没有意义的市场话术。

肉对人类内心而言，正像是艾尔·帕西诺（Al Pacino）在《魔鬼代言人》（*The Devil's Advocate*）中形容的是一个"身体与心灵之间的混沌战场"。对人类而言，与动物互动最自然的方式正是吃掉它们。对肉类的渴望根本就根植于我们的基因之中，这点和黑猩猩一模一样。不过，对像我这样的人来说，即使我们确实嗜好吃肉，但我们也知道人类是唯一有能力双眼直视其他物种，并且拒绝吃掉它们的动物。

哈佛大学灵长类学家马克·豪泽在所著的《野性心灵：动物们在想什么？》（*Wild Minds: What Animals Really Think*）中写道，人类与黑猩猩之间的差异远远甚于虫子和猿类之间的差异。我们可以从食物的选择中明显看出此差异的存在。猩猩可以在镜子中认识自己、制造工具、进行群体狩猎、运用符号沟通并且形成不同阵营。不过，猩猩们在扯断尖叫的疣猴的手臂时，可从来不会露出一丁点的疼惜之情。

我的生牛排晚餐

就在我访问史黛西关于她如何从茹素者变为生牛肉爱好者的一个月后，她寄来了一封电子信件："哈尔，你和玛莉·珍星期天想来我这吃晚餐吗？我们要吃牛排。"

当然好啊，史黛西，生牛排该配哪一款的酒呢？

一个星期后，我的想法改变了，我儿子是急诊室护士，而他老婆则是医生。两人不断向我耳提面命生红肉的危险性。不过等到星期日下午到来时，我们仍旧翻山越岭开往史黛西家。史黛西向我们介绍了自家农场，阳光温暖地洒落，眼前还有两只猪开心地向我们跑来，兴奋地嘀叫，它们似乎很高兴见到有客人来访。接着，就到晚餐时间了。我和史黛西、格雷戈里的晚餐是生的丁骨牛排以及新鲜的希腊沙拉（玛莉·珍则选烤鸡胸）。牛排则来自格雷戈里与史黛西的农场，味道满分，鲜嫩、多汁。我的犹豫一扫而空。我吃完又再要了一份，甚至还吃了格雷戈里分给我的生鸭肉。

数周后，我收到了史黛西的电子邮件，并且再次思考了人类与肉类关系之间的模糊道德界限。

哈尔：

我们今早刚刚带了小猪们去屠夫那儿。

人类的心灵世界实在太过复杂，为什么人类会愿意花七个月的时间辛勤地喂养动物，只为了把它们送给屠夫并换来一包包的冷冻肉品呢？有时，人类甚至还愿意自行屠宰。

你不觉得，这一切需要勇气吗？

我想成千上万的人类之所以狩猎或畜养动物，纯粹是一种求生的必然性。不过，你必须得有个让自己过得去的说法才行。或许人道尊重是个方法，或许自行屠宰也会让良心比较过得去。这似乎让一切都圆满了。愿意承担责任，是唯一能抚平恐惧感的方式。

祝福你和玛莉·珍以及我们的猪！

08

老鼠的道德地位

动物在科学里的功用

假使在研究计划里，鼠类所受痛苦等同于人类，那么我们必定会得到以下两种结论：一、鼠类与人类都没有任何权利；二、鼠类与人类权利相等。很明显，两个选项都很可笑。

卡尔·柯恩（Carl Cohen）

这里有个小小的人类灵魂。

阿莱格拉·古德曼（Allegra Goodman）

在研究所第二年时，我第一次与动物研究的矛盾性正面对决。当时我被指派为实验室化学生态学家的初级助理。我负责采集蚯蚓皮肤表皮的分子。实验过程包括把这些蠕动的虫丢进加压后高达180摄氏度的热水里。两分钟后，我会从热水中取出蚯蚓尸身，封罐并留作化学分析。我已操作这过程好几回，所以这对我来说已经是家常便饭。我虽然没有特别享受热水滚虫的过程，但也没有丝毫的罪恶感。这些虫数秒钟就死了，而它们，就不过是虫而已。

有天早上，实验室要求我进行新的工作。来自另一所大学专门研究沙漠生物皮肤化学的科学家，在我们的实验室中进行了数项分析实验。几天后，一箱标明着"注意：内有活物"的纸箱被送了进来，里面简直是一个小型动物园：一打蟋蟀，一对长相怪异的白蝎子，一只15厘米长的蜥蜴，一条滑溜溜的小蛇与一只可爱的灰色白足鼠。我负责液化这些生物。

我曾经把一只活龙虾丢进沸水里，当时心里浮现了一丝丝的内疚感。既然有此经验，我也没有太在意当时的任务。我点燃了本生灯，接着按照动物的尺寸大小开始进行液化工作。蟋蟀和蚯蚓一样，只消碰到沸水，就会立刻死亡。这一点问题也没有。接下来是节肢动物，在它们待在实验室的短短几天里，我还蛮喜欢这些蝎子的陪伴的。我发现它们有着极具威胁感的魅力。它们的身体比昆虫重，因此接触热水后必须稍待一会儿才会死亡。我开始质疑自己在干什么。

接下来是正值青春期、有条纹、鞭尾蜥蜴属的蜥蜴。当我把它带出笼子时，我的胃痉挛了一下，接着开始大冒冷汗。我把它放进沸水中，双手频频颤抖。这只小蜥蜴没有立刻死亡，它在死亡前奋力挣扎了10秒之久。当我回头望向那只有着黑色深邃眼睛、行动优雅自如的小蛇时，我的手开始更剧烈地晃动，身体直冒冷汗。那只不断挣扎的爬虫慢慢地在溶液的旋涡中还原为分子的状态。

最后,是老鼠。我替老鼠称重,并计算相对应的蒸馏水分量,倒入烧杯中开火。当水温到达 180 摄氏度时,我发现我无法"解决"这只老鼠。我怀着不安但又带有一丝安心的心情熄灭本生灯,走进实验室里的办公室。我告诉科学家我已经把多数动物成分提炼出来了,但我没办法把老鼠丢进滚烫的热水里。我坐在房间里等候,让我的上司动手。

我时常会回想当时的道德困境。我突然发现,当时的实验室工作和著名的斯坦利顺从实验有着相同的意义。所有的初级心理学系学生都知道此实验:倒霉的实验参与者被要求以渐次加强的电力攻击隔邻房间内的参与者。大多数的参与者都以为他们所按下的通电攻击非常危险甚至致命。我和斯坦利顺从实验的参与者一样,都面对越来越棘手的情况。他们必须按下伏特数渐次增强的按钮,而我则必须处决体积越来越大的生命体。两者间的差异在于,斯坦利顺从实验是假的,假装被电击的对象根本就是科学家的朋友。但是在我的实验室里,动物们真的死去了。每当我回想此事,我都庆幸自己拒绝烫死活老鼠。不过,我还是很后悔自己杀死了蟋蟀与蝎子。

这起事件让我思考道德的两难之问。为求找出乳癌新药而处死老鼠的研究员和那些用捕鼠夹或毒鼠药杀死老鼠的普通人有何不同?为什么我可以轻松地把蟋蟀丢入沸水中,但要我杀死蜥蜴却很困难,遑论将老鼠滚沸至死?是它们的尺寸、物种种类、神经结构、可怕的死状;又或者是老鼠长相很可爱的缘故?这些实验的结果真的值得让动物以死或折磨性命来换?它们的死,真的值得吗?

达尔文的道德遗产

很多人和我一样,对动物研究感到矛盾,就连达尔文都曾对"活体解剖"感到不自在,活体解剖为 19 世纪侵略性动物研究之代名词。由于达尔文对动物非常着迷,因此他也要面对所有当代动物学者必须思考的难题——

你必须亲手把你一生专注研究的动物杀掉。研究达尔文的历史学者吉姆·科斯塔（Jim Costa）对我表示，当达尔文甫投入自然主义领域时，亲手枪杀与毒杀了上千只动物，包括老鼠。连他自己都被某些实验的内容给吓到了。他曾经如此描述自己养的鸽子："我深爱这些鸽子，以至于无法忍受为它们剥皮或制成标本。之前我已经做了天理不容的事，我杀了只有十天大、像天使般的珠颈斑鸠。"

19 世纪 70 年代，英国境内因动物研究而激起了一番论战，支持与反对的两派人马中都有举足轻重的学者身影。然而，达尔文迟迟难以抉择。他有次表示生理学是"最伟大的科学之一"。然而，他也曾经向朋友埋怨，科学家绝对不可因为"愚蠢而令人厌恶的好奇心"解剖动物。

然而，最终，达尔文仍旧选择与生物学家站在同一阵线。他对动物研究之价值的观点转变反映在《人类起源》第二版时所做的微小修正。在第一版本里，他这么写道："大家都应该知道被活体解剖的狗们会遭受多大的痛楚吧，狗舔着实验者的手，除非这位科学家有着铁石心肠，不然必定会为即将死亡的狗感到悲伤。"然而，三年后，他修改了句子，加上了一句话，"除非此实验能够增进我们对知识的理解"。1881 年，达尔文投书给《伦敦时报》："我深深认为，阻挡生物学的发展，就是与全人类作对。"

虽然达尔文发言支持动物研究，不过真正引起科学界道德纷争的则是他所提出的演化论并以此颠覆 17 世纪法国哲学家笛卡儿的观点，后者坚信动物不过是具有生物体机制的机器人，而它们的一切行为不过是生物反应。因此，科学家可以尽情地撕裂甚至焚烧动物，以满足其需求。此观点曾经受到 19 世纪法国生理学家克劳德·伯纳德（Claude Bernard）的支持，他这么写道："生理学家并非普通人：他是科学家，并能融会贯通地追求科学理念。他不会听见动物的呼号，也不见其血液之流淌，他只看得见自己的观点，眼前只剩足以提供科学解释的有机生命。"

达尔文则指出，如果人类和其他动物有相似的解剖构造与生理结构，那么我们必然拥有相似的心灵感受。现代动物学家已证明达尔文的观点无误。

其他物种和人类拥有众多相似的心理感受。科学家曾发现大象会为死去的同伴哀悼，猴子会察觉不公平的事，而凤头鹦鹉会随着"后街男孩"的音乐起舞。达尔文论点的道德结论是，人类与动物的心智理解力有程度上的差别，但无种类上的差异。如果动物具有知觉、记忆、情绪、动机，并能感知痛苦与折磨，如果它们甚至还懂得跳舞，那我们怎么还能振振有词地继续使用猩猩与狗进行动物实验呢？或者，仅只是人类的权利就让这一切合理化了呢？

　　动物研究学者面临着一个难题。通常，以人类最相近的物种进行实验最能解决与人类相关的科学问题。由于黑猩猩拥有与人类相似的 98% 的基因，因此它们比老鼠更适合当作研究人类疾病的模型。不过，正因为黑猩猩与人类如此相似，因此若将它们当作实验品，也会造成极大的问题。换句话说，科学上越适合当作实验对象的动物，其在道德层面就越站不住脚。而这就是达尔文留给科学界的道德遗产。

　　动物权分子时常宣称现代科学家和 18 世纪的科学家一样，根本不了解动物是会感知痛苦的生物。举例来说，曾任前总统乔治·布什（George W. Bush）特助的马修·斯卡利（Matthew Scully）于著作《统治学：人类的力量、动物的挣扎与怜悯的呼求》（*Dominion: The Power of Man, the Suffering of Animals, and the Call to Mercy*）中写道："许多研究者仍旧认为他们的实验对象没有感知疼痛的能力，甚至也没有纯意识以外的任何感受。"斯卡利这么说并不正确。我曾经在撰写动物意识文章时询问过 14 位动物研究员，是否认为老鼠有能力感觉痛楚与折磨。所有人都认为老鼠有痛感，并有 12 名研究员认为老鼠内心会因此感到折磨。根据英国科学家所做的更具系统规模的研究发现，在 155 位动物研究员中仅有 2 位认为动物无法感受痛苦。

　　由于多数动物研究者并没有像 19 世纪的科学先驱一样，将动物当作生物机器，因此他们很难轻易地将道德负罪感抛掉。我的朋友菲尔（Phil）就是个例子。他主要研究的领域为细胞如何利用葡萄糖和脂肪酸等燃料进行工作。菲尔是基础研究员，但他希望自己的研究最终能够为新陈代谢失调症如糖尿病找到新药。我问菲尔，他会不会因为利用老鼠进行实验而感到愧疚。他说，只有一次。

当时，菲尔所参与的研究团队正使用基因剔除小鼠（knockout mice）了解细胞如何运用能量。基因剔除动物的基因经由科学家改造后，已丧失其部分功能。菲尔的团队利用基因剔除工程将小鼠的传输蛋白质移除，该物质负责协助脂肪酸或葡萄糖进入肌肉细胞，因此团队预测该批基因剔除小鼠应该会比普通老鼠更容易感到疲累。

菲尔负责计算老鼠们要多久才会失去所有力气，而计算老鼠疲累感的一个方式是看它们能游泳多久。问题是附着在老鼠皮毛中的空气让鼠类们可以一直在水面上漂浮，如同趴在救生圈上的小童一样。"你必须让它们死命地游。"菲尔这样说，解决的方式是让老鼠们穿上一套重量适宜的迷你背带，这样一来老鼠必须努力游泳才能让头保持在水平面以上。

菲尔从另一个实验室的研究员那儿学到一套检测法。首先，你得拿一个有刻度、直径10厘米的圆柱容器，将水装满至低于顶端5厘米的位置。然后把老鼠绑上迷你背带并没入水中，接着开启计时器。老鼠游了几分钟后会感到疲倦并沉到水下，然后它会挣扎着游上水面大力地呼吸一口气。实验诀窍在于确定老鼠永久下沉后即刻停止实验，并且立刻把容器内的水倒掉。教菲尔这个方法的研究员承认有两只老鼠在实验中不幸灭顶。

菲尔只测试了一只老鼠。

他告诉我："我看得出来老鼠知道我们在玩什么把戏，而且它对自己说：'好，我知道我要死了，而且我真的游不动了。'这时我应该让老鼠继续挣扎、沉下去，直到它不再抵抗为止。但是我却急忙地把水倒出来，让老鼠躺着大喘气。它看起来筋疲力尽。"

菲尔受不了。他对分配工作的实验室教授说他不想再参与这项实验。因此测验老鼠疲惫感的工作就落到另一个新进研究生的身上。

菲尔和多数使用老鼠作为基础生理实验模型的科学家一样，他们对老鼠并没有特别的个人好恶，会选择老鼠作为模型仅只是因为它们肌肉细胞的运作方式吻合实验条件。数年来菲尔以不悲不喜的态度杀死了许多只老鼠。有一些是颈部错位（他用剪刀钝端向下压制住老鼠的头，并突然猛烈往后拉动它们的身体），其他则是斩首（他的实验室里有一台老鼠断头台，看起来就像是一台迷你裁纸机）。

不过当菲尔面临紧要关头时，却发现自己完全不是笛卡儿的信徒。当他望着溺水的老鼠的眼睛时，他看见了它们浓浓的求生意志。"困扰我的部分是，当老鼠知道死亡已到来因此放弃时，我却不希望它们放弃，我根本不想测量它们的肌肉疲劳度。我做不下去。我不想揣测它们的意志。"

外星人的道德观与肢体残障的婴儿：极端案例

尽管多数科学家不会否认老鼠是有感情的动物，不过我认为多数的动物研究员应该不会花太多时间苦恼实验上的道德问题。不过，时不时也会有事情让你质疑自己的行为。我的例子则是外星人。

当时是某个下雨的午后，我五岁的双胞胎女儿因为无聊开始闹脾气。为了安抚她们，我开车到附近的录影带店借了《E.T. 外星人》，这部斯蒂芬·斯皮尔伯格在 1982 年拍摄的电影描述一名外星人被困在加州郊区的故事。我预计用这部电影打发女儿们，这样我至少有几个小时的时间可以继续写作有关蛇类行为的文章。没想到，她们确实中招了，而我也一起沦陷。我把文章丢到一边，一起看电影，没料到这将改变我观看动物研究的角度。

你应该知道电影剧情吧？电影里的外星人有着大大的、水汪汪的眼睛以及会发光的心脏，它在南加州和新朋友，一位叫艾略特（Elliott）的男孩到处玩耍。电影结尾，外星人的妈妈来接走失的儿子。最后一幕，当艾略特伸手向 E.T. 问道："留下来好吗？"它摇了摇怪物般的大头，并深深地望向艾略特的眼睛哽咽说道："你要来吗？"当然，两人都知道，这是不可能的。当 E.T. 缓慢地走入飞碟中预备长途飞行回到母星时，艾略特落下了眼泪。我也是。

　　这部电影一直在我的脑海里打转。那天晚饭过后，我模拟出一个完全相反的结局，想知道贝特西与凯蒂会怎么想。我问她们，如果电影结局不是这样呢？如果 E.T. 仍然问艾略特要不要一起回到母星，艾略特说不要，然而 E.T. 却不管他的想法抓住他的手臂，就在一连串的尖叫与挣扎下将男孩拖回飞碟中。太空船舱门关上，电影结束了，你只听见艾略特叫喊："妈咪，救我！"接着太空船瞬间返回外太空。

　　我向女儿们解释，绑架艾略特是因为母星发生了致命的流行疾病，并且夺走了许多外星人的生命。他们的科学家研发出可能的解药，并希望用智商较低的人类作为实验对象，因为两种生物有着极高的相似性。事实上，E.T. 在加州的真正原因就是希望搜集可供实验的人类样本。

　　"贝特西你觉得呢？ E.T. 可以让艾略特承受痛苦的实验，以拯救千千万万的外星人吗？"

　　"不！爹地，不行！"

　　"但是你想想看。外星人比人类聪明多了。你看 E.T. 可以用垃圾做出太空电话，还有人类完全比不上的超能力。它甚至可以让死树开花。"

　　凯蒂加入战局了。"我不管，爹地，E.T. 不可以把艾略特放到笼子里做那些愚蠢的实验。"

　　我不确定。我和女儿一样，不希望艾略特孤零零地被关在外星人的动物实验室，并被注射那些可以解救超级聪明的外星人的实验药剂，这太恐怖了，令人作呕。但以一个动物研究员的身份，我有许多无法向女儿坦承的小秘密。这部电影让我清楚地看到，动物实验以及包括我自身的实验都基于一个假设而成立，那就是高智能的生物有权利以低智能的生物作为实验对象。因此，E.T. 绝对有权利把艾略特拖回飞碟。

　　哲学家曾经有个类似外星人的道德两难问题，此问题称作边缘案例之辩论（argument from marginal cases）。我们使用动物进行实验是基于非人类物种并不具备人类所拥有的数种能力的假设——复杂情感、抽象思考或学习语言的能力。不过，我们是否可以使用不具备上述能力的人类做实验呢？每年都有许多患有严重智能障碍的婴儿出生，这些孩子有可能终生都无法说出完整的句子，也恐怕永远都无法理解老鼠的道德地位等等复杂的伦理问题。不幸的是，这些人类恐怕智商还不及普通的黑猩猩，有些人的心智甚至不及一只老鼠。我不知道该如何制定如此混乱的道德范围，此道德合理范围必须排除所有非人类的物种，却又包括所有人类，我们以道德相关的特征作为筛检工具，把能感受痛苦的生物纳进来，却又排除部分人类。

使用没有大脑皮质层或是又聋又瞎没有痛觉能力的婴儿做实验会不会比使用健康的老鼠来得好呢？我的内心当然不同意用残障的婴儿取代老鼠进行实验。不过当我以此问题请教哲学家罗布·巴斯（Rob Bass），他如此回信："我的直觉和你不同。对我而言，使用没有知觉的婴儿做实验当然比让老鼠受尽折磨来得好。"许多学生也和我持相反意见：他们希望能让老鼠免于折磨，并以死刑犯进行生物学实验。这个问题关乎我们个人的道德直觉是什么。

我们可以从老鼠实验里学到什么

虽然有些哲学家认为科学家应改以重度残障的孩童作为实验对象，但是多数人还是在研究室宁可使用老鼠而非人类。不过，动物实验的支持者与反对者们各自对老鼠实验的价值，有不同看法。基因学者认为老鼠实验让学界在器官移植、免疫学以及我们对癌症、心血管疾病的理解与对先天障碍的原因的研究方面有突破性的发展。他们希望众人别忘了，有14位诺贝尔生理学或医药学奖得主，都因为老鼠实验获得的成果而得奖。另一方面，全国反解剖社团与美国医师医药责任协会则宣称老鼠实验相当无用，因为其过程不但布满瑕疵甚至可能对人类有害。我想，真相应该在此二种说法的中间吧。

不管你接受与否，现代医学进行了数以百万计的老鼠实验。以实验室动物来说，老鼠有许多优点。它们繁殖力强，容易驯服且成长快速（老鼠的一年等于人的三十年）。雌鼠在两个月大时就有成熟性征，而且每四到五天就会有一次发情期。雌鼠历经三周的怀孕期后，可以产下六到八只幼鼠，产后两周就可以愉悦地再度进行交配。

另一个老鼠被视为较好的实验对象的原因是，很少人会抗议并争取老鼠应有的权利。著有《关心：伦理与道德教育的女性化做法》（*Caring: A Femi-nine Approach to Ethics and Moral Education*）的哲学家奈尔·诺丁（Nel Noddings）认为，道德奠基于人际关系，她也因此不认为人类对鼠类有任何的道德责任。她这么写道："我从未与鼠类建立关系，未来恐怕也不太可能……因此我并没有准备好要关心老鼠。我无法感觉到与老鼠之间的关联。我不会虐待鼠类，也从不轻易使用毒药害死它们，不过若在有必要的情况下，我会毫不犹豫地杀死鼠类。"这应该是多数人对老鼠的感觉。2009 年佐格比（Zogby）民调显示，有 75% 的美国人会乐意杀死出现在自家中的老鼠，只有 10% 的人表示会试着捉住老鼠，再将它安然释放，不过没有人说自己会愿意让老鼠继续生活在家中。

1902 年当哈佛生物学者威廉·卡斯尔（William Castle）从退休的波士顿教师那儿取得一只混种老鼠以进行动物基因研究时，老鼠首次从害虫转变为实验对象。卡斯尔并非第一位将老鼠当作实验对象的科学家。奥地利生物学家孟德尔（Gregor Mendel）曾经培育老鼠以进行初期的基因研究使用，然而当时教宗以神的子民不应跟繁殖动物共处同一屋檐下为由，将孟德尔调到花园内，负责豌豆种植。第一只实验鼠诞生于 1909 年，卡斯尔的学生克莱伦斯·利特尔（Clarence Little）培育出了第一批纯种的实验室老鼠。这些老鼠因皮毛颜色被称呼为 DBA（淡化、褐色、无条纹），此类型老鼠至今仍被使用于生物医药实验。

老鼠研究的发源地则是缅因州勃哈伯的杰克森实验室（Jackson Laboratory）。1929 年克莱伦斯·利特尔接受亨利·福特（Henry Ford）之子埃德塞尔·福特（Edsel Ford）的资助建立此实验室。基本上来讲，杰克森实验室年产 250 万只相当于 40 吨重近亲交配、变种并接受基因改造的老鼠，这里可说是个大型老鼠工厂。科学家们选出了约四千种不同品种的杰克斯

（Jax）老鼠，如果这都不符合你的需求，科学家还可以再依指定培育基因改造鼠。不过，基因改造鼠要价不菲。一般来说开发新品种需要一年的时间与约十万美元的资金。通常多数的实验室会订购活老鼠，但若空间上受限的科学家也可订购急冻胚胎，待有需求时再予以解冻。杰克斯鼠的名字让我想到美术用品店里的色票样本——"雾灰色""淡栗鼠色""枪金属色"。

杰克斯鼠的多样化甚至比它们的毛色花样更令人印象深刻。数以百计的老鼠身受罕见癌症困扰，有些是天生脸部缺陷，有些则是先天免疫性失调。有些杰克斯鼠样本有视觉、听力、味觉、平衡感等诸多缺陷。也有罹患高血压、低血压、睡眠停止呼吸症、帕金森症、阿尔茨海默病与肌萎缩性脊髓侧索硬化症的杰克斯鼠。专注研究不孕症的科学家有 88 种特殊生殖器官缺陷的老鼠可供挑选。此外，还有完全不能融入鼠群的老鼠——躁动的、周期性忧郁症、上瘾症、过动症以及精神分裂的老鼠。

动物研究拥护者不断强调成功的案例。生物医学研究基金会的莉兹·霍吉（Liz Hodge）向我说明，如果没有动物研究，我们就不可能对小儿麻痹症、腮腺炎、麻疹、德国麻疹、肝炎免疫。也不会有抗生素、麻醉剂、输血、放射性治疗、心脏手术、器官移植、胰岛素、白内障手术，更不能发明治疗羊痫风、溃疡、精神分裂症、忧郁症、双极性人格失常与紧张症的药物。我们无法对抗狂犬病、犬瘟热、犬小病毒肠炎，也无法创造猫科白血症疫苗，也无法处理心虫症、布鲁氏杆菌病、癌症或是关节炎等疾病。

以老鼠作为实验对象的研究者声称几乎所有我们对哺乳类基因运作功用的了解，包括人类基因的知识建构，都根源于老鼠实验。是的，早在 6000 万年前演化过程就让人类与鼠类的脑部有了完全歧异的发展。我的头脑重量比住在我地下室档案柜后方的小伙伴们重了 1500 倍。不过，虽说我们拥有不同的染色体数目（它有 40 个，我则有 46 个），但是我们拥有几乎相同数目的基因——约 22 000 个。更重要的是，约有 99% 的老鼠基因都与人类有着相似之处。

根据杰克森实验室执行长与总监里克·沃奇克（Rick Woychik）的说

法，老鼠让科学家能够为致命的疾病找到解药，好比儿童糖尿病、乳癌与阿尔茨海默病等。"这是一种从假设到临床实验的连续过程，你可以先有最基本的想法，接着将此想法酝酿成熟并转换成临床概念，最后则产生临床上的创新治疗技术。"

杰克森实验室的研究人员对于个体化医疗的新领域特别热情。不管是蛀牙或艾滋病，基因在几乎所有影响你的疾病里都扮演着重要的角色。基因也影响你的身体对药物的反应，有些人无法从某些药物得到疗效，反而会因此产生可怕的副作用（举例来说，有人服用伟哥后得到近四小时的勃起，并被送进急诊室）。反之，有些人则能从该药物得到完好疗效，并且没有产生太大的副作用。个体化医疗的目的就是标记出何人能因为特定药物获益。里克·沃奇克相信，老鼠基因实验最终能让医师足以诊断出适宜药物与相符剂量予特定病患。

密歇根大学的哲学家卡尔·科恩（Carl Cohen）同样相信动物研究能带来医疗的进步。1986 年科恩发表于《新英格兰医学期刊》（*New England Journal of Medicine*）的文章被视为是动物实验的经典辩护理论。他写道："所有医学上的进步——任何新药、新手术……若不能以动物进行首次实验，就必须以人体作为实验对象。如果我们禁止使用活体动物进行实验，或是严格缩限可行范围，将会严重阻碍重要的医疗研究发展或是必须改以人体作为实验对象。"这确实是官方说法，而且多数时候我也赞成此说，不过我仍旧希望不要因为乐敏锭的小小改良就让大批实验鼠牺牲，又或者我们应以实验鼠进行总被忽视的热带疾病的治疗方式研究。

动物实验的反对者则以不同的角度切入辩论。反对者举反应停与万络为例，谴责动物研究下的失败例子，以及衍生出的对人体有害的药物（老鼠研究人员对此说提出辩驳）。他们认为科学家过度夸大动物研究所带来的医学贡献。反解剖人士认为早在疫苗出现以前，对孩童有致命之伤的猩红热与白喉的死亡率就已下降了 90%。反动物研究者主张，人类的健康状态应归功于更好的营养与卫生环境。他们认为在老鼠身上做实验时常会产生盲点，实则拖延了医学的进步。

我支持动物研究，并且认为反解剖人士似乎过于天真并且在医学知识方面显得生涩。不过，他们确实提出了某些值得探究的论点——包括实验结果的重复性。研究者使用近亲交配的老鼠做实验，部分原因是其他实验室的科学家才能够独立检验实验成果。1999 年，一篇刊载在《科学》期刊上的文章对老鼠研究领域投下震撼弹。位于俄勒冈州波特兰的科学家与加拿大艾蒙顿、纽约阿尔巴尼的实验室共同使用 8 个老鼠的品种并以相同程序进行一连串的行为测验。每间实验室的鼠源统一，提供相同食物，圈养在有相同的光暗周期的场所并于完全相同的岁数时置放在同一实验程序里，甚至连实验人员在抓取老鼠时都穿戴同一个牌子的外科手套。

尽管研究人员花费极高心力确认动物们接受完全相同的待遇，但在某些测试里老鼠们的行为却有着明显的不同。波特兰实验室的老鼠对一剂可卡因做出强烈反应，但是它们在阿尔巴尼与艾蒙顿的老鼠兄弟们对此却毫无反应。研究者的结论是，即便基因完全相同的动物，也可能因实验室间的微妙差异导致完全不同的研究结果。我把这篇文章归类在个人电脑中的"令人为难的事实"资料夹中。

此外，老鼠与人类的相似程度为何，这点难有定论。以生理学来看，人类与老鼠有着相当大的差异。我们的寿命为老鼠的 40 倍，重量则超过 2000 倍。老鼠的新陈代谢速率比人类快上 7 倍。自恐龙时代以来，人鼠两族就不曾有共同的祖先。霍华德·休斯医学研究所（Howard Hughes Medical Institute）微生物学教授马克·戴维斯（Mark Davis）就曾经感叹近亲交配的实验鼠难以为病患寻得解药。根据戴维斯的说法，至少有 12 种在老鼠身上可行的免疫系统疗法对人类几乎无效。他的结论是，老鼠根本不适合当作人类免疫系统的实验样本。

这情况也发生在神经学领域。肌萎缩性脊髓侧索硬化症也是仍无解药的神经退化症。罹患此疾并因而过世的著名病患包括洋基队的卢·格里格（Lou Gehrig）与西卡罗来纳州大学橄榄球队的教练鲍伯·沃特斯（Bob

Waters），后者在罹病末期只能使用人工呼吸机坐在轮椅上发布战术。仍存活的病患则有剑桥大学理论学者斯蒂芬·霍金[1]。艾默里大学临床神经学家迈克尔·贝纳塔（Michael Benatar）在遍寻不得解药的情况下，研究了所有关于肌萎缩性脊髓侧索硬化症的老鼠实验结果。他对结果感到诧异。首先，他认为所有的实验都有缺陷。有的实验样本太少或实验设计不全。其次，他发现有十多种足以延长罹患肌萎缩性脊髓侧索硬化症的老鼠性命的药物，对人类完全无效。事实上，其中一种对老鼠有用的解药却让肌萎缩性脊髓侧索硬化症病患病情加剧。贝纳塔认为使用实验鼠为肌萎缩性脊髓侧索硬化症寻求新药，就像是夜晚在路上借着路灯寻找钥匙一样，因为你根本看不见光在哪里。然而，反对动物实验的行动者先别高兴得太早，对实验鼠感到失望的科学家们已经开始选用和人类有着更为相似的大脑的动物——猴子，作为神经失调疾病的实验对象。

好老鼠、坏老鼠、宠物鼠

人类与动物互动学之内最常辩论的主题正是为何人类是混乱地以情绪辅以逻辑思考动物的存在。某部分将老鼠使用于实验中的决定相当合理。举例来说，人们对于动物研究的态度，或多或少取决于他们所认定的实验成效多寡、动物受到的折磨程度以及研究中所使用的是何种动物。英国的一项调查问卷指出，2/3 的人同意在老鼠身上进行引起痛苦的实验，以开发儿童白血病的解药，但只有 5% 的人支持使用猴子来测试化妆品的安全性。

其他时候我们对于动物的道德地位更是偏颇混乱。好比我们对老鼠做分类进而影响了我们对该种老鼠的观感。我曾在田纳西大学爬虫类动物行为学实验室担任客座教授将近一年。该实验室位于沃特斯生命科学大楼，该栋大楼养着爱动的绒猴、咕咕叫的卡诺鸽、眼睛雪亮的白子鼠、尖尖的绿色香烟

[1]　2018 年 3 月 14 日去世——编注

虫以及一千五百只老鼠。老鼠们被安顿在干净无瑕、散发着松香气味的地下室房间里，并由能干且认证合格的员工负责照料。尽管建筑物里的所有老鼠都属于同一物种，但它们却拥有不同的道德地位。

住在沃特斯生命科学大楼里的老鼠多半被视为好老鼠，它们在上百个实验室里成为教员、博士、研究所学生进行生物医学与行为观察的实验对象。几乎大部分的研究计划都直接或间接地与人类罕见疾病的治愈有着极大的关联。虽然无人直言，不过这些老鼠的生死全是为了我们的利益。由于该所大学接受美国国家健康研究院的补助，因此老鼠们必须受到符合公共卫生署颁布的《实验室动物照顾与使用守则》的对待。所有的研究项目都必须接受校方的动物关怀委员会审查，考量实验本身的道德代价与可能性。

不过该栋大楼里还有别的老鼠，即所谓的坏老鼠。坏老鼠是有害的生物，你偶尔会在闪烁着日光灯光芒的狭长走廊下瞥见坏老鼠，它们来去自如。这些坏老鼠对于极度强调清洁以避免实验室间交叉感染的环境来说，绝对是潜在的威胁。这些法外之徒必须被彻底消灭。

动物研究室的职员们运用了各种方式扑灭坏老鼠。捕鼠夹缺乏效率，而职员们又担心毒鼠会污染实验室的好老鼠，因此最终解决方法则是粘鼠板。粘鼠板就像是鼠类的捕蝇纸。粘鼠板的主体结构包括 1 平方英尺（约929 平方厘米）的卡纸板、上面覆盖着强力黏胶以及含有吸引老鼠的化学药剂，因此又称为粘板。每到傍晚，实验室职员会把粘板放在坏老鼠出没的地方，并在隔天早晨检查。每当老鼠踏上粘鼠板，它就不可能全身而退。当它奋力挣扎时，更多的毛发会沾染到黏液，即便粘鼠板并没有有毒成分，但是约有一半的老鼠会在白日时死亡。至于没有死掉的老鼠，则会被施以毒气。

被粘鼠板抓到的动物会经历极端痛苦的死亡。我怀疑不会有任何一位动物关怀委员会的委员同意让实验鼠被粘在粘鼠板上一整夜。不过，被标为害虫的"对象"却会被如此对待。

这个矛盾在我得知害鼠的来源时更形放大。看起来这栋大楼不太可能会有野生动物出没，不过由于大楼里养着上千只的老鼠，难免有逃亡之徒。所谓的害鼠其实就是脱逃的好老鼠。大楼的管理者告诉我："只要老鼠掉到地板上，它就成了害虫。""啾"的一声，老鼠的道德地位瞬间蒸发。

在沃特斯生命科学大楼里，任何老鼠的道德地位都取决于它被贴的标签。我很快就做了批判结论，直到我发现这也是我家的潜规则。在我儿子7岁生日时，我从实验室绑架原本要被两头蛇当作晚餐的老鼠。我把老鼠送给亚当作生日礼物。亚当把老鼠取名为威利（Willie），并在房间里为它打造了一个基地。我们一家人都很喜欢威利。它安静而且令人喜爱。不过老鼠的生命周期很短，有天早晨当亚当醒来时，威利已经倒在笼子底部了。我们开了一个小小的家庭会议，小孩子们决定要为威利办一场丧礼。我们把威利放在小盒子里，并埋葬在花园里，放上一块小石头做墓碑。我们站在墓地旁，并说了一些感念威利的话。贝特西与凯蒂都哭了，这是她们生平第一次面对死亡。

几天后，喜好整洁的玛莉·珍在厨房地板上发现了老鼠的排泄物。她看着我说："杀了它吧。"当晚，我在捕鼠夹上放了一点花生酱，并把捕鼠夹放在冰箱与火炉间。隔天早上就抓到老鼠了。猎杀相当成功。不过这一次，可没有什么葬礼。我把小老鼠的尸体丢进离威利墓园不远处的草丛里，在那一瞬间，我突然想到我们为生命中所出现的动物贴上的标签（害虫、宠物、实验对象）影响了我们对待它们的态度，我们不在乎它们有多聪明或它们是否懂得幸福的滋味。

被浪费的老鼠

一位曾在鼠类繁殖场工作的女士苏珊（Susan）说服我应该在老鼠种类中再新增一栏，除了好老鼠、坏老鼠与宠物鼠以外，还有从未真正进入实验程序的"剩余鼠"（surplus mice）。剩余鼠为数还不少。有些剩余鼠会被拿去动物园喂蛇或猫头鹰，但多数的剩余鼠则会被焚化。苏珊说在她工作的动物繁殖场几乎每天都有剩余的幼鼠被安乐死。一位资深的技术员会将大把老鼠放进透明塑胶袋内，并置入连接二氧化碳瓶的软管，接着打开气瓶开关。每天会有多少剩余鼠被杀死呢？苏珊说，每天状况不同，不过通常约 50 只。

为了确认真实状况，我打电话给一位我在研讨会上碰见、负责照顾实验动物的兽医师约翰。他在一所一流的大学掌管实验动物中心，而该校的实验者以老鼠进行基因研究。

"约翰，我刚才知道有很多实验动物中心的老鼠根本没做过实验就会被处死，这是真的吗？"

"对啊。"

"这种老鼠称为剩余鼠？"

"没错，我们有一个二氧化碳间。"

"要处死多少动物？"

"嗯，这里每个月有 4000 窝老鼠出生。通常一窝有 5 只幼崽，所以 1 年有 25 万只老鼠。大概有一半的老鼠会被安乐死。所以我猜大概 1 个月 1 万只吧。"

"老天啊。"

剩余鼠的激增是有原因的。根据美国太空总署的前兽医师乔·贝利斯基（Joe Bielitski）的说法，多数的公鼠都会被安乐死，因为它们太容易陷于激斗之中。除此之外，仅需几只公鼠就可以让实验鼠家族继续繁衍下去。他估计约有 70% 的实验鼠从未被使用于任何实验。不过真正造成剩余鼠数量暴增的原因为 20 世纪 90 年代开始疯狂使用基因改造动物进行实验。几乎有 90% 的基因改造动物实验都使用老鼠，而这些实验确实也带给科学界相当重要的突破。（一个影响人类大脑并负责语言区域的基因最近被植入在基因改造鼠身上。这些老鼠自然不会讲话，不过它们会用低沉的声音吱吱叫，而且此基因改变了它们的脑部构造。）不过如果从老鼠的观点来看，基因改造研究根本就毫无效率可言。要把单一 DNA 植入不同物种并且成功融合在基因组里确实是难上加难，基本上来讲，能成功创造转换基因鼠的概率介于 1%～30% 之间。换句话说，100 只动物里面或许仅有 1 只可以用于实验，其他 99% 的动物会在 3 周大时被处死。它们等同于垃圾，只能增加实验单位的经济负担。

根据美国人道协会副总与动物研究专家安德鲁·罗文的估计，每年在繁殖场遭毒气灭杀的老鼠数量远超过真正用于实验的老鼠。不过，我们根本无法掌握真实数据，因为根据美国国会所言，实验鼠并非动物。

老鼠是动物吗

1876 年，英国国会通过第一条管理动物研究的法令。美国直至 90 年后才缓步跟进。当时促成国会动作的是两篇关于狗的文章。第一篇为 1965 年于《运动画刊》（*Sports Illustrated*）刊登的关于一只叫作辣椒的大麦町犬的故事。当时辣椒从家中后院失踪，显然是被买卖实验动物的贩子绑架。辣椒的主人最后终于找到爱犬，只不过当时它已在实验后被纽约的某间医院进行安乐死。一年后《生活杂志》（*Life Magazine*）刊登的《狗集中营》（*Concentration Camp for Dogs*）一文再度描述了家中宠物被绑架成为实验室动物的故事。接下来白宫与参议院议员收到如雪片般涌入的民众信件，内容不外乎担心自己的猫猫狗狗会遭到绑架。在接下来的两个月中，国会成员收到关于动物研究的信件甚至已超越其他两大重要的道德议题：越战与民权问题。国会与参议院于 1966 年火速颁布了《动物福利法案》。（直到 1974 年政府才进一步确保实验动物必须拥有人道待遇。）

《动物福利法案》的政治摆荡再一次显示了人类面对其他物种的矛盾状态。或许此法案中最吊诡的一点在于我们能否回答一个非常简单直白的问题：动物是什么？一开始此法案所定义的动物似乎相当合理："动物代表所有死了或活着的狗、猫、非人类灵长类动物、天竺鼠、黄金鼠、兔子与其他温血动物，上述动物被用于或企图用于研究、教学、实验、测试、展览或成为宠物。"不过真正有问题的在下一句，"此名词不包含鸟、大家鼠（Rattus）

中的黑鼠（rats）以及因应实验需求所培育的小鼠（mice）"。

没错，根据国会的说法，小鼠不是动物，黑鼠或鸟也不是。这代表约有90%至95%用于美国本土动物实验的动物都不受联邦动物保护法案之保护（接受国家健康研究院补助的研究机构所使用的老鼠和其他脊椎动物适用于另一项规范）。大法官查尔斯·里奇（Charles Richey）认为将老鼠、黑鼠与鸟排除在动物福利法之外是相当独断与不当的行为。他说得没错。举例来说，在国会对动物这个字眼的定义下，一个侧录白足鼠属性行为的研究者必须小心翼翼以免误触法网，但是在他楼下以通电装置电击脑残的实验室小鼠的研究者，却可以不受任何法律的规范。

《动物福利法案》对于人类所不喜欢的老鼠以及人类所喜爱的狗所制定的差别待遇还颇发人深省。由于小鼠根本不算动物，因此无法立足于法律之下。没什么好说的了。至于狗，则受到特别优厚的待遇。它们应当享有"每日和人类有正面的肢体接触"的权利（意思是指玩耍）。讽刺的是，因为该法案适用于生或死的动物，因此死狗所拥有的法律保障远高于活老鼠。（然而，在《动物福利法案》里，注明死狗并不包含在关于农事与笼子尺寸之规定中。）

由于此法案排除鸟、黑鼠与小鼠，因此我们无法得知美国每年用于研究的动物数目。依照我手中的数据，2006年共有66 610只狗、21 637只猫、62 315只天竺鼠与62 315只猴子与人猿被用于生物医学与行为实验之中。不过没有任何人知道到底美国实验室使用了多少实验鼠。有人估计有1700万只。其他人，包括加州旧金山大学的教授也就是《动物想要什么：实验室动物福利政策之专业知识与推广》（*What Animals Want: Expertise and Advocacy in Laboratory Animal Welfare Policy*）一书作者拉里·卡尔朋（Larry Carbone）认为真实的数字远超于此。拉里估计每年美国使用的实验鼠在1亿只左右。通常越巨大的数字都越接近真实。

《动物福利法案》历经增修，不过最重要的是1985年国会所制定的裁断何等实验有施行必要的附带条文。在英国，每一个动物实验都必须经由内政部同意核准。而美国则采取不同的方式，他们将责任交给该研究机构，并要求研究机构为人道处置实验动物把关。他们指导每个研究机构成立专属的动物关怀委员会。

在动物关怀委员会上班挺辛苦的。通常在知名的大学里，委员会成员每周得花好几个小时检查蜂拥而至的实验提案，每份报告 15 至 20 页。每隔两个月，委员们就必须扮演上帝的角色。他们负责决定哪项实验通过或被退回，又或者必须补齐资料。他们决定了实验室动物和研究员科学生涯的生死。当动物关怀委员会委员很可能会没有朋友。不过，委员会真会公平地衡量动物权利与实验价值吗？

评断审判者：动物关怀委员会的决定是否正确

数年前，我接到卫斯理大学（Wesleyan University）社会心理学者斯科特·普劳斯（Scott Plous）的来电，普劳斯同时为决策专家。我们两人曾在华盛顿特区发送传单给动物权行动主义者时不期而遇，并且都对人类如何思考其他物种深感兴趣。

"哈尔，你有没有想过要让不同的动物关怀委员会评估同一个提案？"他问。

"当然有啊。"我回答，毕竟如果能知道不管得州大学动物关怀委员会或是约翰·霍普金斯大学动物关怀委员会都会做出一样的裁决，并证明国会设立的标准相当有用，会是一件好事。"不过，斯科特，这不可能啦。科学家很忙，他们不可能配合你这样做。"

斯科特不同意。他认为如果我们能提供更多动物照护资金给大学系统，那么他们绝对愿意照办。我很怀疑，不过我仍旧跟他说好，算我一份。斯科特把提案丢给国家科学基金会并得到了补助。他是对的，只要我们提供大学机构额外的动物照护基金，很轻松地就随机邀请了近 50 所大学的动物关怀委员会参与计划。确实，委员会的人都相当有意愿。最后，将近有 500 位科学家、兽医与委员会成员参与了此计划，回复率接近九成。

第一个委员会给我们寄来经他们审核的提案。我们移除身份资料后，将提案寄给第二个委员会重新审核。实验内容千奇百怪，从研究蝙蝠如何找到水源到小鼠的饮食失调发展途径都有。总而言之，这150份提案里涵盖了五万只动物，多数为小鼠和蝙蝠，但也不乏其他物种——黑猩猩、青蛙、水牛、白鹭、鸽子、海豚、猴子、海龟、熊、蜥蜴，你想得到的都有。当资料收集齐全后，我飞到康涅狄格州协助斯科特分析数据，厘清这背后所包含的意义。我本人也曾经担任动物关怀委员会委员，我想不同委员会间应当有着相当的一致性。结果我大错特错。

对我而言，在按下输入键让结果显现在电脑屏幕的瞬间，就是科学显现真理的时刻。我和斯科特坐在他的办公室里，紧盯着电脑屏幕。我有点坐立难安，感觉肾上腺素默默地飙升，就像攻击前锋等着四分卫喊出："呵！"的那一声。

斯科特按下输入键，数字出现了，结果让我们大吃一惊。

几乎有80%的委员会都做出了与前一个委员会相异的决策。我们的统计分析指出，委员们很可能是用丢铜板来决定这一切的。很清楚，这系统根本就不实用。不过这到底是为什么呢？一所大学的委员们认为可以在冷水中长时间浸泡老鼠，另一所大学的委员们则说不行。现在回想起来，或许我根本不该对委员们的差异性结果那么吃惊。要辨别一项实验的对错比我们想的还要困难。《禅与摩托车维修的艺术》（*Zen and the Art of Motorcycle Maintenance*）的作者罗伯特·波西格（Robert Pirsig）很巧妙地描述了我的处境："不过，如果你说不出质量是什么，那你怎么知道它是什么，你怎么能确定它存在？"这个问题可以让科学家们通宵熬夜。

我们发现，不同的动物关怀委员会经常做出不同的裁定，这是常态。调查显示，同侪间对科学实质的判断常常显现差异结果，这点和30年前相同。调查项目包括评估补助金提案、期刊文章以及人类与动物研究伦理委员会的决定。事实上，科学家无法明察研究的品质及其重要性。这点恐怕是研究人员不愿面对的可怕秘密。

简言之，国会所颁定的实验动物研究照顾的法案根本无法确切落实。为什么白足鼠适用于《动物福利法案》而实验鼠却没有资格？为什么狗有权利每天玩耍猫则不在此限？为什么被一委员会全额补助的计划会被另一委员会彻底枪毙？很遗憾，这些挑剔的问题为反解剖人士提供了攻击的借口，成了科学家自打嘴巴的最好实例。

那我们能做什么？首先，国会应该扩充《动物福利法案》并纳入所有脊椎动物——哺乳类、鸟、爬虫类、两栖类和鱼（英国动物研究的法规甚至延伸至章鱼类）。我们的资料显示多数科学家也希望《动物福利法案》能保护小鼠、黑鼠以及鸟。参与我们计划的研究者中有 3/4 的人不同意《动物福利法案》中对动物的定义。

当然，我们也可以直接停用目前的体系。我们可以让科学家在不受任何第三方检验的情况下进行操作动物实验，或者，我们也可以直接丢骰子决定哪些动物实验可行。这两种方法都不太可能吧？有些动物权行动分子提出了第三个方法。他们希望彻底禁绝动物实验。不过，反对所有动物实验的人往往又自打嘴巴、自相矛盾。

动物实验的矛盾：用动物实验来证明不应施行动物实验

反对动物实验的论点基于小鼠与黑猩猩应属人类道德关怀的范围，而植物和机器人则否。这是因为动物有植物与机器人所欠缺的精神特征。举例来说，哲学家汤姆·雷根（Tom Regan）认为拥有知觉、情绪、信念、渴望、概念、记忆、动机以及对未来的知觉的生命体，都应拥有道德权利。但我们如何得知何等动物有此特征？答案就是经由动物实验。

法学者斯蒂芬·怀斯（Steven Wise）是少数以严谨态度面对不同动物间的知觉能力差异性的动物权倡议者。怀斯于著作《划清界限：科学与动物权案例》（*Drawing the Line: Science and the Case for Animal Rights*）中，发展出一套量表以 0～1.00 评量不同物种的知觉能力。怀斯以动物行为与知觉的科学研究报告作为评分依据。依此量表，人类得分为 1.0，黑猩猩为 0.98，大猩猩为 0.95，非洲象为 0.75，狗为 0.68，蜜蜂为 0.59。怀斯认为得分超过 0.9 的动物（包括类人猿与海豚）都应享有基本法律权利，而得分低于 0.5 的动物则否。怀斯量表的重要性在于他提出了以动物知觉能力作为其道德地位的基准单位，而非我们对动物能力的臆测又或者我们对它们的任性喜好。举例来说，怀斯以科学研究为判断基准，认定非洲灰鹦鹉应比狗拥有更高的基本权利。

然而，以此经验法衡量动物权也自有矛盾之处——你必须先进行动物研究才能证明使用该动物进行研究是否符合道德标准。举例来说，怀斯认为海豚拥有最高等级 0.9 的动物得分，并认为它们为非人类动物中应拥有最高基本权利的动物之一。他写道："海豚可以理解指向、凝视以及即时模仿的概念。它们可以立刻模仿你的行为与声音。"他以夏威夷大学心理学者卢·赫尔曼（Lou Herman）的研究作为评断海豚知觉能力的根据。赫尔曼花了 30 年的时间研究发现海豚拥有极强的记忆力，并比黑猩猩更懂得人类手势的意涵，它们拥有较为复杂的语言能力，甚至还会纠正你的文法错误。

既然怀斯以赫尔曼的研究作为评量基础，他想必应该相当支持赫尔曼的研究吧？错了。事实上，怀斯严厉批评赫尔曼的海豚研究违背道德原则，他不但剥削海豚，甚至将它们视为禁脔。当然，讽刺的是，如果没有赫尔曼的海豚研究，怀斯要如何得知海豚的知觉能力堪比黑猩猩，而又要如何证明海豚确实应该享有基本权利呢？

那么老鼠呢？它们的得分如何？怀斯的书中并未提到老鼠，因此我寄电子邮件给他："怀斯教授，以你的量为基准，老鼠得分几分？别忘了它们是最常被拿来做实验的哺乳类动物。"

怀斯回复，由于时间急迫的关系，他不得不省略老鼠。他表示，自己依据现有的研究结果客观审慎地评断特定物种的知觉能力。他不但需要追踪最新的实验，还得访问研究各物种行为和知觉能力的研究者先驱。怀斯说猩猩与海豚的得分非常符合预期。相反，蜜蜂的得分之高则让他意想不到。几乎每一种动物都需要近三个月的评估时间，而一天仅有 24 小时，物种却有上千个。

老鼠有同情心吗

怀斯很洒脱地承认我们并没有足够资料评断多数物种的心灵状态，以将其道德等级归类，这似乎代表我们需要更多的动物研究。部分研究确实发现某些动物拥有我们所不知道的能力。举例来说，麦吉尔大学（McGill University）的痛苦基因研究室最近进行了一连串的实验企图证明老鼠具有同情心。虽然我并不相信小灰鼠的怜悯能力和人类有任何相似之处，但是麦吉尔大学的研究者们确实点出了道德议题的有趣面向。

痛苦基因研究室的实验企图了解当其他鼠类遭受痛苦时，老鼠是否会对痛苦做出反应。研究者以数种方式制造动物的痛楚。大多数的老鼠得接受"痛苦扭曲测试"，实验者将稀释醋酸注射进老鼠的胃部，其他老鼠的后脚爪上则被注射一滴刺激性液体，最后一种制造痛楚的方式则是测试老鼠从灼热表面抽起双脚的反应速度。假使我计算正确的话，约有 800 只老鼠成为实验对象。

老鼠会感觉他鼠的痛苦吗？简单来讲，是的。接受醋酸注射的老鼠若位于其他接受痛苦扭曲测试的老鼠身边时，会表现出比单独测试时更强烈的痛楚。不过，真正有趣的是——痛苦的感染性只存于亲戚鼠或同笼的鼠友之间。老鼠对身旁挣扎抖动的陌生鼠是没有任何同情心的！

老鼠怎么会知道其他笼友正在受苦？它是看到笼友眼神中的苦楚还是听见超高频率的呻吟声？又或者，当老鼠感受恐惧时会释放特殊气味？研究者有计划地中断老鼠的感官系统，以检查上述的可能性。视觉较容易检测。他们在两只痛苦扭曲的老鼠间隔了一个不透明的屏幕。要阻断嗅觉能力则相当困难。当老鼠被注射局部麻醉剂后，研究者在老鼠鼻孔内塞了可以烧坏嗅觉感受细胞的化学腐蚀性药剂，这会永久性地破坏老鼠的嗅觉器官。为了断绝听力，研究者连续两周为老鼠施打卡纳霉素，接着，老鼠的听力永久地消失了。

以科学的观点来看，实验相当成功。研究者发现老鼠的同情心仅来自视觉而已。被剥夺嗅觉与听力的老鼠仍然是具有同情心的，但若挡住老鼠的视线，它就不会再对受苦中的鼠同胞做出反应。

这项研究道德吗？假如你是麦吉尔大学动物关怀委员会委员，并负责同意或否决将特定动物用于实验之中。那么你会如何做决定呢？即便实验结果相当成功，让动物陷于痛苦与折磨之中是合理的吗？

请做决定：赞成或否决。

对我来说，这题真的难解。实验本身不但相当完整，而且研究结果刊登在《科学》期刊上后受到国际学界的广泛注目，这点远比多数乏人问津的论文来得幸运。此外，研究者们言之凿凿，辩解老鼠所受的伤害相当轻微而短暂。

道德之两难

我不同意此实验的原因是，听滚石乐团或嗅闻新鲜法国面包的香气绝对是我个人人生的一大乐事，因此我不赞成把小老鼠变聋或是摧毁它们的嗅觉系统（如果这项实验不牵涉感官能力之剥夺，我会乐见其成）。

之前我读到此研究时，第一个反应是："这些家伙真的很恶劣。"我以为他们会收到来自较偏激的反动物实验分子的死亡威胁，结果却出乎我意料。以骚扰动物研究者为策略手段的动物解放阵线（Animal Liberation Front）团体在其网站上报道了麦吉尔大学的老鼠研究结果，以证明鼠类与人类对痛感有着同样的反应。就连许多反对牵涉痛感与永久性伤害的科学家，都心照不宣地默许这项实验。知名动物行为学家与动物权提倡者马克·贝科夫认为，若研究者无法将某实验施行在自己的狗身上，就应放弃该项实验。因此，我非常讶异贝科夫竟然在其著作《野蛮正义：动物的道德生活》（*Wild*

Justice：The Moral Lives of Animals）中引用麦吉尔大学痛苦实验研究的成果，以证明老鼠也拥有复杂的情感状态。

乔纳森・巴尔科姆（Jonathan Balcombe）和马克一样，身兼动物权运动者与科学家双重身份（前者的博士论文为蝙蝠的行为模式），乔纳森于其著作《第二生活：动物的内心世界》（*Second Nature：The Inner Lives of Animals*）中，阐述自己反对任何侵入性或牵涉痛感的科学研究，同时他也是动物权运动圈里的知名专业人士。乔纳森知性、冷静并且很谨慎，对充满激情的动物权运动圈来说，绝对是相当有卖相的发言者之一。在我最近参与的一个学术研讨会上，乔纳森引用麦吉尔大学的痛苦实验佐证老鼠确实有感情。我和他私交不错，因此上前询问他，若他是该所大学的动物关怀委员会成员是否会同意此实验。

乔纳森已经准备好接招。原来他时常在大学演讲时被学生提问此问题，时不时会有人坚决地站起来问："巴尔科姆教授，你说你反对动物实验，但是你的论点却立基于某项虐待动物的实验。这不是很矛盾吗？"

这对乔纳森来说并非道德之两难。"我痛恨这些研究，"他这么对听众说，"如果可以的话，我绝对不会允许人们进行这些测试动物是否有感觉的实验，但事实上，这些实验已然完成，而且它们确实让动物研究议题露出一丝曙光。因此，我还是会继续引用这些研究。"

我感觉得出来乔纳森对此议题有着诸多思考，他甚至在我们的对话过程中提到纳粹的医学实验。事实上，对动物实验有着诸多疑问的我，也不时想到纳粹实验。德国医师西格蒙德・拉舍尔（Dr. Sigmund Rasher）将达豪集中营的囚犯长时间浸泡于酷寒冷水之中，以此研究若飞行员坠落于北海时能存活多久。有数名囚犯因此死于非命。不过就某方面来说，达豪冷水实验仍旧是我们对人体低温症所能实质掌握的科学数据。许多医学道德家认为由于达豪与奥斯威辛集中营人体实验已然发生，因此我们可以运用此科学资料以崇敬死者，这也是保护现今人类的道德之举，即便上述实验数据都以非道德的方式所取得。然而也有许多人认为由于医师以极端不道德的方式取得此资讯，因此我们不该于任何情况下使用以道德堪虑的手法而得的研究成果。同样，许多动物权分子认为动物实验成果是以不道德的手段取得的，因此我们不该服用经由动物实验而得的药物，以避免悖德。

这么说的话，麦吉尔的痛苦实验结果或研究被俘虏的黑猩猩或海豚之语言是否都牵涉到不当取得的程序，即便其结果能用来反对动物实验，也不应取用？乔纳森似乎对此问题不愿太过深究。他向我承认，当自己在与动物权团体合力反对动物研究时，他就会变得比较实用主义一点。"我会使用任何对争取动物权益有帮助的研究，只要该项研究有实质效益，"他补充道，"但是得在合理范围内。"

你赞成杀死一百万只老鼠以求登革热解药吗

支持或反对动物研究的人时常提出令人费解的理论。我认为，关于动物研究的辩论之激烈远甚于其他人类与动物关系之议题，这问题甚至比能否将动物吞下肚还来得吊诡。大众始终难有共识，事实上，民意调查显示美国人反对动物研究更甚于打猎。

最近当我和同事琳达（Linda），一位专注研究压迫与不平等现象的英文教授谈天时，意外地谈起了老鼠的道德地位。她对动物与贫穷者的压迫议题十分关注。自10岁起，琳达就加入了动物保护的行列。她和丈夫都吃素，有空闲时，她都会在农庄的动物保护区担任义工。琳达拒用皮革制品，并且反对动物园与马戏团。琳达认为动物剥削与女性、弱势族群与有色人种的压迫息息相关。

"虐待动物正是最基本的压迫形式。"她对我说。

对琳达来说，不管是打猎、动物皮毛工厂或肉食都是显而易见的道德问题。基本上，上述行为都破坏道德原则。但就连琳达都觉得动物实验很难用二分法做判断。

"我不认为人类有资格牺牲其他物种，以获取自身利益。"她说道。接着她补充："另一方面，我也相信有些实验确实对人类有益。"

"我们可以更深入地讨论这个部分吗？"

"当然。"

"假如有个药商决定少花点钱做壮阳药广告，并投资对国家造成严重伤害却乏人问津的热带疾病研究，你会赞成吗？如果牺牲 100 万只老鼠可以开发出登革热疫苗，并解救上万名撒哈拉沙漠以南区域的孩童性命，你是否会赞成此研究？"

琳达望着地板。过了好一阵子她说："我真的不知道。我不能判断哪个选择是对的。"

"为什么呢？"我问。

她回答："嗯，我不认为人类的性命比其他动物更为高贵。不过，如果是老鼠的话……"

我可以理解，琳达无法决定使用老鼠进行实验以产生能解救上百万非洲孩童的疫苗是否合乎道义原则。虽然她希望提升动物权益，但同时她也希望贫困者能获得更好的生活条件。不过对我来说，问题很简单，我可以眼睛都不眨就同意以百万只老鼠的性命换得消灭登革热的解药。

但是牺牲一百万只老鼠以治疗男性秃头、勃起障碍……嗯，应该就不必了吧。

09

家中的小猫，盘子上的牛

我们全都是伪善者？

蜘蛛的生命和白鹭鸶、人类的生命一样重要吗？当然，以逻辑来说，这完全正确。

琼·迪亚尔

别再打哈哈了。不管在任何时代、文化之下，人类向来就是伪善者，当我们批评他者的虚伪时，同时也揭示了自身的荒谬。

乔恩·海德特

如果你到西雅图，千万别忘了到派克市场走走。每年都有上千万游客涌入派克市场，逛逛鲜花摊、面包店、蔬果摊，尝尝琳琅满目的顶级起司、糖果、水果和意大利香肠。市场里最大的卖点就是鱼市里的鱼货秀——男人们穿着橡皮靴、灰色帽，神气地抛出一条条重达 7 公斤的国王鲑鱼，大鱼在空中飞腾 6 米，落进收银机旁男人的手里。观光客最爱看大鱼满天飞的景象。他们咯咯地笑，并拍照留念。我也身历其境过，一边傻笑，一边留影纪念。

2009 年 6 月，美国兽医协会决定让参与年度会议的一万名兽医与辅助性专业人员以大鱼抛接的精彩活动建立团队信赖感。善待动物组织对此设计显然相当不满，该组织专案经理艾希礼·拜恩（Ashley Byrne）于《洛杉矶时报》发表专文写道："杀害动物好让与会者能抛接它们的尸体实在太疯狂了。而且当兽医们抛接大鱼尸体并以此为乐时，这传递给社会大众何等糟糕的信息？"这段话被电视媒体当作笑柄，一开始我也觉得艾希礼似乎太过严苛了。不过善待动物组织随后发表声明表示，难道与会者看见穿着灰色帽的男人们抛接猫咪尸体时也会笑得如此花枝乱颤吗？这时我才领悟到，该组织说得没错。为什么人类会觉得抛接死鱼很有意思，但抛接猫的尸体就不行呢？

我们对待动物的态度往往前后不一

《人与宠物的深刻联结》（*The Powerful Bond Between People and Pets*）的作者伊丽莎白·安德森（Elizabeth Anderson）对这种道德态度的前后不一感到相当困惑。举例来说，她无法理解为什么许多宠物主人会穿貂皮大衣。

安德森写道："我真的不能了解，为什么那些爱猫爱狗爱到会和它们亲吻的主人，会对小海豹被爆头、剥皮或水貂遭到肛门电击无感。"其实这没什么好意外的，那些看到小猫就瞬间融化的人，也非常可能会钟爱皮草的色泽。即便是挺身捍卫动物权的人，也时常做出如此彼此矛盾的举动。社会心理学者斯科特·普劳斯发现在他访问的动物权分子当中，有近七成的人认为禁止以动物皮毛制衣应该被视为动保运动的首要目标，但是他们同时承认自己也穿戴皮制品。

心理学者向来知道人们往往言行不一。一个被普遍接受的态度理论称为A–B–C 模型，此理论认为所谓的态度包含三大要素——情感：你对一件事物在情绪上的感觉；行为：你的态度如何影响你的外在行为；认知：你对一件事的了解有多少。很多时候，这些元素会一起发生作用。罗布·巴斯就是很好的例子。罗布为一名 52 岁的哲学家，生活一直平顺无奇，他在 2001 年时读到一篇由人类学者迈兰·恩格尔（Mylan Engel）所写的文章后，生活大为转变。恩格尔反对肉食的言论极具说服力，此点让罗布很吃惊，他花了整整三周希望能找出恩格尔逻辑上的错误或矛盾，一个月后，他彻底让步了。当他发现恩格尔所言甚是后（知觉转变），他知道自己必须停止吃肉（行为转变）。几个星期后，当他和同事一同走入校园的自助餐厅时，刚好闻到煎烤汉堡肉所传来的浓郁气味，他的身体立刻做出反应："恶心，那味道令人反胃（情感上的改变）。"恩格尔的文章让罗布产生了情感、知觉与行为上互相强化的循环改变。现在，罗布与妻子盖尔·迪恩（Gayle Dean）在历经相似的转变期后，双双变为纯素食者。他们反对任何形式的动物剥削，而罗布也在道德课程上讲授动物权利议题。

不过罗布与盖尔是极少数的例子。大多数的人不但不以为意，也不会因为自身对待动物的矛盾作为而感到挫折。《洛杉矶时报》曾经接受委托，以随机采样的方式调查美国成年人对以下论述的看法："你是否赞成，以所有重要观点来看，动物和人类相同？"该报表示约有 47% 的人赞同此观点。我对调查结果颇怀疑，因此想了解我的学生对上述说法的观点为何。我针对一百名学生做了调查，问卷中不但包含《洛杉矶时报》的问题，还加进了许多关于动物所受对待的问题。结果显示，我的怀疑是错的，刚刚好约有47%的学生认为动物和人类同等重要，不过即便如此，这对他们如何看待"动物被人类利用"一事毫无影响。在认为动物与人类同等重要的同学中，约有半数同学赞成动物实验，并有40%的同学认为摘取动物器官以拯救病患是可行的，90%的同学更经常食用"以所有重要观点来看"都与人类无异的动物。

　　为什么人们能对自己的言行矛盾如此坦然？多数人对其他生物如何被对待所保持的态度，正是哲学家所说的"没有立场"（nonattitudes）或"空泛立场"（vacuous attitudes），由大量互不相关的想法与单纯思绪结合而成。相较之下，罗布与盖尔的信仰体系则是深思动物相关的道德问题后，才建立起来的。人类与其他物种之间的关系为相当复杂的道德问题，而大多数自认为是动物爱好者的人，普遍想法都较为折中。举例来说，全国民意调查中心曾经做过一项调查，当受访者被问到"对动物实验有何感觉"时，只有1/5的受访者会表达强烈赞成或反对意见。

　　虽然也有不少例外，不过证据显示多数人没有那么重视动物议题。2000年时，盖洛普调查要求美国成年人评比以下社会议题的重要性，例如堕胎权、动物权、枪支管理、环境保护主义、女权和消费者权益，结果动物权敬陪末座。2001年时，美国人道社会组织受委托进行调查想知道哪个动物保护团体贡献最多，结果却发现半数的受访者连一个动保团体的名字都叫不出来。此外，一项调查显示参与消费者运动的抵制者们中仅有2%的人关心动物如何被对待。事实就是，除了个人养的宠物以外，对多数人而言，动物如何被对待实在不是他们会优先关心的议题。

　　如果你真的想知道人们对动物遭受的待遇有何感受的话，不妨以经济的观点思考。美国人每年捐助20亿至30亿美元给动物保育组织。这听起来或许很多，但比起我们用来杀害动物的成本根本是小巫见大巫：1670亿美元花在肉食，250亿美元花在狩猎用具、装备与车旅，90亿美元花在除虫，160亿美元花在毛皮制衣。当然，我们为宠物装点所花的钱也远胜过捐助给动物保育团体（帮助那些我们根本不认识的动物）的金额。这样的行事风格其实与人类天性相符。其中一个原则就是"家庭至上"，这可是在演化史中不断巩固强化的想法，而宠物对大多数美国人来说，正是家中的一分子。

俄勒冈大学知觉心理学者保罗·斯洛维克（Paul Slovic）更定义出另一种状态"精神麻痹"（psychic numbing）——悲剧越大，却越少人在乎。举例来说，人们为了救活一个病童所捐出的金额会比捐给八位病童的金额高出2倍。当受苦者众多，漠不关心的感受反而会得到强化。《纽约时报》专栏作家尼古拉斯·克里斯托夫（Nicholas Kristof）指出，精神麻痹现象有助于解释为什么纽约人对一只红尾鵟因为在第五大道的豪华公寓壁沿筑巢被驱赶感到愤怒，却对两万名无家可归的苏丹人的处境无动于衷。当人们面对难以承受的数目时，怜悯情怀也随之崩毁，斯洛维克将之归因于人类的漠不关心。

不过并非所有人都会历经怜悯情怀之崩毁。美国人道社会组织拥有一千一百万会员，善待动物组织则有两百万名会员。多数的会员并非捐款了事，他们更是行动者。在我成为人类－动物关系学者后，第一个计划即是访问动保团体人士。我将焦点放在草根式的行动者们身上，而非动保团体的领导者、思想家或名人。我希望能找出哪种类型的人会献身于动保行动，以及他们内心的道德承诺会如何影响他们的生命。

结果显示，每四个动保行动者中有三位是女性，她们多半是政治立场开明、教育良好、生活环境优渥的中产阶级，绝大多数为白人。同时，她们几乎都养有宠物。尽管每个人的行动途径都不同，但她们都展开了为动物奔走发声的生涯，同时，她们也都曾经历道德震撼。对护士凯瑟琳（Katherine）来说，这个震撼来自一张照片。

"是什么让你投入动物解放运动？"我问她。

"一张善待动物组织的海报。我现在都还记得小猴子的模样。他们破坏猴子的神经，让它的手臂瘫痪。他们把其中一只手臂捆住，好强迫它使用残肢。"

"你还记得照片的内容？"

"对。"她说，"那小猴子有美丽的眼睛，而且看起来好像刚刚才哭过。这让我很想哭。"

此时，凯瑟琳真的轻声哭了起来，她说："如果不讲，我都忘了这一切有多么令人伤心。"

当反对动物权的人遇上凯瑟琳，多半会轻易假设所有的动物权行动者都如此多愁善感，而且喜欢动物的陪伴更胜过人类。这是错的。很多我遇到的动保人士都对动物剥削议题有着坚实的理论基础。一位熟知动物权知识的女性表示，她非常不满人们形容她为"心地善良"。她和我说："将我多年来研究此议题的心血形容为心地善良绝对是种贬抑。"

将动物解放视为信仰

以普遍的观点来看，动物权行动者都对宗教不太感兴趣。一份调查发现，参与某大型动物保护抗议游行的人群中，仅有30%的人表示自己为传统宗教团体的成员，而有近半数的人表示自己为无神论者或不可知论者。不过和其他的道德圣战一样，动物解放运动中也不乏宗教性元素。当我问菲莉斯（Phyllis），对她而言动物解放运动的重要性时，她眨了眨眼，看起来有点茫然，好像这个问题根本不证自明："这是我的人生。"

马克是一名被医师诊断患上忧郁症的退休警察，但在他和妻子投入动保运动后，生活改变了，他认为动保运动救了他。他告诉我："人的一生中会有几件事让你乐在其中，动保运动对我而言正是如此。它影响了我的存在感。我们只是感到很幸福。"

当你和马克交谈时，会感觉到圣徒保罗在前往大马士革的路上，他眼前一晃，看见了光亮。自认为无神论者的布莱恩（Brain）和我说："有时我会嘲笑自己。我知道所谓的'重生'大概就是这种感觉。对我来说，某种信仰确实会改变一个人的生活。"另一个动物权行动者这样和我说："我开始以不同的方式尊崇耶稣。我想，如果耶稣仍在世，他也会是素食者。我觉得他会是个动保分子。"

动物权行动者和基本教义信徒还有一点非常相似——他们都有非黑即白的道德观，缺乏模糊的中间地带。雪莱·高尔文和我使用社会心理学者唐纳森·福塞斯（Donelson Forsyth）建构的量表测验一群动物权行动者的道德理想值，其中约有75%的人可归类为"道德绝对者"（普通大学生中仅有25%的人属于此类）。持有此道德立场的人相信，道德原则放诸四海皆准，而且做对的事情将会带来良善的结果。

认真看待动物议题的后果

当你决定认真看待动物议题时，就会发生大事。首先，你得改变你的生活。所有我遇到的动物权行动者的第一步都是让信仰化为行动。有些人采用循序渐进的方式，有些人则是毅然决然地做出改变，当然，并不见得所有人都能获得成功。玛丽（Marie）第一次（也是最后一次）参加动物权益研讨会时就因为无法抗拒麦香堡的诱惑而宣告出局。那天正是她拯救动物之旅的终点。当然，她是个例外。我曾在华盛顿特区调查参与大型动物权益游行的行动者，约有97%的与会者改变了自己的饮食（虽然还是有许多人会吃肉），94%的人会购买标榜"零残酷"的产品，79%的人表示自己会避免穿以动物皮毛制成的衣服，75%的人曾经投书报社或写信给议员要求善待动物。通常新的信仰与行动会彼此强化。一位名叫吉娜（Gina）的女士向我表示："当我越投入动物保护行动，我的饮食习惯就越不一样，当我吃得越不一样，我的行动就越深刻。"

行动者的道德承诺会以不同的方式展现，比如有人反对杀害通常被视为有害的动物。有个男人最近在他的院子里看见一条美洲蝮蛇。如果这发生在一年前，他应该会立马把它杀掉，但现在他会小心翼翼地将蝮蛇赶回森林里。伯纳黛特（Bernadette）为 IBM 一名管理人员，她的生活可说是典型的中上阶层人士的普通生活，她拥有一台休旅车、一只狗，并与先生和两个小孩同住。她和其他相同社会经济地位的人的差异在于，她甚至不忍心杀死跳蚤。

"伯纳黛特，"我问她，"你能不能举例，动物权观念如何影响了你的日常生活？"

"噢，我不会使用有毒的去蚤剂杀死跳蚤。相反，我会徒手抓蚤，再把它们放到户外。我知道跳蚤没有痛觉也没有情感，不过我只是希望言行合一。如果非要说出鱼或软体动物或哪种生物是比较不重要的，那对我来说根本不合理。"

不过蟑螂也不时会出没在她家里。"我们最近才驱逐了家里的蟑螂，"她说，"不过在我拿出灭蟑药之前，我在家里和蟑螂沟通过好几个星期，我说，'你已经侵犯了我的领域，我们会采取比较激烈的行动'。我幻想会有神迹让它们自己消失。"当然，沟通失败。

伯纳黛特相当反对"行动主义者的摇摆不定"，个人道德理念越高，要维持言行合一就越困难。对吉娜来说，连吃植物都会让她感到矛盾。有时候，她甚至会想只吃水果或坚果类食物会不会比吃没机会成熟的胡萝卜好。洛伊相当热衷教会足球联盟活动，他花了数个月的时间才找到令人满意（但并非完美）的合成材质手套。不过，他仍旧无法找到非皮制且堪用的足球。很幸运的是，现在市面上已经有许多产品符合"零残酷"的生活理念，好比强调对素食者友善的保险套与合成垒球，都是于此理念范畴下衍生的产物。

乔恩·海德特的著作《幸福假说》(*The Happiness Hypothesis*)里提到，拥有幸福生活的关键就是对美德和道德目的的理解和启发，并自发地与拥有共同中心价值的群体产生凝聚力。许多动物权行动者都因为领略此中道理而拥有快乐的精神世界。我曾在一个反对不当对待受囚黑熊的抗议活动中遇见一位女性，见证了上述的幸福假说。她这么表示："我对那些生命里没有类似经验的人感到可惜。"

但是也有一些动物权行动者为他们的道德远景付出了沉重的代价。例如：他们对动物解放运动的投入使得他们与家人、朋友、情人的关系日益疏离。因为尽管多数美国人都认同动物权观点，但事实上当人们与拥有强烈道德价值观的人共处时，往往会感到不自在。一位名叫艾伦（Alan）的行动者告诉我："我的友谊受到剧烈的影响。没人理解我正在投入的事情，我感觉大家对我相当排斥。我失去最好的朋友，这一切都和动物权运动有关。"

对动物解放的热情也可能影响一个人的婚姻。对休（Hugh）与琳达来说，动物解放是两人共同的道德承诺，这样的凝结力也强化了两人的婚姻关系。两人一起吃全素晚餐，一起参加研讨会，畅谈动物议题，并为对方所撰写的动物权文章给予建议。不过并非所有人都如此幸运。动保行动摧毁了南希（Nancy）的家庭。她结婚十年的丈夫为军人，并且对她日益投入动保运动感到相当反感，他更希望南希能扮演好军人太太的角色。

"所以，"她和我说，"我只能做决定。"结果，她选择了动物。

弗兰（Fran）和她的丈夫也起了类似的冲突。

"为什么你对动保运动的奉献会造成人际紧张？"我问她。

她叹了口气。"丈夫和我吵了数回。他吃肉，而且认为吃肉和穿戴皮草都没什么。我们的歧异越来越严重。现在他还会把我的信丢掉，因为我捐了太多的钱给动保团体。"

我猜想他们的感情应该还在冰点。

生活形态的冲突也给单身的行动者带来了困扰，他们似乎更难找到志同道合的对象。一位二十出头、极具魅力的女子伊丽莎白和我解释："我的信念当然大大影响了我的社交生活。我不会轻易和非素食者约会。这让我的潜在对象变少。之前，大部分和我交往的男性都不吃素。不过，现在情况不同了，我觉得和亲密伴侣间若有道德上的背离，那根本就不可能维持下去。"

想当一个道德战士还会遇到其他生活难题。有时候，情况让人感到万念俱灰。我问露西——一位特教老师，别人是否会觉得她的生活方式很疯狂。

"并没有。"她说，"我并没有感觉到有人觉得我很疯狂。不过有时候我自己会觉得自己疯了。因为这就是我生活的重心。我的生活受此主导。有时候我也会受不了，我会告诉自己，我必须保留一点；我想要轻松一点面对动保议题。我想当一分钟的正常人，而不是当耶稣。"

最让动保人士感到痛苦的是，几乎每分每秒他们都得面对动物受虐的事实——超市里的肉品部、当他们经过汉堡王时所闻到的煎烤肉类的味道、穿着皮草出现在机场的女儿以及塞满动保议题信件的电子信箱："你的捐款可以协助我们停止狩猎幼海豹！让我们一起关闭动物繁殖场！关闭动物工厂！"

有时候，道德承诺可以压垮一个人。苏珊患有失眠症，因为每当她进入梦乡时，就会看见动物被虐待的景况。莫琳（Maureen）和她的丈夫因为过度捐款给动物保护机构，最后宣告破产。而 62 岁的德国籍商人汉斯（Hans）则有悲悯疲惫症（compassion fatigue）。"我快情绪崩溃了，"他跟我说，"我的生活只剩下动保活动，没有时间做其他任何事。以前我对此感到兴奋，但是终于有一天我感觉，我真的受不了了。我已经没力气了。"

就像许多恪守道德准则的人一样，动物权行动者自有其阳关道可走。但其中绝大多数的人并非狂热分子。多年来，我所遇过的动保分子都十分聪明、能言善道、友善而且头脑清楚。不过，要和深信其道的人交谈并产生火花确实不易，因为他们不容许模糊地带存在。如果你想和露西讨论为什么动物实验有可能是不得已之善举，那最好皮绷紧一点了。我曾经问她是否曾经对动物实验的必要性感到矛盾，偶尔做些动物实验确实必得为之的状况总是出现，好比以一颗猪心来抢救一个人的性命。

"不会，"她说，"我对自己的判断有绝对的自信。如果你要和我辩论的话，抱歉恕不奉陪。因为我知道，我是对的。"

这立刻让我们的对话暂停。

新恐怖主义

抱怨敌对者是一件事，发动实际攻击又是另外一回事了。2009 年 3 月 7 日凌晨 4 点，加州大学洛杉矶分校神经学家大卫·延奇（David Jentsch）被汽车警报器惊醒。他冲出房门抓起花园的水管——延奇居住的社区时常发生森林火灾。当消防队员赶到时，他车顶的树梢已经开始起火。如果当时消防队员遇上塞车的话，恐怕整个社区都得驱离。

两天后，一个名为动物解放旅（Animal Liberation Brigade）的团体发布了消息："大卫，这是给你的信息。我们会在你最没有防备的时候前来，并且攻击范围将不再限于你的私人财产。不管你去哪儿或做什么事，我们都会监视你，直到你停止那恶心的小猴实验为止。"

延奇对自己成为动保团体的目标并没有感到太过惊讶。近年来，有十多位加州大学洛杉矶分校的学者成为动物权恐怖分子攻击的对象（动物解放地下组织将这些攻击称为"直接行动"。他们认为真正的"恐怖分子"是反动物权的人士：皮毛供应者、屠宰场业者以及动物实验研究员）。虽然多数的动物权恐怖攻击的受害者都选择保持低调，但是延奇决定反击。他组织了加州大学洛杉矶分校赞同动物测试的团体，并发起支持动物实验的游行。这项行动显然无助于他与动物保护者的关系，他仍旧时常收到充满辱骂字眼的电子信件："延奇，我希望你所有的孩子都得癌症，我希望你眼睁睁地看他们死掉，当然，你最好也死于非命。"

社会科学家已经发现多数的恐怖分子都是道德绝对主义者（moral absolutists），而驱动他们的原因则包含了理想主义、愤怒、宗教狂热以及希望给不道德者教训的本能倾向。俄勒冈大学杰拉德·索希尔（Gerard Saucier）以及同事们分析了近十种不同形式的军事极端主义团体。他们发现尽管组织各有不同，但都有以下特质存在：否定和平策略的有效性，相信为了达到目的而不择手段有其正当性，相信乌托邦即将来临，相信有歼灭邪恶的必要，将反对者妖魔化，将道德上的分歧视为开战的引信。

你可以发现，极少数的动物解放运动者属于暴力侧翼——纵火犯、炸弹客、涂鸦客以及动物实验室解放者。你偶尔也会听到类似北美动物解放阵线发言人杰里·弗拉萨克（Jerry Vlasak）医师的个人言论。2004年弗拉萨克在电视访谈中说道："如果你问我，是否愿意用五个活体解剖暴行者的性命去换几百万条无辜动物的生命？当然，我很愿意。"

1993 年至 2009 年之间，美国极端反堕胎人士犯下了 8 起谋杀案，另外有十七人也差点命丧黄泉。目前为止，尚未有人于动物解放运动中丧命，不过这可能只是时间早晚的问题。2002 年，美国联邦调查局国内恐怖主义小组的詹姆斯·贾波依（James Jarboe）前往国会做证，认为动物解放与环境极端主义团体为国内最严重的恐怖主义活动发动者（动物解放行动者则认为布什政府根本忽视了右翼恐怖主义活动，好比针对堕胎诊所发动的攻击，却过度强调动物权与环保运动所造成的损害）。根据美国联邦调查局统计数据，军事系动物解放行动者与相关环保运动分子已造成动物相关组织 1.1 亿美元的经济损失。2009 年，共有 170 起极端主义者伤害事件开启调查。2006 年，国会通过《动物企业恐怖主义法案》，并加重惩罚造成经济与个人损失的非法动物解放活动。2009 年 4 月 4 日，动物解放行动者丹尼尔·圣地亚哥（Daniel San Diego）被列入联邦调查局头号通缉犯的名单之中。他涉嫌炸毁两家与动物测试相关的公司。

为什么动物解放运动的激进侧翼的主要攻击目标是动物实验室研究员而非猎人或屠宰业者？毕竟，比起屠宰工厂每年宰杀的数十亿动物或者在野外被猎杀的不计其数的动物，实验室动物的数目根本是微乎其微。通常实验室所使用的动物为多数人绝对不会手下留情的老鼠（即便没有亲自痛下杀手，也会聘请专家除之而后快）。比起有些人因为肉的美味而食肉，或因为消遣而打猎，动物实验似乎更站得住脚。

北美解放动物阵线为暴力性质动物解放团体的主要策动组织，它发行刊物，公布恐吓信寄件者事迹、炸弹客与焚车者的最新活动信息，提供会让极端分子失去理智的动物实验研究内幕。根据解放动物阵线所发布的消息，对于不想要在信箱内看见沾满老鼠药的刮胡刀的年轻研究者，不妨参考以下建议：离"加州""灵长类动物"和"大脑"越远越好。

北美解放动物阵线刊物所公布的研究者攻击事件近 75% 都发生在加州。这些数据不知是否与该组织发言人弗拉萨克居住于此有关。不过，负责监控全国动物权攻击的生物医学研究组织报告显示，发生于加州的动物解放恐怖攻击事件足足比其他州高出 2 倍。

除了住在加州这点以外，实验对象的物种也是造成研究人员成为恐攻目标的重要因素之一。大卫·延奇的主要实验对象为鼠类，而他吸引纵火犯上门的原因是他偶尔会在实验之中使用长尾猴。使用鸡、蜥蜴、舞毒蛾、烟草天蛾、鳟鱼、蜘蛛、鹦鹉、老鼠作为实验对象的研究者，则甚少成为恐怖攻击的目标。而使用猴子或宠物物种（好比猫）进行研究的科学家则相当容易受到攻击。若我们比较因实验而受苦的动物数量来说，上述结果似乎毫无道理可言。举例来说，南加利福尼亚大学每年使用 7.5 万只老鼠进行实验，而身负实验用途的猴子仅有数十只。然而，北美解放动物阵线网站上所公布的事件中，约有 3/4 的攻击对象为灵长类动物的研究者。相反，公报所标注的恐怖攻击事件之中，仅有 9% 的暴力事件针对鼠类研究者而起，然而，鼠类却是 95% 的动物实验所使用的对象。

如同近年来被反活体解剖者所攻击的其他加州大学研究者，延奇亦为神经学家。他的研究重点主要关注造成精神分裂症的神经结构，以及天使尘、摇头丸、可卡因与尼古丁对大脑细胞的影响。为什么动物解放恐怖分子对期望找到精神疾病、毒品上瘾或眼盲之解药的研究者，比对期望治愈癌症或艾滋病病毒的实验者更具敌意呢？原因在于前者使用与人类大脑较为相近的灵长类为实验对象。对动物解放分子而言，其终极目标为消灭一切的动物实验（加州大学圣塔克鲁斯分校的一位研究者因为使用果蝇作为实验对象，而遭动物解放分子锁定攻击）。然而，黑暗世界里的激进分子所拟定的策略为锁定特定物种的研究者（好比比较能激起普通人同情心的物种）。对动物解放团体而言，可爱的猴子的照片应该比患有白化症老鼠的照片更能吸引捐款者吧。

尽管收到死亡恐吓信件、炸弹，大卫·延奇似乎对动物解放分子仍旧抱持着相当正面的态度。自炸弹事件以来，延奇就定期与动物解放分子碰面，并期望建立可以互动沟通的基础，让对话持续进行。愿意和延奇碰面的主要是反对针对特定研究者发动攻击的理性派动保人士。他们也相当反感媒体针对动物解放阵线所做的铺天盖地的报道。延奇个人认为，即便在加州区域也仅有极少数的极端狂热分子会发送死亡威胁、恐吓邮件甚至诉诸炸弹策略。2001 年时，美国国土安全部所做报告与延奇的看法不谋而合，该部门认为动物解放阵线中不到一百名会员属于"极端分子"。

"不过放炸弹也只需要一个人。"大卫·延奇提醒我。

道德一致性与动物解放哲学

在某人庭院放置炸弹绝对是动物解放运动中失控的行为。但多数的动物解放行动主义者并非暴力分子。要了解为动物发声的直接行动所引起的关于人类道德的大哉问，我们必须深入理解支撑动物解放运动背后的道德理论。

和新闻学一样，道德议题也牵涉到三个基础问题：对象是谁？发生何事？为何发生？亦即，谁最有资格拥有道德关怀？我们为何对他者负有道德责任？为什么某些行动方式会比其他的更好？那些探讨为什么我们对其他物种负有义务的学术文章太过浩瀚、复杂而且好无聊。不管是亚里士多德学派、女权主义者、达尔文学派、基督教右翼分子以及左派后现代主义者都曾经以哲学方式解释为什么动物有道德地位。然而，动物解放运动的思考轴线仅仅仰赖其中两个经典的道德论：实用主义与义务论。实用主义论者认为一项行动道德与否，要以其结果判定；而另一方面，义务论者则认为一个行动的对与错，是独立于其后果之上的。他们认为道德建立于举世皆准的原则与义务之上，"义务论"一词源自希腊的责任（deon）一词。换句话说，你之所以信守承诺，并不是因为背信会发生坏事，而是因为你本就该说话算话。

18 世纪的哲学家杰里米·边沁（Jeremy Bentham）是第一个将实用主义运用在动物使用议题上的人。他认为，我们对某项行为的评判标准应该建立在其增加愉悦或减少痛苦的程度上。他的观点很特别，他认为应该将动物纳入考量范围。他这么写道："问题不在于动物是否拥有逻辑思考，是否能讲话，甚至，是否会感到痛苦。"普林斯顿大学的彼得·辛格教授被许多人视为当今最有影响力的哲学家，他在1975年出版的《动物解放》（*Animal Liberation*）中，将上述观点用作理论依据，并以此开启了当代的动物解放运动。

　　奇妙的是，虽然此书被视为动物解放运动的圣经，但是辛格的动物解放理论并非立意于动物（或人类）本身与生俱来的权利，他的出发点为单纯的"平等"。辛格以一句话带出了自身立场："本书的理论核心在于所有针对任何其他物种的歧视，都是非道德而且站不住脚的。"他将因自身物种利益而形成偏见，并排斥其他物种的态度称为"物种歧视"（speciesism），此态度与种族歧视和性别歧视一样，都是令人反感的非道德举动。辛格的理论涵括众生（所有具有感知欢愉与痛苦机制的生物），他认为所有的生物体皆有生存权，并拥有最终的道德地位。"从道德观点来看，"他写道，"我们的立基点一模一样，不管我们是用两只脚、四只脚站立，或是不用站立。"

　　另一位提供动物解放运动知识途径的则是汤姆·雷根（Tom Regan），他于1983年撰写的《为动物权利辩护》（*The Case for Animal Rights*）为另一本重量级巨作。雷根开宗明义表示，人类与某些动物为"生命主体"，因此应获道德考量。他的意思是，部分动物与人类都拥有记忆、信念、欲望、情绪、未来感以及持续存在的自我感。雷根相信如果某生物具有固有价值，那么就不该被视作可被使用或丢弃的物件。我常常会被办公室里的那台愚蠢电脑给激怒，我想雷根应该会说把电脑从三楼窗户丢出去在道德上是可被允许的（而且也会让人感到舒坦），不过如果把和我争辩考试成绩的学生丢出窗外的话，就绝非道德之举了。此外，如果堤莉在我赶写动物道德议题文章时不停地要我搔它肚子、让我抓狂并把它丢出窗外的话，雷根也必然不会赞许。以雷根的观点来看，不管是堤莉或是爱争辩的学生都是生命本体，并拥有电脑所无的基本权利。此外，更重要的是，动物和人类拥有等量的权利，其中，最重要的即是不被伤害并且获得尊重的权利。

　　雷根与辛格对某些议题的看法不同。举例来说，两人反对我把猫咪或学生丢出窗外的理由不尽相同。辛格会认为那是因为动物和人都会感受痛苦，而非他们拥有基本权利。而以理论来讲，辛格应当不会反对在特殊情况下以无痛感的方式结束人类与非人类动物之生命，这点与雷根相反。不过，两位哲学家对许多重大议题有着相同的观点。他们都认为人类与动物有着极大的关键性差异，不过他们认为这点无碍于让动物获得道德考量。如果我们延伸雷根的权利说以及辛格的实用主义逻辑，就代表人类不该吃肉、打猎，避免造成动物的痛苦。在此立场之下，不管是工厂化养殖、动物实验研究、动物园或者为了皮毛而捕杀动物，都是不道德的行为。

理论陷阱：动物道德与逻辑的限制

动物道德无可避免地牵涉界线的划分。辛格将线划在虾或牡蛎之间，而雷根则将至少1岁的哺乳类与鸟类归纳在保护范围内（他后来稍加修正，认为基本权利应扩及人类婴孩）。辛格与雷根都认为人类身处真实世界，而非知识分子所想象出来的道德迷雾。因此，两人都愿意做偶一为之的让步以符合普遍常识。举例来说，辛格与雷根都认为有些物种比其他物种更值得关注。辛格花了很多心力推广大猩猩的法律地位，远胜于他花费在禁用捕鼠器一事上的时间。而雷根则说如果一条超载的救生艇上有四个人与一只黄金猎犬，他会优先抛弃狗。他写道："狗的死亡无法和任何人类的死亡相提并论。"

不过，要是我们不愿意轻易地划分道德界线会怎么样呢？爱默生曾经写下著名的一句话："愚蠢的从一而终是从渺小心灵生出的妖孽。"（A foolish consistency is the hobgoblin of little minds.）《物种主义》（Speciesism）作者琼·迪亚尔建立了一整套几乎不可能实践的道德标准，并示范过度地拘泥于动物权规范与道德一致性会带来怎样的后果。

对迪亚尔而言，我肯定是个物种歧视者，因为我吃肉。她愤怒地攻击推动动物权运动的知识分子群以及部分已属激进的动物权团体，好比善待动物组织或国际家禽协会，因为上述人士不能符合她近乎洁癖的道德要求。举例来说，迪亚尔强硬地否定减少动物苦楚的手段，毕竟那非她提倡的零痛楚。她批评善待动物组织，因为该组织促使速食业工厂为鸡提供较人道的环境。即便较大的笼子对她而言也一无可取，对迪亚尔来说，真正应追求的是无牢笼的境界。她更生气雷根认为狗比人类更应该先放弃救生艇的位子。

迪亚尔彻底反对彼得·辛格的观点。她也排斥辛格认为黑猩猩应获得独特道德地位的说法（辛格不会因为打死蟑螂而感到不道德，因为他曾说：昆虫不会感到太大的痛苦。我想迪亚尔知道的话一定会很愤怒）。迪亚尔也否认辛格所谓人类的性命比小鸡的性命更有价值的想法。辛格认为，2001 年九一一事件中丧生的三千人，比同一天死在美国屠宰场的 3800 万只鸡更为不幸。迪亚尔反对这个说法。对迪亚尔而言，鸡甚至应该比人类拥有更多的道德考量。她这么写道："辛格对鸡不尊重的态度，与他自己所推崇的哲学相当不一致：善良的个体比造成伤害的人更有价值。以此标准评断，鸡比大多数善于制造伤害（好比穿着动物制品）的人更有价值。"

哲学家以"陷入理论困境"的表述，形容人们将逻辑运用至离谱境地的情况。迪亚尔所做的两个假设，虽然看似合理，却很难付诸实行。第一，所有能感觉到快乐与痛苦的动物，都应一视同仁。第二，只要有神经系统的生物，就可以感受痛苦。

以下摘述几句迪亚尔在《物种主义》一书里所描述的看起来无害的假设：

· "因为众生平等，我们理所当然有救狗先于人的资格。"（p.97）

· "黄蜂需要法律上的生命权。"（p.141）

· "我们的道德义务应扩及昆虫以及所有具有神经系统的生物……这些生物包括梳状水母、腔肠动物，例如海蜇、水蛭、海葵和珊瑚。"（p.127）

琼·迪亚尔居住在连强硬的动物解放行动者都会不寒而栗的道德皇宫里。真的有人会认为，在火灾中遇上必须救援小狗或小孩的二选一的情况时，应该掷铜板决定吗？难道喜好猎鸭的人都应该被终身监禁？

对动物解放者来说，真正麻烦的是迪亚尔的逻辑并没有错。假使你仅从字面意义理解物种主义，并且拒绝划清道德界线，假使你认为我们不应依照动物的大脑尺寸或脚的数目选择对待它们的方式，那么，依照迪亚尔所言，白蚁有权吃掉你的房子。

那到底怎样做才能当个好人呢

我恨我内心的小警察。每当我在早晨冲澡，或是漫不经心地开车在山路上收听广播时，或是放空着划桨经过小溪时，它就会出现。它是我的小蟋蟀吉米尼（Jiminy Cricket）[1]，也是我的欧比旺·肯诺比（ObiWan Kenobi）[2]。它会问我尴尬的问题。神经学家乔舒亚·格林（Joshua Greene）称若使用核磁共振显影会发现人们在思考道德问题时，眉毛后方脑中的小小区域背外侧前额叶皮质（Dorsolateral Prefrontal Cortex, DLPFC）会闪闪发光。几天前，当我在大烟山漫步时，小蟋蟀吉米尼出现了。

吉米尼：嗨，是我，你的内心小警察。

哈尔：离我远一点。

吉米尼：给我几分钟就好了嘛。假装现在是 1939 年，而你住在慕尼黑外围古色古香的达豪村（Dachau）。你每天都会看到"营地"烟囱冒出黑烟来，并知道希特勒的党羽正在加班消灭犹太人、吉卜赛人与同性恋者。谣言说，纳粹医师甚至使用囚犯的身体进行非常痛苦的实验。你的好友汉斯问你是否愿意帮忙在亲卫队的围篱下方放置炸弹。"如果杀了警卫，我们就可以救出无数条人命。"汉斯悄声说道，"我们会让全世界都知道这信息。"哈尔，你会愿意帮助汉斯放炸弹并营救上千条人命吗？

---

[1] 迪士尼卡通里一位富有正义感的蟋蟀——译注
[2] 电影《星球大战》中的一名绝地武士——译注

哈尔：我应该没那个胆。

吉米尼：我就知道。不过假装你是一个勇敢而善良的人嘛。

哈尔：唉……好吧，对有胆识的好人来说，以直接行动避免大屠杀确实是正确的行为，即便那意味着杀害许多纳粹分子。

吉米尼：我同意。现在你已经熟知动物权运动的知识论述了。你也认同物种歧视在道德上等同于种族歧视，也就是说，在实验室中受苦的猴子和一个受难的人类婴儿应当没有任何分别。你也知道美国每年使用约六万只猴子进行动物实验。你也认同动物解放阵线弗拉萨克的说法，若杀害一两名灵长类研究者就可能暂时终止相关计划。

现在，请你回答我的问题。像你这样勇敢而善良的好人，可以接受用燃烧弹烧掉科学研究者（那些让猴子对可卡因成瘾，以研究其脑部伤害的家伙）的家吗？

哈尔：不行，这样触法。

吉米尼：不过杀死纳粹德军也触法啊，你说那样可以。

哈尔：不一样吧。

吉米尼：为什么？

哈尔：因为把猴子关在实验室并因为科学研究而牺牲它们，和在集中营杀死犹太人是不同的吧。

吉米尼：但是如果你认为人类与猴子应该拥有相同的道德地位，那么我们为何不能杀死灵长类研究者呢？

嗯……我想小蟋蟀已让我哑口无言，不过好在我及时想到几年前所听到的关于康德的道德理论。

哈尔：你输了。康德说，你若希望别人怎么做，自己就该在相同情况下这么做才行。我不希望活在一个任何道德极端分子都可以持枪枪杀他认为侵犯自己所爱事物的人的世界里，不管侵害的是森林、婴儿还是青蛙。我不想生活在一团混乱之中。

　　吉米尼：不过哈尔，你刚说炸死纳粹集中营里的亲卫队是可以接受的啊。那你要如何判断什么时候犯法行为是合宜的，什么时候是不合宜的？

　　哈尔：我就是知道啊。这是常识吧！

　　吉米尼：所以你认为杀人时应该以常理判断，或是以你个人的道德直觉判断吗？康德会同意你说的吗？

　　哈尔：滚出我的生活啊，混蛋！

道德问题：不要信你的逻辑和直觉

　　我内心的小警察提出了一个关于人类道德的中心问题，这还不仅仅关乎动物道德议题，那就是我们怎么知道什么是正确的。通常提供我们道德指引的多半是脑袋或情感。问题是，两者都不可靠啊。

　　首先说脑袋。认知心理学家一再证明人类的思想具有"可预见的非理性"（predictably irrational），这个表述是行为经济学家丹·阿里利（Dan Ariely）发明的。研究者发现了许多会在潜意识中扭曲我们想法的偏见形式，并为它们创造了伟大的名字：乌比冈湖泊效应（Lake Woebegone Effect）、自我中心偏见（Myside Bias）、赌徒谬误（Gambler's Fallacy）、巴纳姆效应（Barnum Effect）、幼稚现实主义（Naive Realism），这名单根本列不完。

　　迪亚尔认为一只蜘蛛和小婴儿有着同等的道德地位，这样的结论虽合逻辑，但也荒谬。她证明仅凭一个单纯的理由，就可以彻底扭曲道德标准，即便我们以逻辑行事，仍旧可能在进行道德判断时上演荒腔走板的戏码。我的哲学家朋友罗布·巴斯不这么认为。他认为，若你运用同样逻辑演绎判断准则，就会归结出正确的结论。以理论来讲，巴斯说的或许没错。然而，心理学家一再发现人们运用理性逻辑判断道德状况的能力各有高低。此外，亦有大量证据证明人类复杂的道德思考并不见得会反映在实际行为上。

　　就连汤姆·雷根与彼得·辛格这样顶尖的知识分子都会因为尝试维持道

德一致性而陷入泥淖。举例来说,在救生艇情境里,雷根选择让狗先被抛下船。接着,他又说,若被情况所逼,我们应选择将一百万只狗抛弃下船,以便拯救一个人类。不过同时,雷根又争辩说为开发得以拯救上百万人类婴儿的药物,而牺牲上百万老鼠进行实验,绝非正确之举。

为符合自身逻辑,辛格也做出了让众人相当不舒服的结论。辛格在《实用伦理学》一书里向众人展现了他的实用主义逻辑发挥到极致会得到什么样的后果。他论言,生下终生残疾的婴儿的母亲若随后能生育出完全正常的婴儿,那么把第一个婴儿施以安乐死是可以接受的行为。辛格甚至谈论人与动物间的性行为不见得会对双方有害。虽然这段话已于出版时删除,不过他的言论早已遭到新闻媒体与动物权提倡者的强烈抨击。

许多哲学家以冷硬逻辑裁定道德问题,并得到以下结论:使用有残疾的婴儿进行医疗实验,会比使用猴子来得恰当。纵火也可能是促进社会改变的合法方式。还有,蚂蚁的生命与人猿的生命具有相等的道德价值。当我们思考动物道德议题时,很容易想破了头还没有个答案。

那我们可以依赖情感吗?当我们面对与其他物种之间的道德难题时,是否仰赖道德直觉会比逻辑来得可靠。

不幸的是,答案是否定的。若以情感判断道德议题,会比用头脑来得更离谱。直觉(通俗来说就是常识)往往受到无关道德因素的条件影响而摆荡——动物眼睛的大小、体形,它是否恰巧是你高中足球队的吉祥物。又或者,直觉也会受到人类自身演化史的影响。我的好友萨米·汉斯莱(Sammy Hensley)的道德直觉认为家中猎犬并不介意一辈子被拴在狗屋前。日本渔夫的道德直觉则认为猎捕海豚并没有错,毕竟它们是"鱼类"。我的道德直觉则悄悄说,吃肉并没有错(特别是那些标榜"零残酷"的肉类制品),而我的好友艾尔(Al)的道德直觉则认为肉食即是谋杀。数千年来,对人类而言,奴隶为财产的一部分,而同性恋者则背反了自然原则。此外,九一一事件的劫机者与在大卫·延奇车底下放置炸弹的动保人士都认为自己拥有崇高的道德理想。

谁的道德理想较为崇高

我对到底该怎么面对人类与动物的道德议题感到困扰，因此写了电子邮件请教对道德议题相当敏锐的动物权提倡者盖尔·迪恩。

> 盖尔，以动物解放观点而言，九一一恐怖分子与以直接行动攻击研究者的动物解放阵线成员有何差别？毕竟，两者都认为自己拥有崇高的道德理念。

她回信了。

> 自认为拥有较高的道德理念和真的拥有较高的道德理念应该是两回事吧。重点是，真相究竟是什么？在奴隶制度期间，有许多人甘冒法律风险援救奴隶，因为他们认为自己拥有更崇高的道德理念。事实上，他们确实拥有较高的道德理念。他们就和拯救犹太人脱离纳粹魔掌的人一样。

我在半夜时收到回信。堤莉已经在我办公室的摇椅上呼呼大睡。我身心俱疲，并且回了信。

> 盖尔，我认同你对纳粹与蓄奴的看法。不过我的问题是，在这些事件中，我们如何判断何为道德真理呢？这难道不是你个人的意见或道德直觉吗？

隔天早晨，盖尔回信了。

> 我同意要厘清道德上的真理确实相当困难。不过道德真理绝对和

所谓的个人意见不同！

我很乐意接受她的观点，但当我越深入地挖掘人类与动物的关系，我就越怀疑这样的观点。

海德特恐怕会说我们都是伪善者。在 20 年漫长的研究过程中，我慢慢相信海德特说得没错。当然我们偶尔会遇上相当极端的案例，好比丽莎（Lisa），身为纯素食者的她同时拒吃抗生素，也不会让她的猫在院子里以追逐鸟为乐。不过，多数的人类都有言行不一的时候，特别是在他们面对其他物种时，往往前后矛盾。我们为什么会这样呢？

1950 年，利昂·费斯廷格（Leon Festinger）提出了心理学界一项重量级的理论——当我们的信念、行为与态度相左时，我们就会进入他称为"认知失调"（cognitive dissonance）的状态。由于认知失调带来极不舒适的感受，因此人们想办法来降低这种因精神上不一致所带来的困扰。举例来说，我们或许会改变自己的信仰或行为，或是否认或扭曲关于事实的证据。

环境伦理学家克里斯·迪姆（Chris Diehm）相信人类努力追求道德一致性。他说，每当他向对方指出对待动物的方式前后不一时，对方都会尽可能地修正自己的行为，或者，至少他们会试着辩解，好让自己显得言行合一。他写道："我们得承认人类与动物的道德关系是一条迷茫而互相背反的道路：猫是宠物，而牛是食物。当你指出对方行为上的荒谬时，他们会企图合理化自己的行为，或是在舒适圈里做点改变。我想，追求道德一致性是件好事，而当人们言行不一时，则引发我们进行道德辩证与思考。"

克里斯是哲学家，比较在意人类意图让自己的信念与行为合一的努力程度。我则是个心理学家，比较在意人类面对自身与动物之间的道德议题所展示出的漫不经心。以我的经验来说，多数人，不管是斗鸡者、动物研究员或宠物主人，当你指出他们在面对动物时的道德不一致性时，都会摆出死不认错的态度（有时还会相当不自然地大笑）。

总之，道德一致性不但模糊而且几乎遥不可及。在真实世界里，不管是头脑或情感都会让我们对如何对待动物一事举棋不定。也许，在下一个章节里，我们不该继续谈论抽象的哲学论述，反倒该看看有德之人的例子，以寻求更好的与其他生物共存的方式。

10

潜伏在我们体内的兽性欲望

如何在道德的非一致性之中生活

只能做一点点事，不代表你可以什么都不做。

约翰·勒卡雷（John Le Carre）

诺贝尔文学奖得主库切（J.M. Coetzee）的小说《伊丽莎白·科斯特洛》（*Elizabeth Costello*）之中的主角是在知名大学讲授动物道德议题课程的客座教授。在她完成一系列的演讲后，一名听众举起手问她："当你希望世人减少物种剥削时，不是等同于要所有人放弃人性吗？毕竟当人类面对内心的嗜血黑暗时，或许是更为真诚地面对自我。"

问得好啊。面对人类内在的黑暗绝对是道德学、心理学与宗教的核心问题。所谓的兽性，弗洛伊德称之为本我（Id），乔治·卢卡斯（George Lucas）称之为黑武士。当传教士保罗（Apostle Paul）描写力不从心的情况时，他所描写的正是内心的黑暗面。乔治·琼斯（George Jones）曾在《几乎要妥协了》（*Almost Persuaded*）里歌唱过此事。演化心理学家曾追溯此源头至更新世（Pleistocene Age）。而神经学家则认为黑暗的欲念不时游走在脑前叶与边缘系统（limbic system）之间。

心理学家海德特研究人类内心黑暗欲望的彻底程度无人能及，他曾经将之比喻为正被理性骑兽者驾驭的疯狂大象。大象身形庞大，并且在隐约之中主导局面，而骑兽者虽然比大象虚弱，但却有着更聪明的头脑。只要经过几番练习，骑兽者就能慢慢驾驭大象。在本书中我已经多次论及，当人类面对与其他物种的道德难题时，就等同于面对理智与内心黑暗面的交锋。不过，究竟身处如同道德迷宫以及难以达到道德一致性的现实世界对我们而言有何影响呢？难道我们只能放弃，选择两手一摊？难道道德上的复杂性意味着道德麻痹？

答案为否。我曾经遇过无数的动物权人士在内心为道德矛盾而奋力交战。他们来自不同领域，并对动物界做出可大可小的贡献。他们多半会不时做点小事帮助动物，也让自己感到快乐。有的人会减少肉食摄取分量，或收养流浪狗。有些人则会捐款给善待动物组织或世界野生动物基金会，有些人则会把车停到路边，跑下车协助正徐徐穿越马路的箱龟，以确保它们安全无恙。

也有人做的是难以比拟的大事，迈克尔·芒廷（Michael Mountain）正是其中一位。

大规模的动物援救

一个男人走入酒吧里……

酒吧位于北卡罗来纳州罗里的喜来登饭店里面，而我正巧于此参加人类与动物关系的研讨会。这位男士 60 岁的样子，高个子，壮实，发色淡红，他的胡子修剪得相当工整，看起来非常善于运动，也很像健康版的亚伯拉罕·林肯。他环绕四周，接着发现我身旁有个空位。

"你介意我坐这儿吗？"他的口音是英式的，牛津剑桥一带吧。

"当然不会，请坐，我是哈尔·赫尔佐格。"

"迈克尔·芒廷，友好动物协会。"

"噢，我听过你们的组织。你们好像在鸟不生蛋的地方对吗？是不是在沙漠里？"

"对。犹他州的卡纳布。"

我们点了些啤酒。

我问了他友好动物协会的状况。他说该组织成立于 20 年前，当时由乡下的一群动物爱好者所组成，希望建立一个让流浪动物免于安乐死的场所。他说目前组织资产已经增长至 3.5 亿美元（与善待动物组织同级规模）。卡特里娜飓风时，友好动物协会援救了 6000 只动物。组织名称也由原本的友好动物庇护所改为人们所熟知的友好动物协会，而其成员遍布全美，由致力于动物援救的草根性社群组织与个人所组成。

上述努力确实让人印象深刻。不过当我们开始谈论人们对待动物的方式时，我更加兴致勃勃了。他的观点挺正确的：人类对待其他物种的态度时常矛盾并且完全不一致。芒廷承认自己也有许多前后矛盾的时候。他是纯素食者，也拒绝食用动物制品。不过他会买猪耳朵给家里的狗吃。芒廷说狗们很爱猪耳朵，不过他确实也会为猪感到悲哀。

"我的原则是，"他说，"如果我在户外遇到马蝇叮咬，我会拍死它，这就和蚊子叮咬一样。然而如果马蝇飞进我家，我会将它放生。"他笑了一下，补充说，"把它放生到下次可以叮咬我的地方。"

"这完全没有道理啊。"我说，"应该是当马蝇飞到你家时，你可以把它杀了，毕竟它入侵你的领域。但如果你在户外、马蝇的地盘上，那你应该没有权利杀它吧。你的原则有背后的逻辑吗？"

他大笑。

"当然有。每件事都有道理啊。只是说，所谓的道理并不见得理性。我想我的原则应该和友好动物协会信奉的理念一致吧。虽然你没办法拯救全世界的动物，但是如果有动物前来躲于你门下，你就该伸出援手。所以如果马蝇飞来我家，我就有责任善待它。"

芒廷真的很特别，尽管自己拥有很高的道德标准，但还是乐于自嘲。

芒廷最近才刚卸下友好动物协会总裁、募款活动总监以及杂志编辑的职务，并与年轻的企业家兰登·波拉克（Landon Pollack）开启了几项新的计划。其中一项计划就是恢复美国斗牛犬的社会形象。另一个则是号召全球关心动物与自然环境的人士共同组成国际性组织佐伊（Zoe），此词在希腊文里代表生命。

"我们希望做一个全球性的善举革命，改变人们与动物、大自然以及人类彼此间的联结方式。"

全球善举革命，这听起来太庞大了，根本是天方夜谭。不过，芒廷看起来很认真。

我看了一下手表，我们已经滔滔不绝地谈论两个小时了。饭店里所有的营业场所都关门了，酒吧里也仅剩我们两位。当我们起身离去时，芒廷邀请我到卡纳布走走，亲眼看看友好动物协会在做什么，并继续好好聊聊。

"好噢，说不定真的会去。"我回到饭店房间里拨电话给玛莉·珍："你明年夏天想去犹他州一趟吗？"

坐落在不毛之地的动物庇护所

我和玛莉·珍在拉斯维加斯下了飞机，并租了部现代轿车往北开。我们从圣乔治开了两小时的车下州际公路后，又在两线道上继续开了数小时，并从媒体称为一夫多妻天堂的科罗拉多城与凯巴布·派尤特印第安保留区（Kaibab Paiute Indian Reservation）转入亚利桑那州，接着进入只有一个红绿灯以及 3769 个居民的卡纳布镇。

第二天我们前往友好动物协会。我们从卡纳布的公路出发，开了约 8 公里远。我以为友好动物协会的庇护所会像个大型的、可爱的动物园区。结果我错了。

占地 3700 公顷的友好动物协会的庇护所位于大阶梯 - 埃斯卡兰特国家保护区（Grand Staircase-Escalante National Monument）旁边，其腹地还包含协会自土地管理局租用的近三万公顷的土地。周围景色犹如圣经的描述般美好——深邃的天空、绵延数公里的砂石峭壁以及让我联想起以前和妹妹抢用的蜡笔颜色：砖红、黄褐色、赤褐色、棕土色、粉红肉色、古铜色与紫红色。我觉得眼前景色似曾相识。之后我才想起是在哪儿见过。小时候我爱的许多电视影集都是在天使峡谷取景的——《独行侠》《丁丁历险记》《灵犬莱西》《枪战英豪》《荒野大镖客》，甚至是罗纳德·里根（Ronald Regan）主演的《死亡谷之日》。自 1920 年开始，将近有一百部电影在这里取景，包括《浩劫重生》《万世流芳》与《西部执法者》。

每年友好动物协会的成员会进行近三万次的游客导览，不过芒廷为我们准备了特别的节目。我们的导游费思·马龙（Faith Malone）是位 65 岁、个性活泼的女士，她记得这里所庇护的一千只动物的名字，包括狗、猫、猪、马、兔子、驴子、孔雀、天竺鼠与鹦鹉。芒廷与费思是其他成员相当推崇的"创立者"。20世纪60年代中期一群相当年轻并希望能改变世界的理想主义者创办了友好动物协会。芒廷警告我："我们可不是嬉皮，真正要说的话，我们可以说是非常排斥嬉皮的，好比我们绝对反对药物使用。"一开始救援活动仅限于尤卡坦半岛（Yucatan），接着核心成员开始深入政治、宗教与社会服务等领域终至解散，不过部分成员于20世纪70年代晚期回归，并发现大伙的共同目标为拯救动物。

20世纪80年代初期，此团体偶然发现了卡纳布峡谷，并将其重新命名为天使峡谷。尽管此处路途遥远，团体还是决定在这峡谷为无人知晓的动物们建立一个家。没有人想到这个犹他州西南部的小庇护所会变成日后全美最大的动物保护组织。义工们每天会带狗散步、冲洗大肚猪、清理马粪，甚至成为知名电视节目的报道主题（国家地理频道推出的节目《狗城》）。友好动物协会甚至在美国动保运动历史上最重要的"战役"中发挥关键作用——协助成立以社区为基础的动物节育和收养计划，使每年在收容所死亡的动物数目从1700万只缩减到400万只。

我们在访客中心先和费思会面，接着走到猪猪天堂（友好动物协会不排斥可爱的名字）。一名来自弗吉尼亚州的义工正用几颗低脂爆米花吸引大肚猪起来走动。女铁匠正在帮一匹曾被丢弃在垃圾场的驼马修补损毁的铁蹄。接着，我们跳上费思的车，前往宁静之家。宁静之家是间屋子，基本上这里没有一只动物是被关在牢笼里的。此处专门用来照护罹患重病的猫（如败血症）。这屋子一尘不染，也没有任何尿味，虽说许多活泼的猫到处走动。费思解释友好动物协会的工作重点在于帮助有特殊需求的动物，好比三只脚的猫、喉部肿瘤如同棒球般大小的狗、失去单翅的老鹰等。许多动物都是从其他无法提供长期照护的收容所转送过来的。对于那些眼盲、耳聋或有情绪障碍的动物来说，这里就是它们最后的安栖之地。

我们参观了兔子之家、马天堂、鹦鹉花园以及野生朋友之家（专门照护海龟、猫头鹰、老鹰、山猫以及鸣鸟类的康复保育中心），接着转往狗镇山岗，这里约有 36 公顷大，收留了大约 400 只狗。老朋友之屋则专门照护老狗，我在这里遇上了来自曼哈顿、每年会在此义务服务数周的心理治疗师鲁比·本杰明（Ruby Benjamin），鲁比今年 78 岁，并且神采奕奕。"我的心永远在这儿，"她和我说，"每当我回到动物友好之家，就感觉像是回到温暖的怀抱里。"

我们在狗镇的主要建筑里与雀莉（Cherry）见面，它是只短小、黑白相间的斗牛犬，正安静地躺在一位年轻女性的电脑桌下方的软垫上，那位女性正开着电脑办公。雀莉有着特别寂寞的眼神，看起来很慵懒。你绝对想不到它以前可是四分卫迈克尔·维克养的凶猛斗犬（当弗吉尼亚州突袭"坏新闻斗犬场"后，有二十多只斗犬被送到友好动物协会）。

接着我们很快地参观了一下动物诊所。一位来自加州兽医学院的实习生正在兽医的监督下为猫进行卵巢摘除手术，目前共有六位兽医在此服务。我们探头张望了一下水疗室。接着，一位技术员很神气地向我们展示最新的电脑 X 光显像机。诊疗所的设备比很多我探访过的医院还好。

费思帮我们安排与弗兰克·麦克米伦（Frank McMillan）共进午餐。在这里大家都称呼他为"弗兰克医师"，他是一位兽医兼宠物心理健康专家。他负责维克的斗牛犬的心理复健工作。弗兰克说这些狗正经历狗的后创伤症候群，在遭受斗狗人士残忍的对待之后，目前狗的症状并非攻击他狗，而是陷入深深的恐惧之中。弗兰克和一群动物行为学家已经针对这群斗牛犬展开近一年半的治疗。他原来已经不抱希望，不过狗的康复状况却超乎他的想象。在 22 只狗当中至少有 21 只都有逐渐康复的迹象。而且到目前为止，已有两只斗牛犬被领养，一只则在寄养中。

第二天早晨，我回到中心，并担任一天义工。我被指派到狗镇。一位名叫唐·贝恩（Don Bain）的得州退休银行家和我打招呼。他和他的太太偶然发现了友好动物协会，并爱上了此处，更在卡纳布买了房子。现在，贝恩是友好动物协会的"狗社交协调师"，这对我来说，根本是全世界最棒的工作。他指派我和工作人员特里（Terry）一起工作。我的工作负责协助特里喂食十多只狗。其中一只狗叫影子，它也是维克的斗牛犬。影子看了我一眼后，开始狂吠。特里说每当影子看到陌生人时就会这样。

这没关系。我知道这不是影子的错，它是受害者。如果它在其他收容所，应该早已被安乐死了。影子在友好动物协会找到了全新的生活，即便它或许永远不会达到可供领养的门槛。

接着，我们得带着狗狗散步。

特里要我加入朵拉（Dora）的工作行列，朵拉来自堪萨斯州，并在家得宝（Home Depot）卖场工作。她从旧金山的家中开车过来，花了两天时间绕道，才能在此担任一天的义工。朵拉用皮带套住一只看起来满像拉布拉多犬的褐色狗，它的名字是辛度瑞拉（Cinderella）。我负责遛活泼的萝拉（Lola），我一眼就爱上它了。它长得很像我小时候养的双胞胎狗的其中一只。我们沿着小径缓缓地走，沿途经过齿轮松树、杜松、仙人球以及远方的白色山崖。狗们欣喜莫名，我们也是。结果我和朵拉在愉快的聊天中不知不觉迷了路。幸好特里在强风开始呼啸、气温陡降、闪电隆隆之前及时地拯救了我们。

晚餐时，玛莉·珍和我向芒廷分享了我们在庇护所的经验。在卡纳布待了一个星期以后，我们对这么一小群有远景的梦想家能在犹他沙漠里完成梦想感到非常钦佩。这绝对是一等一的团队。卫浴设备都相当干净，工作人员也会如约回复电话。更令人印象深刻的是，在友好动物协会里的每个动物都是个体。工作人员不会用"狗"或"猫"或"马"来称呼任何一只动物，他们会说詹姆斯（James）、米达（Minda）和月光（Moonshine）。月光是一只黑白相间的天竺鼠。这个地方散发着神秘的静谧感，每个人都超级仁慈，这好像有点怪怪的。

哲学家康德认为人类不该心怀恶意对待动物，因为他认为虐待动物也会让人类以残暴的方式对待他人。但是友好动物协会的理念却与康德相左，他们认为当人类开始懂得善待动物时，也会对其他人施以仁慈。

现在芒廷更希望通过新的佐伊组织与全球善举革命，将此哲学理念更深入地推广。虽然佐伊组织仍处于草创阶段,不过目前已成立了管理团队,由有抵制大企业经验的老鸟行动者、全球动保专家以及来自社会科学、人际沟通、行销、出版与社会网络领域的人士共同组成的顾问团。他们的目标实在不小——出版一系列专著、创办杂志与电视频道,以及可以每天观看动物与环境新闻的动保版赫芬顿邮报网站。佐伊组织是一个关于生活态度的品牌组织,可以容纳多元族群的动物与环境爱好者社团,不管是回收者、抱树者、纯素食者或弹性素者,或者是只喝公平交易咖啡或只吃"零残酷"鸡肉的人们。简单来讲,就是所有希望与动物与自然重新建立联系、希望创造一个更美好的世界,却还不知道该如何下手的人们。

芒廷远大的目标让我感到头晕目眩,他的想法和我不太一样。他的野心太大,我无法跟上。

我试着改变话题:"你一直都对动物这么仁慈吗?"

他的回答令我意外:"嗯,我没那么会和动物玩耍。我比较善于建立组织、编辑或将适当的人放在对的地方一起工作,照顾动物并不是我最擅长的事。"

不过他提起了家中的蚂蚁:"它们很可爱,小蚂蚁。它们很像是清洁队。它们会走进厨房做例行检查。如果找不到食物,就会绕到外头看看。不过如果我的猫'小冰棒'在哪里留下了食物,蚂蚁军队就会派遣一支部队过来,将食物搬回巢。这太不可思议了。要很多很多的蚂蚁才搬得动猫饲料。当我看到它们如此奋力地搬运食物时,就会把一些猫饲料放在面纸上,拿去外头。"

我试着想象这位可以和前五百大企业总裁或好莱坞一线明星闲聊、但不太会和动物玩耍的男人,趴在自家的厨房地上把小蚂蚁一一放到面纸上,再护送它们回家,只为了让蚂蚁们好过一点。

女士与海龟

迈克尔·芒廷是期望能推动全球性革命的梦想家。不过多数的动物爱好者和茱蒂·穆齐（Judy Muzee）比较像。她在南卡罗来纳州的艾迪斯托小岛开了一间"海滩巡逻者沙龙"，并在闲暇拯救濒临绝种的海龟。

通常总有一只特别的动物让人开始投入动物救援工作——可能是一只面容憔悴的流浪狗或是三天内无人领养就要被安乐死的猫咪。但海龟救援者和其他动物爱好者大不相同，他们不会得到温暖的毛茸茸的动物的回报。或许你难以相信，他们根本就不会见到自己所救援的动物。他们只关心，当他们在海滩巡逻时，重达136公斤的母蠵龟可以安全地等待日出，这样才可以笨重地往岸上移动，在沙滩上奋力挖掘出61厘米深的巢穴，并在里头产下1500颗黏糊糊的蛋。数个月之后，数千颗海龟蛋中会有一只幸运儿诞生存活，并在25年后重复这个过程。

以海滩城镇来讲，艾迪斯托小岛还挺落后的。这里没有汽车旅馆，没有果岭，没有麦当劳也没有水上公园。只有一间蹩脚的超市和气氛还不错的可以打打撞球、吃吃晚餐、距离主街两个路口远的"华利"小酒馆。在这个星期天的早上，玛莉·珍和我坐在这里喝啤酒，等着鲜虾三明治。她正在和吧台边的女士说话。我一边看着电视里的赛车比赛，一边瞄着我座位不远处的两位男士。他们一边讨论钓鱼，一边喝特调牡蛎酒（将生牡蛎丢进小玻璃杯里，加一点气泡伏特加和墨西哥辣酱以及几滴柠檬汁。一口喝下后再追加几瓶啤酒）。

两位男士持续吃了十几只牡蛎，我恍然听见珍和她的新朋友说："啊，你应该和我先生聊聊，他的研究主题正是动物爱好者。"我眼前的茱蒂是个濒危动物蠵龟的狂热爱好者，此种海龟会在得州与北卡罗来纳州之间移动。我和玛莉·珍交换了座位。

茱蒂说，她在十多年前离婚后就从怀俄明州搬到艾迪斯托小岛。她一人身兼两职，直到有了足够的存款并开了沙龙。当我提到海龟时，她立刻笑容满面拿出手机，和我分享海龟在海滩上爬行的路线、被打开的巢穴以及刚刚出生仅有纽扣般大小的小海龟。茱蒂是志愿组织的一员，她在清晨巡逻海滩，记录爬行路线（母龟会在海滩上留下1米宽的爬行痕迹）、巢穴地点并把脆弱的巢穴移往更为安全的地方。当海龟蛋开始孵化时，茱蒂会在数个月后回到同一巢穴，记录孵育成功率，她会记下海龟蛋成功孵化的数目以及死去的小海龟数目。

茱蒂邀请我参加隔天凌晨的海滩巡逻，但我们隔天就要离城。我承诺她有一天会再见面。

一年后，我坐在茱蒂的客厅里喝着甜茶。这里又黑又暗，不过感觉很棒，毕竟外头现在是 37 摄氏度高温，湿度则逼近 98％。她向我介绍 OB，一只患有关节炎的巧克力色拉布拉多犬，名字叫 OB 是因为它只有一颗睾丸。另外还有梅根（Megan），她是茱蒂的外孙女，过来帮忙推动海龟计划。她们为我讲解了海龟产卵的基本常识。母龟通常会花上一生的时间在海里潜泳，只有每两三年一次的时间，它会上岸产卵（公海龟永不上岸）。海龟巢有着令人惊奇的结构，巢穴的形状有如 60 厘米深的烧杯，海龟蛋则从状似烧杯口的管状结构中冒出。母海龟以后鳍扒掘沙地，当蛋就位后，它会把洞穴封死，以防止猎食者入侵取卵。

多数的海龟蛋不会有机会孵化。浣熊会扒开巢穴、沙蟹会躲在巢洞偷吃蛋黄与胚胎。50 天后，小海龟会破壳而出，它们会在巢中停留数天，吸食剩下的蛋黄，然后开始挖掘朝向地表的通道。小海龟会在夜晚出现在海滩上，靠着本能朝大海爬行，仿佛被海面上一望无际的辽阔与月光的照映所吸引。

蠵龟已属濒危动物，即便在最好的条件之下，也只有 1% 的小蠵龟可以成长到生育年龄，并重返海滩产卵，延续生命循环。不过，让海龟濒危的绝非浣熊、沙蟹、鲨鱼或鸟。海龟时常吞下被它误以为是水母的塑胶袋，或遭到商用渔网的误捕致死，或因为船只溢出有毒化学品和石油而遭毒害。而建筑巢穴所需的海滩也因为土地发展而日益短缺。对艾迪斯托小岛来说，光害也是严重的问题。有时候，小海龟会受到海边公寓彻夜不熄的灯光或加油站的灯光吸引，而朝着大马路直直而来。

南卡罗来纳州自然资源部负责推广海龟保育计划，不过真正让计划得以进行的是包括茱蒂在内的 800 名义工，他们在海龟繁殖季节时监控了几乎每公里的产卵之途。这项计划有几个目的，其中之一是由义工搜集珍贵的科学性数据。由于海滩义工们的不懈努力，生物学家几乎可以掌控南卡罗来纳州海岸线的每只海龟的踪迹。他们几乎掌控了任何一段海岸线上正在爬行的海龟数目、巢穴数目、产卵总数、死亡与存活的海龟蛋比例以及死亡的真正原因。举例来说，2009 年，南卡罗来纳州海滩共有 2184 个海龟巢穴、共孵化 163 334 颗海龟蛋，其中有 10 503 颗遭到破坏。海龟蛋的平均孵育期为 54 天，平均的下蛋数字为 116 颗。

海龟保育计划的另一个目的是提高龟蛋的存活比例。所有义工都接受训练并领有执照。当义工群发现有龟巢过于靠近海岸线或埋得不够深时，他们可以将巢穴移往安全之处。义工们小心翼翼地以手掌捧沙的方式挖开海龟巢穴。接着，他们把海龟蛋正面朝上，放进篮子里，并在较好的地点挖掘新的巢穴点，并将海龟蛋以正确的排放位置放入新巢穴。有些海龟巢则建在较容易受掠食者入侵的地方，那么义工们就会在巢穴外放置保护围栏。当龟蛋孵化后，义工们会在每四个巢穴中取出一个龟蛋做样本搜集，取得额外数据。义工会记录孵育与未孵育的龟蛋数目，以及孵育后于巢中过世的小海龟数目。在每年的 8 月，进行海龟保育工作让人感觉闷热、肮脏、恶臭又油腻。有一天，茱蒂打开了一个海龟穴，看见了 20 只死掉的小海龟，这真的让人心碎。

不过时不时她还是会在某个巢穴底部看见一只还活着但因为种种原因无法爬出洞口的海龟宝宝。

然后，茱蒂就会伸出援手。

茱蒂已经在南卡罗来纳州海龟保育计划中担任义工达五年之久。我问她为什么想当海龟义工。

"噢，一开始我只是觉得一大早开着车在沙滩驰骋很刺激。当你看见海龟留下的巨大爬行足迹时，真的令人兴奋。不过，当你第一次挖开已孵化的巢穴，清数龟蛋数目，眼看一只只没有能力爬到洞口的小蠵龟时，心真的会一秒融化。"

"你觉得，五年来你大概救了几只蠵龟啊？"

"很多很多，至少有一百只吧，"她用不舍的语气说道，"但是我知道，实际上，每一千只中只有一只存活。"

接着她微笑："不过，在我心里，每只我帮助过的小宝贝都活了下去。我不知道其他的海龟怎么了。不过我知道，我救起来的海龟都活下去了。"

接着，我们开始计划隔天的海滩巡逻。茱蒂提醒我要带水和防蚊液。

早上 6 点，天空泛着又蓝又金如同马克士威教区（Maxwell Parish）画作中的色泽。我跟着茱蒂、一位名叫谢莉·约翰逊（Sherri Johnson）的女士以及一位已经投入海龟保育计划两个暑假的七年级学生阿普丽尔·弗勒德（April Fludd）的脚步来到海滩。我们所在地为波特尼湾林地，包括 6500 公顷的海滩、盐沼、农地以及棕榈森林。这里根本就是大西洋海岸最原始的海岸线，如梦境一般。

我们将各式各样的工具收进两部全地形车内：长 1.5 米用来寻找巢穴位置的 T 状探针、插地旗，预防浣熊入侵的网状笼数个，警告海滩客不准粗鲁对待海龟巢穴的亮橘色标志。茱蒂要我跳进绿色的全地形车后座，阿普丽尔则和谢莉同行。一眨眼，我们已经上路了。太阳已从沼泽的另一端升起。空气中还带点湿冷，沿途只闻鸟鸣。我们开了约 1 公里路前往海滩，过了盐沼后，无意间惊动了正在涉水的白鹭鸶、盘旋在天空的鹗鸟以及在树荫下觅食的木鹳家族。

茱蒂转头并在全地形车的颠晃之中向我喊道："你看到了吗？这就是我为什么要来这儿的原因，这根本是天堂。"她百分之百正确。观赏清晨的海滩日出大概和坐在大教堂里观看彩绘玻璃一样神圣超脱。

在我们穿越了昆虫漫飞的沼泽后，我们开上沙滩，开始寻找海龟的踪影。除了离海岸 500 米的捕虾船以及成群呀呀低飞的鹈鹕外，海滩上空无一物。大海寂静，宛如静止的湖泊，此时非洲的海岸线看起来近在咫尺。

运气真差。我们一路开到分隔波特尼岛和水溪岛的爱蒂丝朵河，我们沿河疾驰，只见专供上流退休人士游憩的高尔夫球场与网球场的大门深锁，我们没见着任何一只海龟。失败了，真惨，我们空手而回，我心里感到有点失落。

接着，好运上门了。在我们回程中，遇见了克里斯·沙蒙森（Chris Salmonsen），一位负责区域紧邻茱蒂的州立大学野生生物学教授。我们开始交谈，当我表示自己对像茱蒂、谢莉与阿普丽尔这样的海龟义工很有兴趣时，沙蒙森微笑表示，如果没有茱蒂这样的义工，他的研究将会困难重重。我们约好晚点再碰面，聊聊人与海龟的情事。

克里斯今年46岁，他来自环境教育领域，并指导得州、佛罗里达州与南卡罗来纳州的义工。

"你可以多跟我讲点海龟爱好者的故事吗？"我问。

他说，有些海龟义工，特别是男性，享受驾驶全地形车驰骋海滩的感觉。这种人大概不会持续太久，多数认真的海龟义工都是女性。

他说："很多义工都处于人生中奇妙的阶段，她们需要有些事情弥补生活所缺，而海龟或许给她们提供了一个机会。这就像星期天上教堂一样，这是她们的信仰。"

我告诉他，茱蒂也这么说。

克里斯表示，茱蒂可能和其他的义工情况不太一样，她的生活非常忙，救海龟只是其中的一件事而已，她还要开店并同时进行创作。

克里斯继续解释："不过并不是所有的海龟义工都像茱蒂一样，有些人是彻底执迷于海龟援救。他们会穿着有海龟图案的衣服走来走去，家里也有一堆海龟的相关物品。他们希望所有人知道自己是海龟爱好者，这已经变成他们的自我认同了。"

接着，他聊起之前和得州的海龟义工一起晚餐的事。当克里斯点特选鲜虾鸡尾酒时，那位女士开始大哭。后来他才知道她因为当地捕虾人拒绝使用能让海龟脱逃的捕虾网而陷入激战。不过对她而言，不管使用哪种捕虾网，每一份鲜虾鸡尾酒都代表另一只蠵龟的死亡。

　　隔天，我又在清晨起床，并加入克里斯与他的义工群。群里有一位名叫罗莎（Rosa）的大学生，她每周会花五天时间担任海龟义工，还有相机长镜头大约和我手臂一样长的摄影师玛丽（Marie）。今天，沼泽一带的蚊虫像发了狂似的攻击我们。简直像是在拍摄《非洲女王号》（*African Queen*）。虫子隔着衣服噬咬我们的皮肤，我们只能不停挥舞棒球帽。一丝鲜血从罗莎的脚上流了下来。

　　我们距离沙滩不到 400 米时，就看见海龟爬行的痕迹。由于是罗莎先发现的，这代表她必须率领大家找到海龟巢穴。她拿出了探针开始行动。探针可以找到通往龟蛋窝的狭小通道。通道中的沙子往往比周围地面松软许多。你必须专心致志地探测，并把探针头插入沙子之中。不过如果你力道太猛，探针就会滑进龟蛋窝中，甚至毁坏部分海龟蛋。掌握探针需要灵巧的手感，几乎有 10% 的龟蛋是毁于探针失误。

　　罗莎在直径 60 厘米的范围内探测了近 15 分钟，接着她感觉到松软的沙子通道。她把探针交给我，要我感觉 1 英寸（约 2.5 厘米）。首先，我把探针深入通道旁的沙子。没有任何感觉。我移动了一英寸，再次放入探针，宾果，我感觉到松软的沙子通道了。克里斯开始跪下用双手挖掘。当他摸到海龟蛋时，他的整只手臂都已陷在沙堆里了。他要我把手伸进洞里感受龟蛋。海龟蛋和鳄鱼蛋一样，犹如皮革般强韧，似乎有着强劲的生命力。

　　我们用沙子回填通道后，克里斯在海龟巢旁边插上旗子，记录好卫星定位数据后再把资料记载在笔记本上。等一回办公室，他会马上将资料输到电脑里，并于 12 小时内上线。我们跳回全地形车上，克里斯很快又发现另一条海龟爬行的痕迹。他伸手抓探针，我们又重复了先前的流程，并再度上路。我有点头昏脑涨，一行人已经发现两个海龟巢穴，我感觉自己已经有了义工的瘾。

　　数个星期后，我和波特尼岛上海龟保育计划的梅格·霍伊尔（Meg Hoyle）搭上线，并问她为什么会有像茱蒂、罗莎、谢莉和阿普丽尔这样的人，愿意在 37 摄氏度的高温下和飞舞的昆虫蚊蝇奋战，带着满身腐败的蛋臭味回到家，并在下一次的行动中继续援救那些她们恐怕从未亲眼见过的动物，而这些动物多半会在不久后被掠食者给吞下肚，甚至无望繁衍下一代。

她说："我偶尔也会想不通。有些义工每天早晨都会来海滩巡逻，一整个夏天说不定只找到 12 个海龟巢穴。通常，他们根本不会见着任何海龟爬行痕迹，对多数的人来说，恐怕在整整三四个月里面，根本不会见到任何一只海龟。不过，他们不愿放弃，他们希望和已然疏离的大自然重新建立关系，我们都需要与大自然和动物们建立感情。"

日常生活中的人类 – 动物互动学

我同意梅格说的。很多人都希望重新回到动物与大自然的怀抱。只不过每个人所需的程度不同。并不是所有人都像迈克尔·芒廷一样，会悉心保护入侵自家厨房的蚂蚁雄军，不过这世界上却有很多个茱蒂，除了兼顾工作与家庭以外，还愿意花一点点心力与动物交流，尽管他们对待不同物种的标准仍旧相当矛盾。他们不会因为某人转动开关导致一辆虚拟的火车歪斜出轨，压住一个老人或一群濒临绝种的黑猩猩而陷入苦思。他们不在乎边沁或是康德谁才是动物解放运动的正解。他们也不会因为拒吃牛肉但却穿着皮革制成的皮鞋而感到内心愧疚。

我本人早已接受自己内心的伪善。我内心的恶魔认为让堤莉在户外跑跑它会比较开心，虽说它偶尔会杀死一只小雀鸟或花栗鼠。我内心的恶魔还说，只要用辣椒酱腌渍、慢火烧烤出猪腰肉，就会让猪的死彻底升华。

不过，道德观总会改变，有时候我也会和内心的邪恶达成新的妥协。当我发现自己无法再从使劲拉扯棕色溪鳟出水中获得满足时，我就不再钓鱼了。我也不吃小牛肉了，还会尽量购买出产于住家附近的鸡蛋，或是价格稍微昂贵一点的自然放养鸡肉，因为我相信这些鸡的生活会比科布 500 型好一点。最近，当有位老斗鸡手问我要不要去看五鸡斗鸡赛时，我说，不必了，感谢。

在我一开始探讨人类与动物的互动关系时，为上述章节里所描述的明显的道德不一致性感到深深困惑——向我偷偷承认自己会吃肉的素食者，大谈自己对斗鸡的热爱的斗鸡手，致力于创造最好的纯种狗的赛犬秀人士（他们对狗的执迷造成了无数的基因缺陷狗），认为自己身负拯救动物使命却让动物沉溺于排泄物之中受苦的囚藏者。我慢慢相信，所谓的矛盾并非出于精神异常或伪善。相反，矛盾无可避免，这即是人性。

普林斯顿大学人性价值研究中心主任夸梅·安东尼·艾比亚（Kwame Anthony Appiah）时常会被人问起，自己从事何种行业。当他回答自己是哲学家时，对方八成会继续问："那你的哲学是什么？"艾比亚的标准答案是："我的哲学就是，所有的事都会比你想的要复杂。"

这门关于人类与动物互动的新科学所揭露的，正是我们对待动物的态度、行为以及我们生活周边的动物——不管是我们爱的、恨的还是吃进腹中的，都比我们所想的还要复杂。